国家电网
STATE GRID

国家电网有限公司特高压建设分公司
STATE GRID UHV ENGLNEERING CONSTRUCTION COMPANY

U0393888

特高压工程典型施工方法

（2022年版）

线路工程分册

国家电网有限公司特高压建设分公司　组编

中国电力出版社
CHINA ELECTRIC POWER PRESS

内 容 提 要

为进一步落实国家电网有限公司"一体四翼"战略布局，促进"六精四化"三年行动计划落地实施，提升特高压工程建设管理水平，国家电网有限公司特高压建设分公司系统梳理、全面总结特高压工程建设管理经验，提炼形成《特高压工程建设标准化管理》等系列成果，涵盖建设管理、技术标准、施工工艺、典型工法、经验案例等内容。

本分册为《特高压工程典型施工方法（2022年版） 线路工程分册》，共3篇19项典型施工方法。每项典型施工方法内容涵盖了前言、本典型施工方法特点、适用范围、工艺原理、施工工艺流程及操作要点、人员组织、材料与设备、质量控制、安全措施、环水保措施、效益分析和应用实例等，为后续特高压工程建设提供管理借鉴和实践案例。

本套书可供从事特高压工程建设的技术人员和管理人员学习使用。

图书在版编目（CIP）数据

特高压工程典型施工方法：2022年版. 线路工程分册 / 国家电网有限公司特高压建设分公司组编 . —北京：中国电力出版社，2023.4

ISBN 978 - 7 - 5198 - 7524 - 4

Ⅰ.①特… Ⅱ.①国… Ⅲ.①特高压输电－电力工程－工程施工－中国②特高压输电－变电所－工程施工－中国 Ⅳ.①TM723②TM63

中国国家版本馆 CIP 数据核字（2023）第 020434 号

出版发行：中国电力出版社
地　　址：北京市东城区北京站西街 19 号（邮政编码 100005）
网　　址：http：//www.cepp.sgcc.com.cn
责任编辑：翟巧珍（806636769@qq.com）
责任校对：黄　蓓　常燕昆
装帧设计：郝晓燕
责任印制：石　雷

印　　刷：北京瑞禾彩色印刷有限公司
版　　次：2023 年 4 月第一版
印　　次：2023 年 4 月北京第一次印刷
开　　本：880 毫米×1230 毫米　16 开本
印　　张：16.5
字　　数：432 千字
定　　价：122.00 元

《特高压工程典型施工方法（2022 年版）线路工程分册》

编 委 会

主　任　安建强　种芝艺

副主任　赵宏伟　张金德　孙敬国　张永楠　毛继兵　刘　皓

　　　　程更生　张亚鹏　邹军峰　袁清云

成　员　李　伟　刘良军　董四清　刘志明　徐志军　刘洪涛

　　　　谭启斌　张　昉　李　波　肖　健　张　宁　白光亚

　　　　倪向萍　熊织明　王新元　张　智　王　艳　陈　凯

　　　　徐国庆　刘宝宏　肖　峰　孙中明　姚　斌

本书编写组

组　　　长　孙敬国

副 组 长　熊织明　王新元

主要编写人员　何宣虎　俞　磊　苗峰显　刘建楠　李　彪　张尔乐

　　　　　　　张茂盛　邱国斌　陆泓昶　宗海迵　潘宏承　王俊峰

　　　　　　　徐　扬　邹生强　寻　凯　侯建明　张仁强　田喜武

　　　　　　　陈世利　赵　俊　杨　光　彭威铭　刘承志　赵　杰

　　　　　　　万华翔　黄　彬　汪龙生　陈　军

序

从 2006 年 8 月我国首个特高压工程——1000kV 晋东南—南阳—荆门特高压交流试验示范工程开工建设，至 2022 年底，国家电网有限公司已累计建成特高压交直流工程 33 项，特高压骨干网架已初步建成，为促进我国能源资源大范围优化配置、推动新能源大规模高效开发利用发挥了重要作用。特高压工程实现从"中国创造"到"中国引领"，成为中国高端制造的"国家名片"。

高质量发展是全面建设社会主义现代化国家的首要任务。我国大力推进以稳定安全可靠的特高压输变电线路为载体的新能源供给消纳体系规划建设，赋予了特高压工程新的使命。作为新型电力系统建设、实现"碳达峰、碳中和"目标的排头兵，特高压发展迎来新的重大机遇。

面对新一轮特高压工程大规模建设，总结传承好特高压工程建设管理经验、推广应用项目标准化成果，对于提升工程建设管理水平、推动特高压工程高质量建设具有重要意义。

国家电网有限公司特高压建设分公司应三峡输变电工程而生，伴随特高压工程成长壮大，成立 26 年以来，建成全部三峡输变电工程，全程参与了国家电网所有特高压交直流工程建设，直接建设管理了以首条特高压交流试验示范工程、首条特高压直流示范工程、首条特高压同塔双回交流示范工程、首条世界电压等级最高的特高压直流输电工程为代表的多项特高压交直流工程，积累了丰富的工程建设管理经验，形成了丰硕的项目标准化管理成果。经系统梳理、全面总结，提炼形成《特高压工程建设标准化管理》等系列成果，涵盖建设管理、技术标准、工艺工法、经验案例等内容，为后续特高压工程建设提供管理借鉴和实践案例。

他山之石，可以攻玉。相信《特高压工程建设标准化管理》等系列成果的出版，对于加强特高压工程建设管理经验交流、促进"六精四化"落地实施，提升国家电网输变电工程建设整体管理水平将起到积极的促进作用。国家电网有限公司特高压建设分公司将在不断总结自身实践的基础上，博采众长、兼收并蓄业内先进成果，迭代更新、持续改进，以专业公司的能力与作为，在引领工程建设管理、推动特高压工程高质量建设方面发挥更大的作用。

2022 年 12 月

前言

2011～2017 年，国家电网公司陆续出版了《国家电网公司输变电工程标准工艺》（一）～（六）系列成果，包括标准工艺和典型施工方法，其中线路工程典型施工方法累计发布 43 项。2022 年，国家电网有限公司将原《国家电网公司输变电工程标准工艺》（一）～（六）系列成果，按照变电工程、架空线路工程、电缆工程专业进行系统优化、整合、单独成册，出版了《国家电网有限公司输变电工程标准工艺》。输变电工程标准工艺是国家电网有限公司标准化成果的重要组成部分，对统一线路工程施工工艺要求、规范施工工艺行为、严格工艺纪律、提高施工工艺水平，推动工程建设质量提升发挥了重要作用。

为落实国家电网有限公司"六精四化"三年行动计划，进一步统一工程建设标准，建立适合特高压工程的技术标准体系，努力打造特高压工程标准规范制订中心，国家电网有限公司特高压建设分公司高质量建成并全力推动特高压工程"五库一平台"落地应用。结合特高压工程建设特点，在国家电网有限公司发布的线路工程典型施工方法的基础上，国家电网有限公司特高压建设分公司全面梳理总结了近年来推广应用于特高压线路工程基础、组塔及架线施工的新设备、新工艺、新技术、新要求，新增、修编了 19 项线路工程典型施工方法。其中，在基础工程部分新增了 PHC 管桩基础典型施工方法、现浇（大开挖）基础典型施工方法、中风化岩石基础无爆破开挖施工典型施工方法 3 项，修编了人工挖孔基础典型施工方法等 3 项；在组塔工程部分修编了落地双摇臂抱杆组塔典型施工方法、落地双平臂抱杆组塔典型施工方法等 4 项；在架线工程部分修编张力放线 3×（一牵二）典型施工方法、放线滑车悬挂典型施工方法、无跨越架不停电跨越典型施工方法等 9 项。

针对上述新增、修编的 19 项特高压线路工程典型施工方法，国家电网有限公司特高压建设分公司编辑出版了《特高压工程典型施工方法（2022 年版）线路工程分册》。每项典型施工方法涵盖了前言、本典型施工方法特点、适用范围、工艺原理、施工工艺流程及操作要点、人员组织、材料与设备、质量控制、安全措施、环水保措施、效益分析和应用实例等内容，可结合《国家电网有限公司输变电工程标准工艺 架空线路工程分册》相应内容，指导后续特高压线路工程现场管理、施工作业、方案编制及评审等工作。

国家电网有限公司特高压建设分公司将结合"五库一平台"建设，继续开展典型施工方法的深化研究，根据特高压工程建设实际，对特高压工程典型施工方法进行动态更新、持续完善，打造更加完善的特高压技术标准体系，服务于特高压工程高质量建设。

本书作为国家电网有限公司特高压建设分公司特高压工程建设标准化成果之一，展现了国家电网有限公司特高压建设分公司在特高压线路工程建设管理和统筹支撑方面取得的成绩，编制过程中得到了国网吉林送变电公司、江苏送变电公司、湖北送变电公司、安徽送变电公司、华东送变电公司、重庆送变电公司等单位大力支持，在此一并表示感谢！

编者

2022 年 12 月

目录

第一篇　特高压工程基础典型施工方法

　　本篇主要针对特高压线路工程人工挖孔基础、灌注桩基础、岩石锚杆基础、PHC 管桩基础、现浇（大开挖）基础、中风化岩石锚杆基础等基础形式，结合近几年特高压线路工程上推广应用的新技术、新工艺、新设备、新材料，国家电网有限公司特高压建设分公司（简称国网特高压公司）总结并编写了相应的典型施工方法。其中，人工挖孔基础典型施工方法、灌注桩基础典型施工方法、岩石锚杆基础典型施工方法补充了特高压线路工程基础基坑护壁施工、深基坑作业一体化装置使用、声波管安装及封堵、钢筋笼下放及制作等内容。PHC 管桩基础典型施工方法、现浇（大开挖）基础典型施工方法是总结了近几年已在特高压工程上推广应用的 PHC 管桩、大开挖等基础形式的工艺特点及工艺流程。中风化岩石基础无爆破典型施工方法可为后续特高压工程无爆破施工提供一种新思路、新方法。

典型施工方法名称：人工挖孔基础典型施工方法

典型施工方法编号：TGYGF001‑2022‑SD‑XL001

编　制　单　位：国网特高压公司、江苏省送变电有限公司

主　要　完　成　人：徐　扬　俞　磊　李　彪

目　次

1　前　　言

人工挖孔基础是干作业成孔灌注桩的一种，采用人工开挖方式成孔，现浇基础成型的基础形式。由于人工挖孔基础具有施工机具设备简单、操作方便、环境影响小、施工质量可靠、工程造价低等优点，在特高压线路工程领域得到了广泛应用。本典型施工方法主要介绍特高压基础工程人工挖孔基础的工艺流程及施工过程。

2　本典型施工方法特点

（1）施工所需设备、工器具数量少，能形成固定的作业程序，施工人员数量定量化。

（2）施工操作简单，施工工艺不复杂。

（3）占地面积小，土石方开挖量小，弃土量较少，对环境影响较小。

（4）地质条件必须满足要求，施工过程需及时鉴定地质情况。

（5）工程造价较低。

（6）作业劳动强度大、安全风险较高。

（7）使用深基坑一体化装置，减轻了作业劳动强度，有利于安全风险管控。

3　适　用　范　围

（1）人工挖孔基础直径800～2600mm，埋深小于20m。

（2）人工挖孔基础适用于无地下水或地下水较少的黏土、粉质黏土。

（3）含少量的砂、砂卵石、浆结石的黏土层。

（4）强风化岩石地质。

4　工　艺　原　理

人工挖孔基础施工工艺是以人工开挖成孔并采用钢筋混凝土护壁或其他方式对桩壁进行支撑保护、浇筑基础施工全过程的方法。与机械成孔灌注桩基础施工工艺相比，减少了机械设备进场，有利于环境保护、减少施工费用。

5　施工工艺流程及操作要点

5.1　施工工艺流程图

人工挖孔基础典型施工工艺流程见图1-1-1。

5.2　操作要点

5.2.1　分坑

根据相应的基础施工图、现场塔位中心桩及方向桩，测定好人工挖孔基础桩位中心，以中心为圆心、以桩身半径加护壁厚度为半径，画出桩基圆周。撒石灰线作为桩孔开挖尺寸线。孔位线定好之后，在开挖前必须进行复查，确认无误后方可施工。

5.2.2　安装深基坑一体化装置

（1）人工挖孔基础应使用深基坑一体化装置，见图1-1-2。安装前认真阅读《深基坑深基坑一体化装置使用说明书》，严格按照说明书进行组装、测试，最终就位于基坑正上方。四个脚需用钢钎锚固定在坚实的土质中。

（2）深基坑一体化装置的组装和调试包括基坑井口支架、安全围挡、提土装置、气体检测报警装置、通风装置、控制仪表箱、缓降器、应急救援滑车等部件。

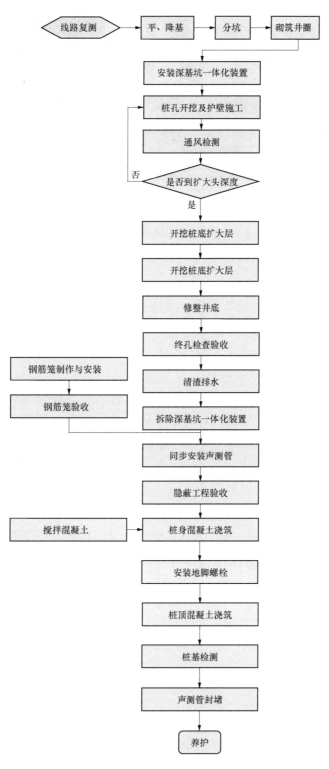

图 1-1-1 人工挖孔基础施工工艺流程图

5.2.3 桩孔开挖及护壁施工

（1）首节桩孔开挖。开挖桩孔应从上到下逐层进行，先挖中间部分的土方，然后扩及周边，有效地控制开挖的截面尺寸。根据桩基地质情况的不同，选取不同的开挖工具，对地表层的粉质黏土一般采用短柄铁锹、镐、锤、钎等工具，风化岩宜采用风镐、风枪等工具进行开挖，单节开挖高度一般以 1000mm 为宜。基础开挖见图 1-1-3。

图 1-1-2　深基坑一体化装置就位示意图　　　　　图 1-1-3　基础开挖

1）开挖首节桩孔土方时，事先应清除坑口附近的浮土、杂物，开挖出的弃土要及时清理。

2）宜采用一体机提土装置进行提土作业，孔桩运出的土石方，必须运离坑口 5m 以外的地方堆放，避免土、石落入坑内伤人。

3）孔桩坑口位置设置刚性围栏进行防护，刚性围栏高度宜为 800mm，每日施工完毕后应覆盖严密坑口，并作明显的警示。

（2）首节护壁施工。

1）护壁钢筋绑扎、模板的支护。

a. 为防止桩孔壁坍方，确保安全施工，孔桩开挖成孔后应立即进行护壁施工，有设计要求或地质情况较差的地段，需要做护壁配筋的，一定要进行护壁配筋，配筋应根据基础施工图及孔桩单节开挖高度来确定。护壁纵向钢筋露出模板下端长度应满足设计要求。

b. 护壁模板宜做成 4 片，模板之间用卡具、扣件连接固定，在每节模板的上下端各设 1 道圆弧形、用槽钢或角钢做成的内钢圈作为内侧支撑，防止内模因受力而变形。模板上口直径与桩径相等，下口直径为桩径＋100mm，护壁模板单节高度一般为 1000mm。

c. 首节护壁以高出地坪 100～150mm 为宜，便于挡土、挡水。护壁厚度一般为 100～150mm，第一节护壁厚度应比下面其他护壁厚度增加 100～150mm。

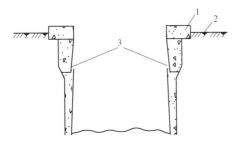

图 1-1-4　浇筑护壁示意图
1—护壁；2—地面；3—进料口

2）浇筑首节护壁混凝土。桩孔护壁应在绑筋、支模完成后立即浇筑混凝土。护壁混凝土一般采用细石混凝土，混凝土强度根据设计要求确定。护壁混凝土采用人工浇筑，捣固钎或振捣器捣实。浇制完毕 24h 后方可拆除模板（如气温较低，可适当延长拆模时间）。浇筑护壁示意图见图 1-1-4。

（3）桩孔定位检查。首节桩孔护壁做好以后，必须将桩位十字轴线和标高测设在护壁的上口，然后用十字线对中，吊线坠向井底投设，复查桩位中心偏差，桩位中心与设计偏差不得大于 20mm，检查孔壁的垂直平整度，同一水平面上桩孔任意直径极差不得大于 50mm。桩孔深度必须以基准点为依据进行测量。保证桩孔轴线位置、标高、断面尺寸满足设计要求。

（4）第二节桩孔开挖。

1）第二节桩孔开挖与首节桩孔开挖相同，从上到下逐层进行，先挖中间部分的土方，然后扩及周边,利用一体机提土装置提土,桩孔内人员应戴好安全帽,系好安全带。吊桶离开孔口上方1.0m时,将活动挡板遮盖孔口,防止弃土回落孔内伤人。

2)桩孔开挖应及时检查桩孔的直径及井壁圆弧度,及时修整孔壁做到上下垂直、平顺。

(5)第二节护壁施工。

1)钢筋绑扎及模板支护。

a. 绑扎安放第二节护壁钢筋,护壁纵向钢筋应与上节护壁纵向钢筋连接牢固、可靠。

b. 护壁钢筋绑扎成型后,拆除上节护壁模板,支护下节护壁模板,下节护壁模板与上节护壁之间的搭接长度不得小于50mm。

2)浇筑第二节护壁混凝土。混凝土用串桶输送,人工浇筑,人工插捣密实,上下节护壁重叠处混凝土应捣固密实。拆模后发现护壁有蜂窝、漏水现象时,应及时补强。

(6)第 n 节桩孔开挖、护壁施工。

1)第 n 节桩孔开挖、护壁施工,与第二节护壁施工方法相同。

2)为保证桩的垂直度,要求每浇灌完三节护壁,须校核桩中心位置。

3)施工过程中安全、合理地使用活动挡板、通风设备等安全设施进行防护。桩孔检查、校正方法与首节桩孔方法一致。

4)当坑孔深大于5m时,应向坑孔内送风,加强空气对流,风量不宜小于25L/s。对于现场施工认为需送风时,可不受开挖深度限制,随时进行送风,防止有害气体的危害。

5)每日开工前,必须采用气体检测仪对坑内气体进行检测,检测无问题后方可下基坑施工。挖孔作业时上下人员轮换作业,坑孔外人员时刻对坑内作业进行监护,宜配备无线对讲机等通信工具保持与孔内人员联系。

5.2.4 开挖桩底扩大层

开挖桩底扩大层时,应先将扩底部位桩身的圆柱体挖好,桩底应支承在设计所规定的持力层上,再按扩大部位的尺寸形状自上而下削土扩充至满足设计图要求。

5.2.5 终孔检查验收

成孔以后必须对桩身直径、扩头尺寸、桩长、桩位中心位置、井壁垂直度、虚土厚度等进行全面检查。会同设计、监理单位办理隐蔽验收手续,并做好施工记录。施工成型护壁见图1-1-5。

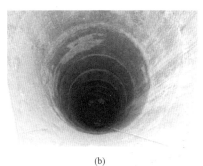

(a) (b)

图 1-1-5 施工成型护壁

(a) 示例一;(b) 示例二

5.2.6 钢筋笼制作与安装

(1)钢筋笼制作。

1)钢筋应按照相关规范及标准进行复检,并取得合格证明。

2)主筋连接可采用焊接或直螺纹套筒方式,焊接应按照JGJ 18《钢筋焊接及验收规程》要求制作成型，直螺纹套筒质量按 JG/T 163《钢筋机械连接用套筒》执行。

3）桩长大于 10m 时，钢筋笼应分段制作，分段长度以 5～8m 为宜，钢筋笼制作前，钢筋应严格除锈。

（2）声测管安装。人工挖孔基础每条腿在浇筑前均应安装声波检测管用于后期基础实体质量检测。

1）桩径 D 小于 800mm 时，布置 2 根声测管；800mm≤D≤1600mm 时，布置 3 根声测管；D＞1600mm 时，布置 4 根声测管。声测管沿钢筋笼内侧呈对称形状布置，并依次编号。

2）声测管上端高出基础顶面 100mm，下端至孔底（需留有 1 个保护层的厚度），声测管底部用钢板焊接密封，顶部用木塞或橡胶塞封闭，防止砂浆、杂物堵塞管道，见图 1-1-6、图 1-1-7。

图 1-1-6　声测管底部封闭图　　　　　　图 1-1-7　声测管顶部加盖图

3）声测管设于钢筋笼内侧，绑扎固定或焊接固定，固定声测管时，管间距离必须一致，并相互平行。

4）浇注混凝土前，应将声测管内注满清水，检查声测管内水位如管体水不满，则应检查渗漏点并进行堵漏处理；处理后再将管内注满清水，再次检查管内水位，确认管内密封性能完好后。对管口进行有效密封。

（3）钢筋笼安装。

图 1-1-8　钢筋绑扎

1）放入前应先绑好混凝土垫块，混凝土垫块的强度应与桩身强度相同，尺寸根据桩身钢筋保护层厚度确定。

2）吊放钢筋笼时，要对准孔位，直吊扶稳、缓慢下放，避免碰撞孔壁。

3）钢筋笼下放至设计位置后，检查钢筋保护层及钢筋笼位置，满足要求后及时固定。钢筋绑扎见图 1-1-8。

5.2.7　桩身混凝土浇筑

（1）桩身混凝土采用机械搅拌，混凝土必须通过溜槽下料，当落距超过 2m 时，应采用串筒向桩孔内浇筑混凝土，串筒末端距孔底高度不宜大于 2m，也可采用导管泵送。

（2）混凝土连续浇筑，宜采用插入式振捣器分层振捣密实。

5.2.8　安装地脚螺栓

（1）根据地脚螺栓的布置，制作相应的单腿找正样板，地脚螺栓小根开误差应小于 2mm。

（2）地脚螺栓无扣部分应在基础顶面，保证地脚螺栓的露高，且应垂直于基础顶面。

（3）安装地脚螺栓时，根据地脚螺栓的规格、数量和质量采用安全、合理的方法安装，并用规格匹配的样板固定。

（4）找正地脚螺栓时，地脚螺栓小根开尺寸、基础根开尺寸、对角线尺寸等基础控制数据满足规程、规范要求。

5.2.9　桩顶混凝土浇筑

（1）浇筑桩顶混凝土。

1）混凝土应严格按照配合比施工。

2）混凝土振捣应符合相关规范要求。

3）混凝土应按规范要求制作试块，试块养护条件应符合规范要求。

（2）混凝土养护、拆模。

1）混凝土养护。

a. 混凝土浇筑完毕后应在 12h 内开始浇水养护，当天气炎热、干燥有风时，应在 3h 内进行浇水养护。当冬期施工气温较低时，不应浇水养护。

b. 混凝土浇水养护日期，对普通硅酸盐和矿渣硅酸盐水泥拌制的混凝土，不得少于 7 昼夜。

c. 浇水次数应以保持混凝土具有足够的润湿状态为度。

2）拆模。

a. 浇水养护的混凝土，当其强度达到 2.5MPa 或以上时，方可拆模。

b. 拆模时要注意保护混凝土基础棱角，不可使模板拆模时粘掉混凝土或以任何方式损伤基础棱角。

5.2.10　桩基检测

完成的人工挖孔基础在混凝土达到强度要求后，应根据 JGJ 106《建筑基桩检测技术规范》的要求对桩基进行检测，检测数量应满足要求。

基础施工完毕应按照《架空输电线路工程施工质量检验及评定规程》开展施工质量验收。

施工中如遇不良地质情况，与设计文件存在不符，应及时与设计、监理单位沟通，确认现场实际地质情况，并编制专项施工措施后，再进行施工。

5.2.11　声测管封堵

（1）根据基础所在地的气候情况确定声测管封堵深度，如冬期冻土深度为 H，则封管处理深度宜为 $H+h+0.3\text{m}$（h 为基础外漏高度），保证声测管内水不发生冻结；如全年无冻结，可按 $h+0.3\text{m}$ 处理。

（2）首先将外露的声测管，沿基础顶面切除，断口应平整，不得高于基础顶面。再将声测管中的水排出，水的排出深度根据封堵处理深度确定；然后用 20～30mm 厚的软木塞或橡胶塞（直径略大于声测管内径）放入至声测管水面处，安装牢固。

（3）从顶部注入具有微膨胀性能的水泥砂浆（强度不低于 M5）对声测管进行封堵，注满、并振捣密实。

（4）声测管封堵密实后顶部抹平，用环氧树脂金属防腐涂料对顶面进行防腐处理。

6　人　员　组　织

人工挖孔基础施工应根据工程量和作业条件合理安排人员组织施工，以一基四根桩为例，施工人员配置见表 1-1-1。

表 1-1-1　　　　人工挖孔基础施工人员配置（以一基四根桩为例）

序号	岗位	数量（人）	岗位职责
1	班长兼指挥	1	负责人工挖孔基础施工的组织、协调、现场指挥等工作
2	安全员	1	负责人工挖孔基础施工现场的安全监护和检查指导工作
3	技术兼质检员	1	负责人工挖孔基础施工全过程质量标准的控制、执行、监督和检查；负责施工现场全过程的技术管理工作，协助现场施工负责人工作
4	测工	1	负责人工挖孔基础施工的测量工作
5	钢筋工	2	负责人工挖孔基础钢筋加工，钢筋笼的制作、安装工作
6	电工	1	负责施工电源设备的安装、操作、检查和维护
7	机械操作手	2	负责人工挖孔基础施工机械的操作和维护
8	挖孔工人	4	负责人工挖孔基础开挖、护壁施工等工作
9	混凝土工人	4	负责人工挖孔基础混凝土浇筑、养护等工作
	合计	17	

7　材料与设备

人工挖孔基础施工应根据工程量和作业条件合理安排施工，主要材料为水泥、粗细骨料、地脚螺栓（插入角钢）等，以一基四根桩为例，主要工器具及设备见表 1-1-2。

表 1-1-2　　　　人工挖孔基础主要工器具及设备（以一基四根桩为例）

序号	名称	规格	单位	数量	备注
1	深基坑一体化装置		套	4	
2	搅拌机	170L/350L	台	2	
3	振捣器	汽油机/电动	台	2	
4	发电机	12kW	台	1	
5	水泵	配 30m 水带	台	1	
6	经纬仪	J2	台	1	配塔尺、花杆
7	鼓风机		台	4	带送风管
8	护壁模板	各种规格	套	4	带卡扣
9	绞车	带吊桶	套	4	提土用
10	电焊机	RS1—330	台	1	
11	配电设施		套	1	
12	空气压缩机		台	2	
13	运水罐	1.4m^2	个	1	

8　质量控制

8.1　主要质量标准、技术规范

GB 8076　混凝土外加剂

GB 50026　工程测量规范

GB 50107　混凝土强度检验评定标准

GB 50202　建筑地基基础工程施工质量验收规范

GB 50204　混凝土结构工程施工质量验收规范

JGJ 18　钢筋焊接及验收规程

JGJ/T 27　钢筋焊接接头试验方法标准

JGJ 52　普通混凝土用砂、碎（卵）石质量标准及检验方法

JGJ 55　普通混凝土配合比设计规程

JGJ 94　建筑桩基技术规范

JGJ 104　建筑工程冬期施工规程

JGJ 106　建筑基桩检测技术规范

JGJ/T 163　钢筋机械连接用套筒

DL5009.2　电力建设安全工作规程　第2部分：电力线路

DL/T 5235　±800kV及以下直流架空输电线路工程施工及验收规程

DL/T 5236　±800kV及以下直流架空输电线路工程施工质量检验及评定规程

DL/T 5300　1000kV架空输电线路工程施工质量检验及评定规程

Q/GDW 1153　1000kV架空送电线路施工及验收规范

Q/GDW 1163　1000kV送电线路施工质量验收及评定规程

Q/GDW 1225　±800kV架空送电线路施工及验收规范

Q/GDW 1226　±800kV架空送电线路施工质量检验及评定规程

Q/GDW 10248　输变电工程建设标准强制性条文实施管理规程

Q/GDW 11957.2　国家电网有限公司电力建设安全工作规程　第2部分：线路

8.2　基础质量控制要点

（1）基础分坑控制要点。施工过程应妥善保护好场地的中心桩、辅助桩。

（2）桩孔开挖控制要点。

1）桩孔上口应做好挡土及排水措施，防止孔壁坍塌。

2）开挖过程中应随时对桩孔进行校核，确保桩孔尺寸。

3）已挖好的桩孔应及时吊放钢筋笼，并及时浇筑混凝土。有地下水的桩孔应及时施工，并尽快浇筑混凝土，避免地下水浸泡桩孔，造成塌孔。

（3）护壁施工控制要点。

1）护壁模板应支护牢固，防止出现模板变形等现象。

2）护壁混凝土振捣应密实，不应出现露石、孔洞等现象。

（4）成孔保护控制要点。人工挖孔基础施工现场必须有良好的排水设施，严防地面雨水流入桩孔内，浸泡桩孔。

（5）钢筋笼制作控制要点。钢筋笼应保持清洁，已成形的钢筋笼，不得扭曲、松动变形。吊入桩孔时，不得碰坏孔壁。浇筑混凝土时，应将钢筋笼顶部牢固固定。

（6）浇筑混凝土控制要点。浇筑混凝土时，串桶应垂直放置，防止因混凝土斜向冲击孔壁，破坏孔壁土层，造成夹土现象。

（7）材料控制要点。

1）基础施工钢筋、水泥、水、砂石必须经过检验，试验合格并取得合格证。

2）材料站对材料进行检验，做好记录，不合格的禁止进入施工现场；施工现场对材料进行验

收，不合格的不准进行基础浇制。

3）材料堆放有标识，材料的保管、发放、回收要有材料卡，使材料处于全过程控制状态。

（8）冬期、雨季施工控制要点。

1）冬期施工应编制冬期施工方案，浇筑混凝土时，应采取加热保温措施。浇筑的入模温度应由冬期施工方案确定。

2）雨天不宜进行人工挖桩孔施工，如必须施工，应对桩孔采取可靠的防雨措施。

8.3 基础质量常见问题及预防、控制措施

基础质量常见问题及预防、控制措施见表 1-1-3。

表 1-1-3　　　　　　　　基础质量常见问题及预防、控制措施

序号	质量问题	产生原因、现象	预防、控制措施
1	垂直偏差过大	由于开挖过程未按要求每节核验垂直度，致使挖完以后垂直超偏	每挖完一节，必须根据桩孔口上的轴线吊直、修边、使孔壁圆弧保持上下顺直
2	孔壁坍塌	因桩位土质不好，或地下水渗出而使孔壁坍塌	开挖前应掌握现场土质情况，错开桩位开挖，缩短每节高度，随时观察土体松动情况，必要时可在坍孔处用砌砖、钢板桩、木板桩封堵；操作进程要紧凑，不留间隔空隙，避免坍孔
3	孔底残留虚土太多	成孔、修边以后有较多虚土、碎砖，未认真清除	在放钢筋笼前后均应认真检查孔底，清除虚土杂物。必要时用水泥砂浆或混凝土封底
4	孔底出现积水	当地下水渗出较快或雨水流入，抽排水不及时，就会出现积水	开挖过程中孔底要挖集水井，及时进行抽水，当渗水量过大时，应采取场地截水、降水或水下灌注混凝土等有效措施。严禁在桩孔中边抽水边开挖边灌注
5	钢筋笼扭曲变形	钢筋笼加工制作时点焊不牢，未采取支撑加强钢筋，运输、吊放时产生变形、扭曲	钢筋笼应在专用平台上加工，主筋与箍筋点焊牢固，支撑加固措施要可靠，吊运要竖直，使其平稳地放入桩孔中，保持骨架完好
6	桩孔混凝土质量差	有振捣不实、夹土等现象	在浇筑混凝土前一定要做好操作技术交底，坚持分层浇筑、分层振捣、连续作业

9 安 全 措 施

9.1 基础施工安全措施

（1）所有施工人员进场时必须戴好安全帽、穿绝缘胶鞋。

（2）认真研究设计提供的地质资料，分析地质情况，出现流砂、管涌等情况及时与设计、监理沟通，并制订相应的专项措施方案。

（3）人工挖孔基础开挖施工时，孔上必须有专人监督防护，桩孔周围要设置安全防护栏。

（4）必须坚持"先通风、再检测、后作业"的原则。

（5）每孔必须设置安全绳及应急软爬梯，软梯制作材料应满足使用要求，上端应牢固固定，确保使用安全。

（6）孔深超过 10m 必须设置通风设施，以便向孔内强制输送清洁空气，排除有害气体。

（7）已挖好的桩孔必须用木板或钢筋网片等盖好，防止土块、杂物、人员坠落。严禁用草袋等虚盖。

9.2 用电、防火安全措施

（1）施工用的发电机、搅拌机、深基坑一体化装置等，必须保证其绝缘良好，性能可靠，做好电气设备的接地保护。使用潜水泵必须有防漏电装置。桩孔内照明必须用带灯罩的防水安全灯具。

（2）生活用电必须保证其绝缘良好，接地性能可靠，做到人走电断。

（3）在林区施工时，杜绝乱用火源，设防火区，防止森林火灾。

10 环水保措施

（1）施工过程中应严格根据环评报告、水保方案及批复和工程环保水保策划的要求组织落实各项临时保护措施，如采取临时拦挡、覆盖、压实、临时截（排）水、沉砂设施、泥浆池等。

（2）临时占地事前须周密规划。须认真检查施工机械设备在施工过程中的状况，杜绝发生漏油等污染情况。原材料、工器具需铺垫彩条布，以减少对土壤的污染和对农田的复耕。

（3）场地平整、基础开挖产生的表土、基槽土须分开堆放并标识。基坑回填时，按先基槽土、后表土的顺序回填，并对施工现场进行全面清理。

（4）工程取土和弃土须在水土保持方案确定的地点办理，取得取土、弃土协议，并对取土、弃土场实施整治、保护和植被措施。

（5）塔基区：施工前剥离表土，生熟土分开堆放，并采取拦挡、苫盖、排水、沉沙等临时防护措施，施工结束后恢复植被措施。

（6）塔基施工场地：施工前场地铺垫苫布，布设临时排水沟、灌注桩基础泥浆沉淀池，施工污水不经沉淀或去污处理不得直接排入当地水系，施工结束后恢复植被措施。

（7）施工运输道路，力求做到少占良田耕地，绕避不良地质地段，在可能的条件下，尽量考虑与地方道路或乡村的机耕道相结合，并修筑好便道两侧的排水系统，保证地面径流的畅通，减少和避免边坡的冲刷，保证施工运输正常运营，保持水土。

（8）在施工过程中，还注意道路的养护和水土流失的控制，防止人为因素加剧其水土流失的程度。

（9）处于河网地区基础施工产生的泥浆、弃土、弃渣，采用集中堆放，委托地方外运至指定地点处理，避免发生水体污染和环境破坏。

（10）在施工中，注意保耕地。施工时应根据实际施工需要与当地协商，争取少占农作物，不随意超出设计规划界限。工程竣工后，必须拆除临时设施和生活设施，对拆除后的场地和垃圾要进行平整和清理，防止污染环境和造成水土流失。

11 效益分析

本典型施工方法具有环保、施工工器具需求少、施工人员投入较少，施工方式简便、质量控制直观、易控等特点。与开挖式基础相比，具有开挖量小、占地面积少、弃土量小、环境影响小的优点。与机械成孔灌注桩相比，具有操作简便、成本低廉、设备简单、占地面积小、因不需设泥浆池而对环境影响小的优点，具有很好的经济效益和社会效益。

12 应用实例

12.1 设计图例

人工挖孔基础适用于无地下水的硬塑状土和岩石地质，施工前应有塔位详细的岩土工程勘测报告，并制订可靠的安全施工措施，桩成孔时必须边挖边设置护壁，护壁混凝土强度等级与桩身相同。人工挖孔基础设计图见图 1-1-9。

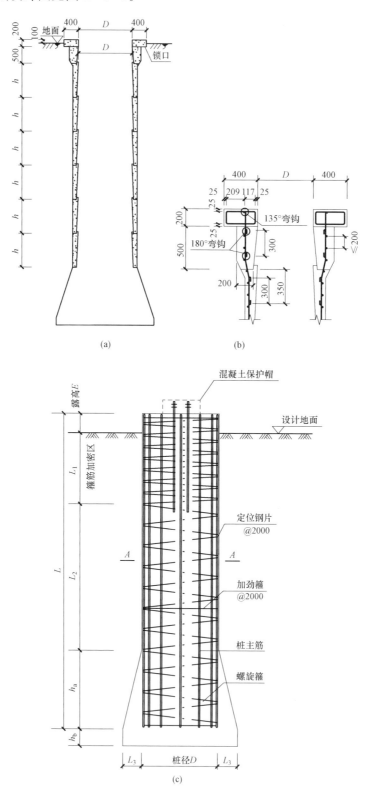

图 1-1-9 人工挖孔基础设计图

（a）人工挖孔基础剖面图；（b）锁口及第一段护壁详图；（c）人工挖孔基础立面图

12.2 工艺示范

人工挖孔基础深基坑一体化装置应用、护臂制作、钢筋绑扎、混凝土浇筑、成品保护分别见

图 1 - 1 - 10～图 1 - 1 - 13。

图 1 - 1 - 10　深基坑一体化装置

图 1 - 1 - 11　护臂制作

图 1 - 1 - 12　钢筋绑扎

图 1 - 1 - 13　基础养护

典型施工方法名称：灌注桩基础典型施工方法

典型施工方法编号：TGYGF001-2022-SD-XL002

编 制 单 位：国网特高压公司　江苏省送变电有限公司

主 要 完 成 人：徐　扬　俞　磊　张尔乐

目　次

1 前 言

针对特高压线路工程跨越江河、湖泊、沼泽，途经地质复杂、地下水丰富等地段，基础一般采用灌注桩基础。通过梳理近几年灌注桩基础在特高压工程中的应用情况，总结分析相应的施工技术和经济效益，编制形成灌注桩基础典型施工方法。

2 本典型施工方法特点

（1）灌注桩基础具有承载力大、稳定性好、沉降量小、节约材料、能适应多种地质情况等优势。

（2）钻孔灌注桩具有设备投入不大、操作简单等优点，但其施工过程无法直接观察，桩身质量检验不便。

（3）桩身可穿越各种地层嵌入基岩，更好发挥端承作用。

（4）成品不需要搬运，桩身成型过程不承受冲击。

3 适 用 范 围

本典型施工方法适用于特高压线路工程单桩基础、群桩承台式基础施工。

4 工 艺 原 理

灌注桩工艺原理：直接在设计桩位上成孔，采用循环泥浆的压力形成泥浆护壁，利用比重较大的泥浆循环带出钻渣，清孔后安放钢筋笼及声测管，安装混凝土输送导管，二次清孔后连续浇筑混凝土，完成桩体施工。泥浆循环方式分为正循环、反循环。灌注桩施工现场图见图1-2-1。

图1-2-1 灌注桩施工现场图

5 施工工艺流程及操作要点

5.1 施工工艺流程

灌注桩基础典型施工工艺流程见图1-2-2。

5.2 操作要点

5.2.1 施工准备

（1）施工计算。

1）首灌量计算：施工前应根据桩径、桩深、导管内径、导管底至孔底距离等计算首灌量，须满足初灌后导管埋深大于1.0m。

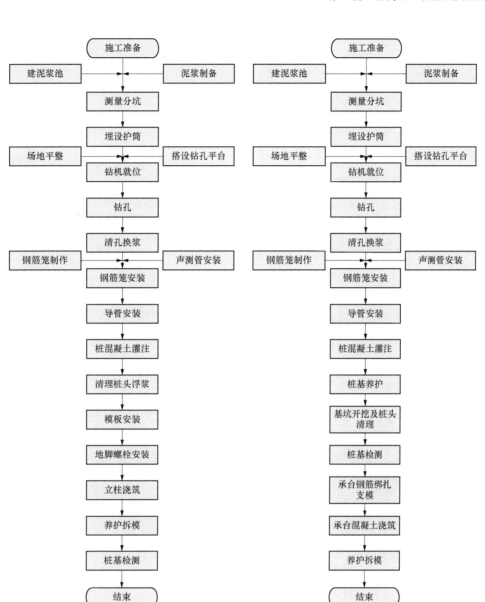

图 1-2-2 灌注桩施工工艺流程图
(a) 单桩基础施工流程图；(b) 群桩承台式基础施工流程图

2) 泥浆池容积：泥浆池容积与桩孔体积、地层岩土性质、自造浆与人工造浆等因素相关，泥浆总用量＝(1.5～2)×同时施工的桩孔总容积＋地面循环系统总容积。

(2) 现场准备

1) 首先进行场地平整，处理地上、地下障碍物，保证机械设备安全进场，合理布置施工用水、用电。

2) 测量、检测仪器仪表及钢尺检测合格。

3) 根据工程量组织施工材料和加工，严格检查水泥出厂合格证、复检报告和砂石复检报告，如发现实样与质保书不符，应立即取样进行复查，严禁使用不合格材料。

4) 商品混凝土的配合比应由商品混凝土厂家预配并做开盘鉴定，合格后方能使用。

5) 泥浆池的容量、位置应满足成孔时泥浆循环的需要。

5.2.2 测量分坑

(1) 检查、校核桩位、档距、转角角度是否与断面图和图纸明细表相符，如塔位桩丢失应重

19

新测量补桩。

（2）一般按现场条件和桩机行走最方便的原则确定成孔顺序。

（3）避免对邻桩混凝土的影响。

5.2.3 埋设护筒

埋设护筒的主要作用是固定桩位，防止地表水流入孔内，保护孔口和保持孔内水压力，防止出现塌孔、成孔时引导钻头的钻进方向等。

护筒的中心与桩位中心的偏差应控制在 50mm 以内，护筒与孔壁间的缝隙应用黏土填实。护筒一般用厚度为 4～8mm 的钢板制作而成，内径应比钻头直径大 100～200mm，埋入土中的深度不宜小于 1.0～1.5m，护筒顶面应高出地面 400～600mm。在护筒的顶部应开设 1～2 个溢浆孔。在成孔时，应保持泥浆液面高出地下水位 1m 以上。

5.2.4 钻孔

（1）制备泥浆。泥浆是泥浆护壁成孔施工中不可缺少的材料，泥浆的质量往往影响桩孔的成败，其在成孔过程中起到护壁、携渣、冷却和润滑作用。

护壁所用泥浆的相对密度较大，孔内泥浆液面应高于地下水位；利用泥浆产生的静水压力作为对孔壁水平方向的液体支撑，稳固孔壁、防止塌孔；泥浆在孔壁上形成低透水性的泥皮，稳定护筒内的泥浆液面，保持孔内壁的静水压力，以达到护壁的目的。

由于泥浆有较高的黏性和较大的密度，通过循环泥浆可将切削破碎的土渣及石块悬浮起来，随同泥浆排出孔外，起到携渣排土的作用。

在钻孔的施工过程中，钻具与土摩擦易发热而磨损，循环的泥浆对钻机起着冷却和润滑的作用，并可以减轻钻具的磨损。

制备泥浆的方法应根据成孔的土质而确定。在黏性土中成孔时，可在孔中注入清水，随着钻机的旋转，将切削下来的土屑与水搅拌，利用原土即可造浆，泥浆的密度应控制在 1.1～1.2t/m³；在其他土质中成孔时，泥浆制备应选用高塑性黏土或膨润土。当砂土层较厚时，泥浆密度应控制在 1.3～1.5t/m³；在成孔的施工中应经常测定泥浆的相对密度，并定期测定黏度、含砂率和胶体率等指标，以保证成孔和成桩顺利。

（2）成孔方法。泥浆护壁成孔灌注桩的成孔方法很多，在基础工程中常用的有回转钻成孔、潜水钻成孔、冲击钻成孔、旋挖钻机成孔等。本典型施工方法以最为普遍的回转钻成孔、潜水钻成孔、冲击钻成孔为主进行典型成孔方法介绍。

1）回转钻成孔。回转钻成孔时采用常规的地质钻机，在泥浆护壁的施工条件下，由动力装置带动钻机回转装置，再经回转装置带动装有钻头的钻杆转动，慢速钻进切削、排渣成孔，这是最为常用和应用范围较广的成孔方法之一。

按泥浆循环方式的不同，可分为正循环回转钻机和反循环回转钻机钻孔，其示意图如图 1-2-3 所示。

a. 正循环回转钻机的成孔工艺。钻机回转装置带动钻杆和钻头回转切削破碎岩土，从空心钻杆内部空腔注入的加压泥浆或高压水，由钻杆底部喷出，裹挟着切削下来的土渣沿孔壁向上流动，由孔口溢浆孔排出后流入泥浆池，经沉淀后将泥浆再次返回孔内进行循环。

正循环钻孔泥浆上返速度较低，排渣能力比较差，适用填土、淤泥、黏土、粉土和砂土等地层成孔，成孔直径不宜大于 1m，钻孔深度不宜超过 40m。

b. 反循环回转钻机的成孔工艺。反循环回转钻机由钻机回转装置带动钻杆和钻头回转切削破碎岩土，孔内泥浆自孔口流入，利用泵吸等措施经由钻杆内腔抽吸出孔外至泥浆池。泵吸反循环

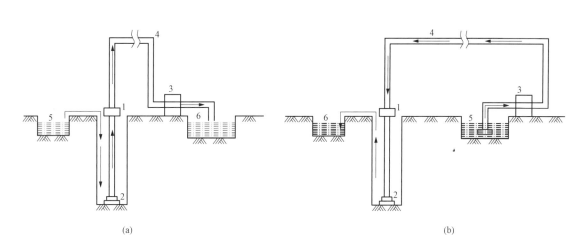

图 1-2-3　正、反循环回转钻机钻孔示意图
(a) 反循环回转钻机；(b) 正循环回转钻机
1—钻机；2—钻头；3—泥浆泵；4—胶管；5—泥浆池；6—沉淀池

利用砂石泵的抽吸作用使钻杆内的水流上升，钻杆内径相对较小，而上返流速较大，所以携带岩粉的能力强。

反循环回转钻孔适用于填土、淤泥、黏土、粉土、砂土、砂砾等地层成孔。当采用圆锥式钻头时，可以在软岩层中成孔；当采用牙轮式钻头时，可以在硬岩层中成孔。

2) 潜水钻成孔。潜水钻成孔是利用潜水电钻机构中密封的电动机、变速机构、直接带动钻头在泥浆中旋转切土，同时用泥浆泵压送高压泥浆（或用水泵压送高压清水），使其从钻头底端射出，与切碎的土颗粒混合，以正循环方式不断地由孔底向孔口溢出，将孔内泥渣排出，或利用砂石泵或空气吸泥机用以循环方式排出泥渣，如此连续钻进、排泥渣，直至形成所需要深度的桩孔。潜水钻机施工作业如图 1-2-4 所示。

潜水钻成孔直径一般为 500～1500mm，孔深一般为 20～30m，最深可达 50m。适用于地下水位较高的软硬土

图 1-2-4　潜水钻机施工作业

层，如淤泥、淤泥质土、黏土、粉质黏土、砂土、砂夹卵石及风化页岩中成孔。潜水钻在成孔前，孔口也要埋设钢板护筒。

潜水钻成孔具有设备定型、体积较小、质量较轻、移动灵活、维修方便、无振动、无噪声、钻孔深、成孔精度高、劳动强度低、成孔速度快等特点。

3) 冲击钻成孔。冲击钻成孔施工，利用桩机动力装置将具有一定质量的冲击钻头，在一定的高度内使钻头提升，然后使钻头自由降落，利用冲击动能冲挤土层或破碎岩层形成桩孔，再用掏渣筒或其他方法将钻渣岩屑排出，每次冲击之后，冲击钻头在钢丝绳转向装置带动下转动一定的角度，从而使桩孔得到规则的圆形断面。

冲击土层时的冲挤作用形成的孔壁较坚固；在含有较大卵石层、漂石层的地质状况下成孔效率较高；设备简单、操作方便、钻进参数容易掌握；设备移动方便，机械故障少；泥浆不是循环的，故泥浆用量小，消耗小；只有在提升钻具时才需要动力，能耗小；在流砂层中亦能钻进。但是成孔过程中大部分时间消耗在提放钻头和掏渣土上，故钻进效率低；容易出现桩孔不圆的情况；

容易出现斜孔、卡钻和掉钻等事故；由于冲击能量的限制，孔深和孔径均比回转钻和潜水钻成孔施工法的小，并且岩屑多次重复破碎导致施工效率低。

冲击钻成孔适用于填土层、黏土层、粉土层、淤泥层、砂土层和碎石土层；也适用于砾卵石层、岩溶发育岩层和裂隙发育的地层；特别适合于有孤石的砂砾石层、漂石层、坚硬土层、岩层；对流沙层亦可克服；但对淤泥及淤泥质土，则应慎重使用。

5.2.5 清孔换浆

清孔为重要的工序，其目的是减少桩基的沉降量，提高其承载能力。当钻孔达到设计深度后，应及时验孔和清孔工作，清除孔底的沉渣和淤泥。

对于不易塌孔的桩孔，可用空气吸泥机清孔，气压一般掌握在0.5MPa，使管内形成强大高压气流上涌，被搅动的泥渣随着高压气流上涌从喷口排出，直至喷出清水为止，待泥浆相对密度降到1.1t/m³左右，即认为清孔合格；对于稳定性差的桩孔，应用泥浆循环法或抽渣筒排渣，泥浆的相对密度达到1.15～1.25t/m³时方为合格。

潜水钻成孔达到设计深度后，清孔可用循环换浆法，即让钻头在原位旋转，继续向孔内注水，用清水换浆，使泥浆密度控制在1.1t/m³左右。如孔壁土质较差，宜用泥浆循环清孔，使泥浆密度控制在1.15～1.25t/m³，在清孔过程中应及时补给稀泥浆，并保持浆面稳定。沉渣的厚度可用沉渣仪进行检测。在清孔时，应保持孔内泥浆面高出地下水位1.0m以上。孔底沉渣厚度指标，若为端承桩不应大于50mm，若为摩擦桩不应大于30mm。如果不能满足要求，应继续清孔。待清孔满足要求后，应立即安放钢筋笼，浇筑混凝土。

5.2.6 钢筋笼安装

制作钢筋笼或钢筋骨架时，要求纵向钢筋沿环向均匀布置，箍筋的直径和间距、纵向钢筋的保护层、加劲筋的间距应符合设计规定。箍筋和纵向钢筋（主筋）之间采用绑扎时，应在其两端和中部采用焊接，以增加钢筋骨架的牢固程度，便于吊装入孔。成品钢筋笼如图1-2-5所示。

图1-2-5 成品钢筋笼

钢筋笼的直径大小除满足设计要求外，还应符合以下规定：

（1）采用导管法灌注水下混凝土的灌注桩，钢筋笼的直径应比导管连接处的外径大100mm以上。

（2）在钢筋笼的制作、运输和安装的过程中，应采取措施防止产生过大变形，并设置保护层垫块。

（3）钢筋笼吊放入孔时，应对准孔的中心，不得碰撞孔壁；浇筑混凝土时，应采取措施固定钢筋笼的位置，防止产生上浮和位移。钢筋笼下放到设计位置应予以固定。

5.2.7　导管安装

导管直径宜为 200～250mm，导管分节长度视工艺要求而确定。在下导管前，应在地面试组装和试压，试压的水压力一般为 0.6～1.0MPa，底管长度不宜小于 4m，各节导管用法兰进行连接，要求接头处不漏浆、不进水。将整个导管安置在起重设备上，可以根据需要进行升降，在导管顶部设有漏斗。将安装好的导管吊入桩孔内，使导管顶部高于泥浆面 3～4m，导管的底部距桩孔底部 300～500mm。

5.2.8　桩混凝土灌注

（1）原理。泥浆护壁成孔灌注桩混凝土的浇筑，是在孔内泥浆中进行的，所以称为水下混凝土浇筑。浇筑水下混凝土不能直接将混凝土倾倒于水中，必须在与周围环境隔离的条件下进行。水下混凝土浇筑最常用的方法是导管法。导管法是将密闭连接的钢管作为混凝土水下浇筑的通道，混凝土沿竖向导管下落至孔底，使混凝土不与泥浆接触，导管底部以适当的深度埋在混凝土内。水下浇筑混凝土示意图如图 1-2-6 所示。

（2）配制混凝土。灌注桩的混凝土配制，选用合适的石子粒径和混凝土坍落度很关键。混凝土必须具备良好的和易性，含砂率宜为 40%～45%，坍落度宜为 180～220mm，粗骨料粒径宜为 5～25mm，最大粒径应小于 25mm。

（3）混凝土浇筑。在导管内部放置预制隔水栓，并用细钢丝悬吊在导管中下部，钢丝由顶部漏斗中引出。浇筑混凝土时，当导管中首批混凝土灌注量达到要求后，剪断悬吊隔水栓的钢丝，混凝土在自重压力作用下，随隔水栓冲出导管下口。首批混凝土灌注量应保证导管能埋入混凝土面以下 800mm 以上，由于混凝土的密度比泥浆大，混凝土下沉时排挤泥浆沿导管外壁上升，导管底部被埋入混凝土内。浇筑过程中导管内的混凝土在一定落差压力作用下，挤压下部管口处的混凝土，使其在已浇筑的混凝土层内部流动、扩散，边浇筑混凝土边拔导管，逐节拆除上部导管，如此连续浇筑直至桩顶而成桩。

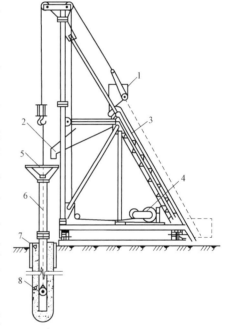

图 1-2-6　水下浇筑混凝土示意图
1—上料斗；2—储料斗；3—滑道；
4—卷扬机；5—漏斗；6—导管；
7—护筒；8—隔水栓

5.2.9　基坑开挖及桩头清理

（1）基坑开挖。

1）承台基坑开挖应在复测结束、分坑完毕，杆塔桩位正确，按施工图核对塔形及基础形式，检查塔位桩、控制桩是否完好，确认分坑放样尺寸无误后，方可开挖。

2）杆塔基础的坑深应以中心桩处自然地面为基准，并核对设计有无降低施工基面规定。若有，必须先降基，再开挖；基坑开挖时，应保护好杆塔中心桩和复测时所钉的辅助桩。如设计中心桩需挖掉时，应保护好补钉中心桩的辅助桩。

3）按复核后无误的塔位中心桩进行分坑，坑口尺寸要考虑坑壁放坡、坑底操作的裕度、垫层尺寸等因素。

4）基坑开挖弃土须远离坑口，抛土距离一般不小于 1.2m，堆土高度不超过 2m，向外抛土时应防止土块回落伤人，坑较深时应采取提升向外抛土的方法。

5）在有地下水、地表水渗入造成基坑内积水的，可在开挖面的地面挖好截水沟、集水井，及时做好疏水、排水与坑内抽水工作。

6）坑内积水不多时，可在基坑内的对角或四角挖留集水井，视积水多少用人工或水泵将水抽净，排水要尽量排得远些，以防回渗坑内，但保证在浇筑之前必须将坑底的积水排除干净。

7）当遇地下水位较高、流砂等较差地质时须用挡土板或井点设备降低水位后开挖，或采取有效排水措施，确保基础浇筑前排尽坑底积水，以保证混凝土浇筑质量。

8）基坑开挖前应进行适当开挖，若发现土质情况较差时需采用井点降水。采用井点设备降水时，沿基坑的四周以一定的间距埋设直径较小的井点管插至地下蓄水层，从而使地下水位得到降低。

（2）桩头清理。

1）基坑开挖好后，先将桩周围的泥土清理干净，然后采用人工凿除法，破至预定的深度，并用钢丝刷清除桩顶面浮混凝土及桩体钢筋。

2）低应变动力检测的桩基，经试验合格和应经监理代表对完成基桩进行中间验收合格后，方准进行承台的施工。

3）主筋的净保护层厚度承台为 60mm，其他部分主筋的净保护层为 70mm。桩顶伸入承台尺寸参照施工图纸，桩主筋锚入承台角度取 75° 的长度以满足锚固长度的要求。

4）桩头完之后，监理单位代表和现场质检员应检查基础深度、长度尺寸是否符合设计及规范要求，检查无误后方可进行下道工序的施工。当基础有地下水时，应先排除坑内积水。在坑内无积水的情况下，在基础底板下铺素土垫层，并压实后再施工基础。

5）混凝土垫块：做保护层用混凝土垫块预先制作，强度与基础混凝土相同，厚度要满足钢筋保护层的要求，分布合理。

6）坑底应平整，同基基础在允许偏差内按最深一坑操平。

7）基础坑深的允许偏差为：＋100mm，－50mm。对地下水位高和土质较差的基坑，应铺石灌浆做垫层 150～200mm，找平到设计标高，垫层宽度外伸出基础边缘 50～150mm。

5.2.10 承台钢筋绑扎、支模

（1）模板应该具有足够的强度和刚度。模板表面应平整、接缝紧密不漏浆，与混凝土接触面涂脱模剂，以保证脱模质量。当使用隔离剂脱模时，严禁隔离剂沾污钢筋。

（2）安装好的模板要保证基础结构和构件各部分形状尺寸、相互位置符合设计要求，同时模板支撑必须具有足够的承载能力、刚度和稳定性，以防止胀模。

（3）支模时，模板由底层向上层立柱依次安装，操平并校核各层安装位置。

（4）底层钢筋绑扎宜在底层模板支好后在垫层上进行绑扎，在扎好立柱钢筋后，再将立柱模板合模固定。

（5）基础要求一次性支模成型，地脚螺栓安装前要除锈，用样架固定可靠，确保位置正确，露出基面部分涂黄油并包扎好，在安装前必须检查地脚螺栓直径、长度及组装尺寸；对于转角塔、终端塔的拉压基础的地脚螺栓一定要确认无误后方准安装。

5.2.11 承台混凝土浇筑

（1）混凝土浇筑前必须对基础根开、地脚螺栓规格、间距、露出基面高度、主配筋规格等进行复核尤其要区分清转角塔的上拔和下压腿。

（2）混凝土下料时先从立柱中心开始，逐渐延伸至四周，应避免将钢筋向一侧挤压变形。

（3）浇筑混凝土前应清除坑内泥土、杂物和积水，检查基础根开、地脚螺栓及钢筋应符合设计要求，检查模板有无缝隙，必要时用胶带等封堵。

（4）混凝土自高处倾落的自由高度，超过 2m 时应使用溜槽或串筒，以防止混凝土产生离析。溜槽或串筒水平倾角不宜超过 30°。

（5）基础顶面（包括基础预高）应一次成型，不允许二次抹面，同时应严格进行顶面高差监测，以确保四腿基础面的高差，同时保证地脚螺栓露出的高度。

6　人　员　组　织

灌注桩施工班组的人员应根据成孔方式、地形复杂程度、混凝土方量以及作业内容等情况配置，通常情况下灌注桩施工人员配置见表 1-2-1。

施工前，应按照要求对全体施工人员进行安全技术交底，特殊作业人员必须经过安全技术培训，考试合格后方可上岗。

表 1-2-1　　　　　　　　　　灌注桩施工人员配置表

序号	岗位	数量（人）	岗位职责
1	班长兼指挥	1	负责灌注桩施工的全面工作，包括现场组织、工具调配、物料转运进场及现场指挥等工作
2	安全员	1	负责灌注桩施工现场的安全监护和检查指导工作
3	技术兼质检员	1	负责灌注桩施工全过程质量标准的控制、执行、监督和检查；负责施工现场全过程的技术管理工作，协助现场施工负责人工作
4	测工	1	负责灌注桩基础施工的测量工作
5	钢筋工	2	负责灌注桩基础钢筋加工，钢筋笼的制作、安装工作
6	模板工	2	负责灌注桩基础模板的组装、拆卸等工作
7	电工	1	负责施工电源设备的安装、操作、检查和维护
8	焊工	1	负责钢筋焊接质量和工艺工作
9	机械操作手	2	负责钻机的操作和维护
10	吊车驾驶员	1	负责吊车操作工作
11	普工	2	负责现场工器具搬运，混凝土灌注时砂石、水泥等上料，设备转运，配合技术人员工作等
	合计	15	

7　材　料　与　设　备

灌注桩施工所用的机械设备及工器具等应根据工程量大小、地理环境的变化进行合理配备。本典型施工方法按普通钻孔灌注桩施工进行机械设备及工器具的配置见表 1-2-2。

表 1-2-2　　　　　　　　钻孔灌注桩主要施工机械设备及工器具配置

序号	名称	型号	单位	数量	备注
1	回转钻机		台	2	
2	吊车	25t	辆	1	
3	发电机	120kW	台	1	
4	插入式振动器		台	2	
5	电焊机	BX-300	台	2	
6	搅拌机	JZC-350	台	1	

续表

序号	名称	型号	单位	数量	备注
7	泥浆泵	3PNL	台	3	
8	下料架		套	1	7.5kW×2
9	机动翻斗车	1.5t	台	2	
10	经纬仪	J2	台	1	含塔尺、花杆；检定证书需报验
11	配电箱		台	2	
12	小推车		辆	10	
13	垂球		只	2	
14	泥浆比重计		根	1	检定证书需报验
15	大铁锹	平头	把	2	2把推混凝土
16	小铁锹	平头	把	2	2把推混凝土
17	磅秤	TL3012	台	1	500kg；检定证书需报验
18	试块盒	150mm×150mm×150mm	组	3	钢制
19	钢卷尺	5m	把	2	检定证书需报验
20	钢卷尺	50m	把	2	检定证书需报验
21	游标卡尺	13cm/0.2mm	把	1	检定证书需报验
22	坍落度筒		个	1	

8 质 量 控 制

8.1 主要质量标准、技术规范

GB 175—2007/XG1、XG2 通用硅酸盐水泥

GB 1499.1 钢筋混凝土用钢 第1部分：热轧光圆钢筋

GB 1499.2 钢筋混凝土用钢 第2部分：热轧带肋钢筋

GB/T 14684 建设用砂

GB/T 14685 建设用卵石、碎石

GB/T 14902 预拌混凝土

GB/T 50107 混凝土强度检验评定标准

GB 50202 建筑地基基础工程施工质量验收规范

GB 50204 混凝土结构工程施工质量验收规范

GB 50666 混凝土结构工程施工规范

DL 5009.2 电力建设安全工作规程 第2部分：电力线路

DL/T 5235 ±800kV及以下直流架空输电线路工程施工及验收规程

DL/T 5236 ±800kV及以下直流架空输电线路工程施工质量检验及评定规程

DL/T 5300 1000kV架空输电线路工程施工质量检验及评定规程

JGJ 18 钢筋焊接及验收规程

JGJ 46 施工现场临时用电安全技术规范

JGJ 52 普通混凝土用砂、石质量及检验方法标准

JGJ 55 普通混凝土配合比设计规程

JGJ 63 普通混凝土用水

JGJ 94 建筑桩基技术规范

JGJ 104 建筑工程冬期施工规程

JGJ 107 钢筋机械连接技术规程

Q/GDW 1153 1000kV架空送电线路施工及验收规范

Q/GDW 1163 1000kV送电线路施工质量验收及评定规程

Q/GDW 1225 ±800kV架空送电线路施工及验收规范

Q/GDW 1226 ±800kV架空送电线路施工质量检验及评定规程

Q/GDW 1799.2 家电网公司电力安全工作规程 线路部分

Q/GDW 10248 输变电工程建设标准强制性条文实施管理规程

8.2 基础质量控制要点

（1）基础分坑控制要点。施工过程应妥善保护好场地的中心桩、辅助桩。

（2）钻孔控制要点。

1）钻机就位后应认真校对桩位中心，务必使转盘中心与桩位中心同为一垂线，保证偏差符合设计要求。

2）每次加接钻杆前，必须检查主动钻杆是否对中转盘中心，并及时调整钻机平台。每打完一根钻杆后应上下活动，检查垂直度。一旦发生孔斜，必须马上进行纠斜。

（3）钢筋笼制作控制要点。钢筋笼应保持清洁，已成形的钢筋笼不得扭曲、松动变形。吊入桩孔时，不得碰坏孔壁。浇筑混凝土时，应将钢筋笼顶部牢固固定。

（4）浇筑混凝土控制要点。

1）浇筑前应检查坑内是否积水、杂物，并排除。

2）浇筑时检查基础各部分尺寸是否有变化，地脚螺栓是否走动并及时采取措施。

3）基础浇筑完毕后，应对基础尺寸进行一次复查，并注意基础的沉降情况。

（5）材料控制要点。

1）基础施工钢筋、水泥、水、砂石必须经过检验，试验合格并取得合格证。

2）材料站对材料进行检验，做好记录，不合格的禁止进入施工现场；施工现场对材料进行验收，不合格的不准进行基础浇制。

3）材料堆放有标识，材料的保管、发放、回收要有材料卡，使材料处于全过程控制状态。

（6）冬期施工控制要点。冬期施工应编制冬期施工方案，浇筑混凝土时，应采取加热保温措施。浇筑的入模温度应由冬期施工方案确定。

8.3 基础质量常见问题及预防、控制措施

灌注桩施工质量控制要点见表1-2-3。

表1-2-3 灌注桩施工质量控制要点

施工工序	质量问题	发生原因	预防、控制措施
钻孔	孔位偏移过大	（1）测量分点有误差。 （2）钻机对点产生偏差。 （3）基面过软，机械整平时滑动	（1）分点测量时，两人以上核对。 （2）对点时应90°两侧对点桅杆起升前预留偏差。 （3）液压腿下垫长枕木，先支低点后支高点
	孔口坍塌倾斜	（1）护筒安装短，外围夯填不实。 （2）孔内压力水头小。 （3）钻进过快。 （4）升降钻头砸碰孔口或护筒	（1）根据土质情况，确定护筒长度，分层夯实黏土回填。 （2）随时保持压力水位。 （3）优质泥浆，慢钻低挡，钻过护筒刃脚1m以下。 （4）升降钻头时应慢升慢降，有人监护

续表

施工工序	质量问题	发生原因	预防、控制措施
钻孔	孔壁坍塌	（1）孔内遇流砂层。 （2）泥浆比重低，孔内水压太低。 （3）升降钻头乱碰孔壁	（1）加大泥浆比重或加黏土回填1m以上，待沉淀24h以后重新开钻。 （2）加大泥浆比重，提高水压头。 （3）观察是否钻机位移动，升降钻头防止过快碰壁
	埋钻卡钻	（1）坍孔、缩径。 （2）孔内有异物。 （3）钻进过快，沉淀物过多，未及时提出钻头	（1）钻进时保持孔内水压头，加大泥浆比重，放慢钻进速度，加大泵量。 （2）缩孔可采用上下反复扫孔。 （3）变换钻头，慢进钻或二次成孔。 （4）可用掏筒或用大泵量冲浮松动。 （5）遇有情况，应立即提出或提起钻头
	钻杆折断	（1）钻进中选用的转速不当，使钻杆扭转或弯曲折断。 （2）钻杆使用过久，连接处有伤或磨损过甚。 （3）地质坚硬，进度太快，超负荷引起	（1）控制进尺，遇复杂地质层认真操作。 （2）钻杆连接丝扣完好。 （3）经常检查钻具磨损情况，损坏的及时更换。 （4）控制钻机转速和钻进速度，可分二次钻进方法成孔
	落钻落物	（1）钻杆折断，钻头结构或焊接强度不够。 （2）操作方法不当异物落入孔内	（1）开钻前应清除孔内落物。 （2）经常检查钻具。 （3）为钻进方便在钻身围捆几圈钢丝绳
钢骨架入孔	钢骨架入孔放不下去	（1）骨架起吊安装后变形。 （2）孔壁错台。 （3）缩径	（1）骨架制作吊装时，应设临时支撑。 （2）拔出骨架，重新扫孔
	骨架脱落	（1）骨架连接不牢。 （2）吊装方法不对	（1）重新连接、补强。 （2）改变吊装方法，增加补强措施
混凝土灌注	灌注过程中导管漏水	使用前没做水压试验	使用前应做水压试验，检查接头螺栓是否拧紧
	灌注过程中孔壁坍塌	（1）成孔至灌注结束时间过长。 （2）护壁不好	（1）钻进时用大比重泥浆。 （2）缩短焊接吊装钢筋笼时间，加快灌注时间，保持水压头高度
	灌注中埋管	（1）埋管过深。 （2）中断时间过长	严格控制埋深及保证灌注的连续性
	导管拔断及拔漏	（1）导管卡钢筋骨架。 （2）没控制好埋深及中心位置。 （3）混凝土配比有问题	（1）安装导管扶正器或用木杆控制导管的位置。 （2）先测埋深后提升导管，提升高度严格控制。 （3）严格控制混凝土配合比及"三项指标"。 （4）如出现拔漏，马上停止灌注，重新把导管插入混凝土内1m以上，用泥浆泵把导管内的水抽出，用掏子将混合的混凝土掏出，再向导管内注入0.1m³的1∶1.25的砂浆
	水析现象	（1）振捣时间过长。 （2）模板接缝不严。 （3）混凝土坍落度不合格	（1）防止过振、漏浆出现砂流。 （2）模板接缝加设密封条。 （3）保证混凝土坍落度符合配比要求，合理选配骨料，混凝土搅拌均匀，下料均匀，与振捣协调一致

9　安　全　措　施

（1）机械设备进场前应进行检修和维护，保证性能良好。

（2）钻机操作人员应在现场负责人指挥下，严格按操作规程施工，料斗、导管钢筋笼的吊放，按起重程序施工。

（3）发电机、电焊机等电气设备应接地或接零，手持电动工具应装防护器，并由持岗位合格证的人员进行操作。

（4）钻机、发电机、泥浆泵、电焊机、搅拌机等设备要每周进行一次检查，进行必要的调试和检修，确保其安全运行。

（5）对电焊工、电工等特殊工种持证上岗。

（6）向孔内灌注混凝土时，应设专人指挥，钻机操作人员及地面施工人员应配合默契，听从指挥。

（7）对临时性电源和电闸箱应有安全设施和标牌，如盖防雨罩，严禁非职业人员操作。施工用电线应架空或埋地设置，不得使用无防水的电线或绝缘有损伤的电线。

（8）不得跨越传动轴、皮带等传动部件，严禁清扫运行中的机械部件。

（9）吊装过程中吊物下方外侧 3m 内不允许站人或走动。

（10）灌注桩及承台施工时注意临近带电线路施工，机架、吊装钢筋、挖土机械或商品混凝土浇筑等，要与带电线路保持足够的安全距离。

10　环 水 保 措 施

（1）加强环保的检查和监控工作，采取合理措施，保护工地及周围的环境，减少空气污染、水源污染、噪声污染或由于其施工方法不当造成的公共人员和财产的危害。

（2）施工过程中，注意保护土地植被，做到少破坏植被，余土、弃渣妥善处理。

（3）场内必须保持平整整洁、排水畅通，泥浆必须及时清理运出至允许地点或深埋。泥浆坑恢复必须使用开挖原土进行回填。

（4）砂、石进场时采用彩条布与地面隔离，钢筋等用木方与地面隔离，水泥与地面架空隔离，并铺设和覆盖彩条布，做好防护，防止雨浇和受潮。

（5）施工现场在施工完毕后，派专人进行清理，包括施工驻地的环境，临时工程的清除、移走。做到工完料尽场地清，恢复地貌。

（6）施工场地及临时道路应铺设钢板，以降低对土地及路面的破坏。

（7）施工前剥离表土，生熟土分开堆放，并采取拦挡、苫盖、排水、沉沙等临时防护措施，施工结束后恢复植被措施。

（8）认真检查施工机械设备在施工过程中的状况，杜绝发生漏油等污染情况。原材料、工器具需铺垫彩条布，以减少对土壤的污染和对农田的复耕。

（9）基础边坡采用薄膜防护，使坑口具有良好的稳定性，免受雨水冲刷，防止水土流失。

11　效　益　分　析

（1）与其他基础形式对比。当荷载一样、地质条件不好、其他基础形式不能达到受力要求或施工困难时，灌注桩基础因其结构特点突出，可降低费用，节省成本。

（2）控制与提高自身效益的方法。影响灌注桩工程效益的原因较多，主要包括生产设备、成孔技术方式、材料成本、混凝土用量、材料损耗等几个方面。

通过分析可以看出，正确选择施工方法、合理配备设备和人员、科学计算材料配比、控制混凝土充盈系数和超灌量、提高劳动生产率等是有效控制和降低灌注桩施工成本的有效途径。

12　应　用　实　例

12.1　设计图例

灌注桩基础应根据工程耐久性要求据实调整钢筋保护层厚度，箍筋应采用螺旋式，间距宜为 200～300mm，桩顶以下 5d 范围及液化土层范围内箍筋应加密，间距不应大于 100mm。当钢筋笼长度超过 4m 时，应每隔 2m 设置一道直径不小于 12mm 的焊接加劲箍筋。定位垫片间隔均匀地焊在桩主筋上，同平面布置不少于 3 个。钻孔灌注桩基础工艺设计图见图 1-2-7。

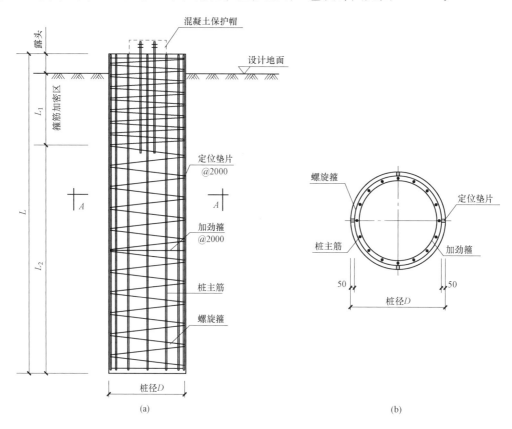

图 1-2-7　钻孔灌注桩基础工艺设计图
(a) 灌注桩立面图；(b) A-A 剖面图

12.2　工艺示范

灌注桩基础钢筋笼制作、钢筋笼吊装、桩头处理、基础成品、灌注桩基础养护、成品保护分别见图 1-2-8～图 1-2-13。

图 1-2-8　钢筋笼制作

图 1-2-9　钢筋笼吊装

图 1-2-10　桩头处理

图 1-2-11　基础成品

图 1-2-12　基础养护

图 1-2-13　成品保护

典型施工方法名称：岩石锚杆基础典型施工方法

典型施工方法编号：TGYGF001 - 2022 - SD - XL003

编　制　单　位：国网特高压公司

主　要　完　成　人：陆泓昶　苗峰显　寻　凯

目　次

1　前　　言

为在输变电线路工程中更好地践行"环境友好、资源节约、绿色施工"理念，提升特高压输电线路的机械化施工水平，因地制宜引入了岩石锚杆基础。岩石锚杆基础施工工法自±800kV向家坝—上海特高压直流输电线路工程至今不断持续改进，钻孔垂直度保证措施、清孔方法、非压力灌注混凝土等工艺得到有效提升。

2　本典型施工方法特点

本典型工法针对岩石锚杆基础质量控制关键点钻孔、清孔及锚孔灌浆规范流程及作业方法。利用两台经纬仪以正交方式监控、调节钻架斜拉杆，保持钻孔垂直度；在锚杆孔中反复注入清水，利用压缩空气从孔底部向上反向吹出坑壁上黏附的岩石颗粒及岩粉；锚孔内微膨胀混凝土或砂浆灌注采用无压力注浆，用捣固钎捣实，浇筑后30天内，停止锚杆附近对基础造成影响的作业。

3　适　用　范　围

适用于岩石地质条件下的特高压线路岩石锚杆基础施工。

4　工　艺　原　理

复测、分坑后铲除覆盖层，开挖出承台底面位置并留出必要的机械作业空间，定位出每个锚孔位置并做好标记。安置固定锚杆钻机底座，调节连接钻架，利用成90°放置的经纬仪，在整个钻进过程监控调节钻杆垂直度，钻孔至设计深度，检测合格后封堵孔口防止杂物落入孔内。单腿全部锚孔完成后，逐孔反复注入清水，利用压缩空气从孔底部向上反向吹出坑壁上黏附的岩石颗粒及岩粉，确认其孔壁清洁后植入锚杆，调整锚杆露出高度并定位在孔中心，分层浇注微膨胀混凝土或砂浆，用捣固钎捣实，浇注严格控制配合比、坍落度及总量。完成后及时进行保养，养护期满进行抗拔试验，合格后进行上部承台施工。

5　施工工艺流程及操作要点

5.1　施工工艺流程

岩石锚杆基础典型施工工艺流程见图1-3-1。

5.2　操作要点

5.2.1　施工准备

（1）技术准备。设计图等基础资料到位并通过交底和会检，施工措施修改完善并通过审批，组织施工交底，理解设计意图，掌握施工要点和验收规定。岩石锚杆基础对地形坡度、覆盖层厚度、岩石风化程度和完整性，以及施工工艺和施工方法要求较高。山区施工的岩石锚杆基础在本阶段需要特别关注以下内容：

1）需逐塔、逐腿提出验槽建议及施工注意事项，若发现实际地质情况与勘察资料不符，应及时调整设计方案。

2）岩石锚杆基础设计时应结合施工工艺、工法，充分考虑地形地质差异提出具体的技术质量要求。

3）山区塔位开挖类基础设计应尽量缩减承台或底版尺寸，避免基坑开挖造成上边坡开方过大。必要时应结合开方高度和地层情况设置护坡，确保塔位的稳定性。

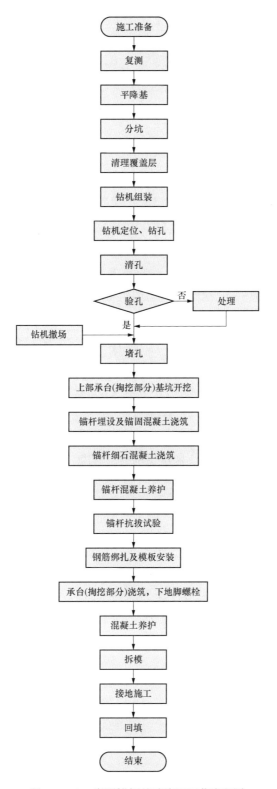

图 1 - 3 - 1　岩石锚杆基础施工工艺流程图

（2）现场准备。

1）施工前应严格对岩性条件、地形坡度、覆盖层厚度、地下水条件及地基土腐蚀性情况进行详细的施工地质复勘，与设计资料进行对比，若有问题及时联系处理。

2）施工前对地下埋设物和障碍物等再次进行复核，确认无影响后方可施工。

3）检查施工工器具，保证完好无损且在使用有效期内。

4）施工人员经培训合格后持证上岗。

（3）材料准备。

1）锚杆进场后，对锚杆的外观、直径、长度、焊接等严格校核和检查。锚杆质量必须达到国家有关标准、规范和设计要求，并有出厂合格证明。

2）水泥的采购、运输、保管、使用等必须按相关规定进行。水泥标号符合现有规范要求。

3）浇制用水为饮用水、清洁的河溪水或池塘水。

4）选用中砂，砂的颗粒级配、含泥量、坚固性等应符合JGJ 52《普通混凝土用砂、碎（卵）石质量标准及检验方法》的要求。

5）碎石选择连续级配碎石，孔洞中细石混凝土中的碎石粒径为5～10mm，承台混凝土的碎石粒径5～40mm，石子的颗粒级配、含泥量、针状和片状颗粒的含量、强度、坚固性、有害物质含量等应符合规范要求。

6）根据JGJ 55《混凝土配合比设计规程》的要求，结合材料和施工条件进行混凝土配合比的设计、试验。考虑孔洞内混凝土的流动性，孔洞内混凝土坍落度取160～180mm，承台混凝土坍落度取35～50mm。

（4）机具准备。现场需要进行准备的机具主要有钻机、发电机组、空压机组、定制小型振动棒、经纬仪等。

1）钻机性能要求：根据岩石的硬度配置合金或金刚石钻头；可钻2～12级的砂质黏土及基岩层；额定钻孔深度10m；钻孔直径满足设计技术要求。

2）钻机应具备的特点：钻进效率高，可实现不停机倒杆；操作方便，安全可靠；定位方便可靠牢固；配备孔底压力计；具有钻机、钻具过负荷保护功能；便于搬运，适合于山区工作。

5.2.2 分坑

分坑时，先复核该塔邻档档距及角度，适合位置定必要的辅助桩并妥善保管，以便施工和质量检查。

5.2.3 清理覆盖层

（1）据复测后的杆塔基础中心桩，按设计要求清理场地浮土，使岩石完全暴露出来，必要时采用松动爆破、人工风镐开挖出施工基面。进行场地平整，清理的范围按照锚杆机底盘及作业方便的原则，一般以基础腿中心外1.5～2m。基面清理过程中严禁破坏基岩的整体结构。

（2）基面开方后应清理危石，并预先考虑可能与铁塔结构相碰的山体的距离，对于坚硬岩石不小于200mm，对于较软岩石应不小于500mm。

5.2.4 钻机组装

（1）锚孔放样定位。根据铁塔基础中心桩用经纬仪确定承台中心，再根据承台中心位置放样确定各锚孔的中心位置并做出标识。

（2）钻机组装。

1）钻机分解运至作业现场，对动力及液压设备进行合理布置。

钻机钻头

2）操平和固定钻架，将钻机的下底架移至基础腿中心，测量确定打孔位置，参照孔位放置下底架，并通过底架下的四角螺栓或在底盘上配重稳固，防止钻机在钻孔过程中跳动移位。

3）钻机钻杆垂直度控制。钻机钻杆的垂直度用2台经纬仪正交测量调控（正面1台、侧面1台），当钻机钻杆发生偏移时，应及时进行纠偏。钻杆垂直度控制见图1-3-2。

图1-3-2 钻杆垂直度控制示意图

5.2.5 钻机定位及钻孔

（1）机手检查设备各部位是否安装稳固，连接牢固。钻孔全过程中观测钻机底座的稳固性，始终保证钻杆垂直，如有失稳现象，立即停机处理。钻机就位示意图见图1-3-3。

（2）根据不同岩石的硬度，选择不同的钻头，当钻进速度较慢或出岩芯时，可加入钢砂配合钻头钻孔。当冲击器进入岩层后，控制推进和回转速度以确保孔口完整。

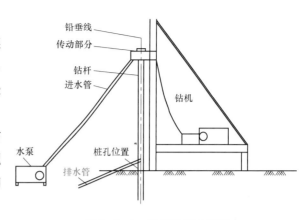

图1-3-3 钻机就位示意图

（3）钻孔施工过程中不得扰动周围土层，锚杆钻进200mm左右提钻清孔一次，其间若发现排渣异常（石粉中夹杂大量的颗粒状碎石，则表明岩石夹有碎石层）、夹土层、地下水、暗沟、溶洞、地下管道、文物、墓穴等异常情况时，停止钻孔，并通知设计部门处理。

（4）根据不同的岩土条件，选用不同的钻机和钻孔方法，当钻孔用水对周边地基和锚固岩层有不良影响时，应使用无水钻孔法。

5.2.6 清孔

（1）钻孔施工完成后，移开钻孔设备，清理基面杂物，锚孔清洗前检查其他锚孔封堵是否完好，防止杂物流入或掉入孔内。

（2）孔内注水后，利用压缩空气从孔底部向上反向吹出坑壁上黏附的岩石颗粒及岩粉，重复多次注水、吹孔过程，清洗后用海绵将孔底积水吸干，及时封堵，防止杂物落入孔内（利用压缩空气或者水清孔），直至满足钻孔无杂质、异物的要求。重复此方法对其他锚孔逐个清孔。

（3）验孔及处理。清孔后，用垂球检查锚孔深度是否满足设计孔深，如深度不够，重新钻孔、清孔直至满足要求。达到设计孔深后，钻机撤场。

5.2.7 锚杆埋设及锚固混凝土浇筑

（1）锚孔成型并经验收合格后，采用三脚架将锚筋装入锚孔中，锚筋周边与孔壁距离应均匀。锚筋装入时要确保正直，锚筋本身通过预先焊接的2处定位钢筋控制锚筋中心与孔中心的重合，并使锚筋端部距孔底满足设计要求，分别见图1-3-4和图1-3-5。

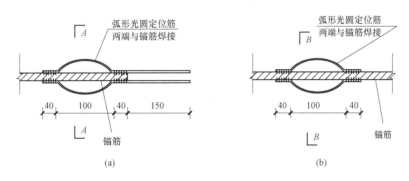

图1-3-4 端头及中间定位钢筋固定示意图

（a）端头定位钢筋固定示意图；（b）中间定位钢筋固定示意图

（2）浇制前将露出地面锚杆固定在地面槽钢支架上，保证锚杆露出基面的高度符合设计要求。

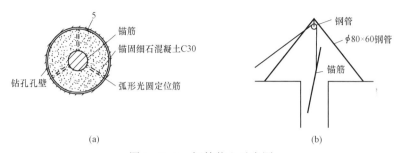

(a) (b)

图 1-3-5 钢筋装入示意图

(a) 锚筋固定示意图；(b) 锚筋吊装示意图

5.2.8 锚杆细石混凝土浇筑

（1）混凝土浇筑要采用机械搅拌的方式，每次搅拌时间不得少于 1.5min。严格控制水灰比和坍落度，细石粒径要求 5~8mm。考虑孔洞内混凝土的流动性，坍落度要求为 160~180mm。

（2）灌注混凝土前，湿润锚孔孔壁，通过混凝土量控制，按每 200mm 分层灌注和捣固，沿锚杆四围用定制小型振动棒、插杆均匀捣固。浇筑过程中禁止摇晃锚杆。

（3）每根锚杆必须一次浇筑完成。每基岩石锚杆基础不少于 1 组混凝土试块。

（4）定制振捣钢钎，保证细石混凝土的密实和浇制质量。细石混凝土应每 300~500mm 分层灌注并振捣密实，锚孔内灌注细石混凝土和捣固时不得撞击和摇晃锚杆。

（5）锚孔完成后应及时完成浇筑，防止锚孔泡水后垮塌，如遇泥质岩石基坑，基坑开挖后及时浇筑垫层封闭基坑底部。浇筑前应对锚孔进行清孔，锚孔钻孔完成后 24h 内完成浇筑。

（6）对岩层较破碎的基础中心可布设压力灌浆孔，直径及深度同锚杆孔。各锚杆混凝土初凝后，进行压力注浆，注浆前应排空孔内的气、水，孔口浇制密封混凝土，浇制深度为 0~2m。

5.2.9 锚杆混凝土养护

（1）锚孔内砂浆和混凝土养护为自然养护。

（2）养护期间，距锚杆 5m 之内不允许有影响的作业。

5.2.10 承台浇筑

根据要求对达到龄期的锚杆抗拔力进行抽样检测，如抗拔力达不到设计值，则应按设计规定，利用备用锚孔浇筑新的锚杆基础。待锚杆抗拔力抽样检测合格后，将备用孔灌浆填实。

对承台底部岩石基面进行防风化处理、清理杂物、排除积水。承台浇筑完成后，一次成型，杜绝二次抹面。岩石锚杆基础基坑开挖完成后，应及时通知设计和地质工代逐塔逐腿验槽，岩石锚杆基础承台底部应嵌入基岩至少 0.5m。

承台养护：浇筑完毕后，12h 内浇水养护，当天气炎热、干燥有风时，在 3h 内基础表面加覆盖物浇水养护。

6 人 员 组 织

岩石锚杆基础施工人员配置见表 1-3-1。

表 1-3-1 岩石锚杆基础施工人员配置

序号	工种	人数	备注
1	施工负责人	1	现场负责施工全过程管理
2	技术员（测工）	2	计算、校核、控制
3	安全专责	1	负责安全方面工作

序号	工种	人数	备注
4	质量专责	1	控制成孔、混凝土浇筑质量
5	钻机操作	3	
6	辅助工	10	
7	电工	1	
8	搅拌操作工	1	

7　材料与设备

岩石锚杆基础主要材料与设备见表 1 - 3 - 2。

表 1 - 3 - 2　　　　　　　　　　岩石锚杆基础主要材料与设备

序号	工器具名	单位	数量	备注
1	钻机	台	1	
2	钻杆	根	若干	额定钻孔深度 10m；额定开孔直径 110mm，最大开孔直径 150mm
3	冲击器	台	1	
4	钻头	根	若干	(1) 硬质岩石：金刚石钻头； (2) 地表层、土层：合金钻头； (3) 岩石：复合片钻头
5	空气压缩机	台	1	
6	气管	m	≥60	
7	发电机	台	1	
8	中间接头	个	若干	
9	支撑槽钢	根	若干	
10	锚杆	根	若干	
11	模板	块	若干	
12	卡扣	个	若干	
13	经纬仪	台	2	
14	塔尺	把	2	
15	水平尺	把	1	
16	定制小型振捣棒	根	1	
17	插钎	根	1	根据作业面情况调整配置
18	漏斗	个	1	
19	绝缘垫	块	1	
20	搅拌机	台	1	

8 质量控制

8.1 主要质量标准、技术规范

GB 8076　混凝土外加剂

GB 50026　工程测量规范

GB 50107　混凝土强度检验评定标准

GB 50202　建筑地基基础工程施工质量验收规范

GB 50204　混凝土结构工程施工质量验收规范

JGJ 18　钢筋焊接及验收规程

JGJ/T 27　钢筋焊接接头试验方法标准

JGJ 52　普通混凝土用砂、碎（卵）石质量标准及检验方法

JGJ 55　普通混凝土配合比设计规程

JGJ 94　建筑桩基技术规范

JGJ 104　建筑工程冬期施工规程

DL 5009.2　电力建设安全工作规程　第 2 部分：电力线路

Q/GDW 10248　输变电工程建设标准强制性条文实施管理规程

Q/GDW 11957.2　国家电网有限公司电力建设安全工作规程　第 2 部分：线路

8.2 原材料标准

（1）水泥宜采用通用硅酸盐水泥，强度等级≥42.5。

（2）岩石锚杆基础的锚杆固结一般采用细石混凝土或水泥砂浆。砂宜采用中砂，石子粒径一般为 5～10mm。当设计有特殊要求时应执行设计相关规定。

（3）宜采用饮用水或经检测合格的地表水、地下水、再生水拌和及养护，不得使用海水。

（4）外加剂、掺合料品种及掺量通过试验确定。

8.3 施工工艺标准

（1）锚杆及钢筋规格、数量应符合设计要求，加工质量符合规范且制作工艺良好。安装位置符合设计要求。

（2）锚孔内细石混凝土（砂浆）捣固密实。

（3）承台混凝土密实，表面平整、光滑，棱角分明，一次成型。

（4）允许偏差：

1）锚杆孔深：+500mm，0mm。

2）锚杆孔垂直度：小于 1%h（h 为设计锚孔深度）。

3）锚杆孔径：+20mm，0mm。

4）锚孔间距：直锚式±20mm，承台式±100mm。

5）立柱及承台断面尺寸：-1%。

6）钢筋保护层厚度：-5mm。

7）基础根开及对角线：一般塔±2‰，高塔±0.7‰。

8）基础顶面高差：5mm。

9）同组地脚螺栓对立柱中心偏移：10mm。

10）整基基础中心位移：顺线路方向 30mm，横线路方向 30mm。

11）整基基础扭转：一般塔 10′，高塔 5′。

12）地脚螺栓露出混凝土面高度：＋10mm，－5mm。

9　安　全　措　施

（1）抗拔试验设备应牢靠，试验时应采取防范措施，防止夹具飞出伤人。

（2）气管管路应畅通，防止压力过大。

（3）机械设备的运转部位应有安全防护装置。

（4）电气设备应设接地、接零，并由持证人员安装操作，电缆、电线必须架空。

（5）施工人员进入现场应戴安全帽，操作人员应精神集中，遵守有关安全规程。

（6）锚杆钻机应安设稳固可靠。

10　环　水　保　措　施

（1）施工前，认真对现场进行环保策划，制订出减少废渣废水排放措施，选择最小限度破坏地面植被的运输路径，施工材料放置位置材料机具定置摆放。

（2）现场设置垃圾回收设施，对作业产生的垃圾及看护人员的生活垃圾进行回收。

（3）机械设备进场维修时应对维修场地进行铺垫，防止废油污染土地。

（4）施工完毕后，必须做到工完、料净、场地清，及时恢复地貌。

（5）有条件时，施工道路可铺设钢板或木板，以降低对路面的破坏。

（6）临时占地事前须周密规划。须认真检查施工机械设备在施工过程中的状况，杜绝发生漏油等污染情况。原材料、工器具需铺垫彩条布，以减少对土壤的污染和对农田的复耕。

（7）基础边坡采用薄膜防护，使坑口具有良好的稳定性，免受雨水冲刷，防止水土流失。

（8）场地平整、基础开挖产生的表土、基槽土须分开堆放并标识。基坑回填时，按先基槽土、后表土的顺序回填，并对施工现场进行全面清理。

（9）工程取土和弃土须在水土保持方案确定的地点办理，取得取土、弃土协议，并对取土、弃土场实施整治、保护和植被措施。

（10）施工过程应采取有效的扬尘控制措施。

11　效　益　分　析

（1）该基础形式能够适应多种不同岩性和分化程度，对不同的地形坡度、覆盖层厚度适应性较好，但对岩石的完整性要求较高，在山区地形中适用性较强。

（2）施工机械化程度高，可大量减少人工或爆破开挖工作量，施工安全有保障。

（3）若该基础形式能够连续使用，其相应的施工费用还有较大的节约空间。

（4）可通过调节基础主柱高度及配合铁塔高低腿共同使用，可减少对施工基面的土石方开挖量，最大限度减少对自然环境的破坏，社会效益明显。

12　应　用　实　例

12.1　设计图例

岩石锚杆基础由上下两部分组成：上面部分为承台部分，主要起承压和抗水平力作用；下面为岩石锚杆部分，主要起抗上拔力的作用。岩石锚杆基础设计图见图 1 - 3 - 6。

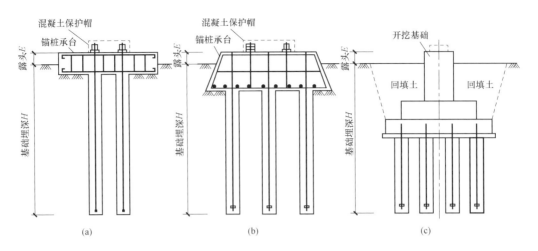

图 1-3-6 岩石锚杆基础设计图

(a) 直锚式；(b) 承台式；(c) 复合式

12.2 工艺示范

岩石锚杆基础钻孔、成孔、锚杆插入、试验竖向加载系统图、锚孔灌浆、岩石锚杆基础成品分别见图 1-3-7～图 1-3-10。

图 1-3-7 岩石锚杆钻机

图 1-3-8 岩石锚杆成孔后

图 1-3-9 岩石锚杆插入

图 1-3-10 试验加载系统

典型施工方法名称：PHC 管桩基础典型施工方法

典型施工方法编号：TGYGF001 - 2022 - SD - XL004

编 制 单 位：国网特高压公司 江苏省送变电有限公司

主 要 完 成 人：俞 磊 张仁强 赵 俊

目　次

1　前　　言

PHC管桩是采用先张预应力离心成型工艺制成一种空心圆筒形混凝土预制构件，其混凝土等级一般大于C80，可打入密实的砂层和强风化岩层，由于挤压作用，桩端承载力可比原状土质提高70%～80%，桩侧摩阻力提高20%～40%。具有单桩承载力高、设计选用范围广、对持力层起伏变化较大的地质条件适应性强、单桩承载力造价便宜、接桩快捷、施工速度快、工效高、工期短等特点。特高压线路工程广泛采用锤击沉桩施工。

2　本典型施工方法特点

（1）PHC管桩强度高，抗打击能力强。
（2）可采用静压或锤击将桩体压到规定的深度。
（3）采用锤击时有较大的噪声和振动。
（4）线路施工多采用接桩方法满足桩深要求。
（5）特高压基础施工需要多桩联合作用，通过破桩头、承台施工完成地脚螺栓安装。

3　适　用　范　围

PHC管桩广泛应用于60层以下的多种高层建筑以及工业与民用建筑低承台桩基础，铁路、公路与桥梁、港口、码头、水利、市政、构筑物，及大型设备等工程基础。
本典型工法适用于特高压基础工程PHC管桩基础施工。

4　工　艺　原　理

PHC管桩是由侧阻力和端阻力共同承受上部荷载，可选择强风化岩层、全风化岩层、坚硬的黏土层或密实的砂层（或卵石层）等多种土质作为持力层，且对持力层起伏变化大的地质条件适应性强，因此适应地域广、建筑类型多。特高压工程基础设计时多采用多桩联合作用，在承台上安装地脚螺栓，最终实现通过地脚螺栓承受铁塔受力的原理。

5　施工工艺流程及操作要点

5.1　施工工艺流程
PHC管桩基础施工工艺流程见图1-4-1。
5.2　操作要点
5.2.1　施工准备
（1）施工前应做好施工图纸会检，并根据施工图及施工图会检纪要编制相关施工技术资料。
（2）施工前做好施工人员的配备，做好施工人员安全、质量培训工作及安全技术交底；做好电工、测工、机械操作手等特殊工种操作证的复审工作，确保持证上岗。
（3）施工前做好施工工器具的配备，施工工器具的数量及安全性应满足施工需要。
5.2.2　桩机组装、就位
（1）施工机械配备。打桩机按照动力来源可分为落锤、汽锤、柴油锤、液压锤等。根据不同的地质和经验可适当选用。一般在软土地段选择比较经济适用的柴油打桩机，打桩锤的选用是根据桩径的大小和地质情况选用的。每台打桩机配备电焊机、气割工具、索具、撬棍、钢丝刷、锯桩器等施工用具；配备1把长条水准尺和1台经纬仪，随时测量桩身的垂直度；配备1台水准仪，

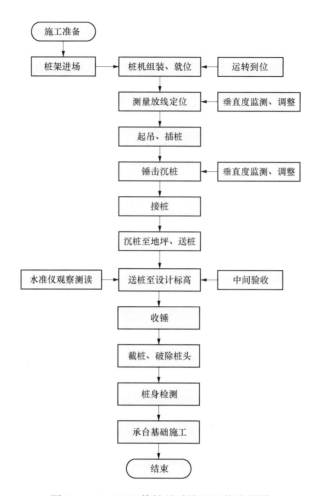

图 1 - 4 - 1　PHC 管桩基础施工工艺流程图

控制桩的入土深度。

（2）桩机就位。施工场地承载力必须满足压桩机械的施工及移动，不得出现因沉陷导致机械无法行走甚至倾斜的现象。对局部软土层可采用事先换填处理或采用整块钢板铺垫。

经选定的锤桩机进行安装调试，检查各部件及仪表是否灵敏有效，确保设备运转正常后，按照打桩顺序行至桩位处，使桩机桩锤中心（可挂中心线陀）与地面样桩基本对准，调平压桩机后，再次校核无误，使长步履（长船）落地受力。

5.2.3　测量放线定位

根据设计图进行计算，对设计单位提供的中心桩和方向桩进行校对。然后根据设计图查得根开尺寸，利用全站仪进行精确测量放出桩位。

测量放出桩位后，用 30cm 长 ϕ10mm 钢筋在桩位位置打入土中，钢筋中上部用两道红绳绑扎牢固，留出约 30cm 长红绳在地面，施工时根据红绳即可找到精确的桩位，以防止错、漏施工。对将要施工的桩位用石灰粉按桩径大小画一个圆圈，桩位放线后的打桩过程中，考虑到土体的挤压移位，在打桩前需对桩位进行复核。压桩机应准确定位，采用线锤对点时，锤尖距离样点的垂直距离不应大于 10mm。

5.2.4　起吊、插桩

5.2.4.1　管桩的运输与堆放

管桩运输宜采用平板车，装卸及运输时应保证桩不产生滑移与损伤。

根据该工程施工特点，在现场设置管桩堆放区，堆桩场地要求平整、坚实，不能有压陷，排水良好。垫木宜选用耐压的长方木或枕木，不得使用有棱角的金属构件。按桩长配置分类堆放，应满足地基承载力要求。

在沉桩施工区域桩机附近布置临时管桩堆放区，根据打桩顺序做好计划，随打随运；打桩机向前方行进，在不影响桩位的情况下，沿行进方向摆桩，尽量减少二次倒运；采用软垫（木垫）按两点法做相应支垫，防止溜滑，且支撑点大致在同一水平面上，支点间距见图 1-4-2。堆放管桩超过两层时必须用吊车取桩，严禁直接拖拉。

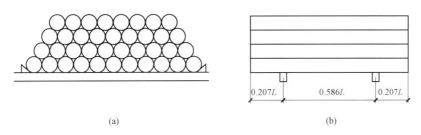

(a)　　　　　　　　　　(b)

图 1-4-2　管桩堆放示意图

（a）管桩堆放正面示意图；（b）管桩堆放侧面示意图

5.2.4.2　管桩吊运

管桩装卸起吊时应轻吊轻放，避免剧烈碰撞。单节空心桩宜采用专用吊钩水平起吊，吊绳与桩夹角应大于 $45°$。采用两头钩吊法（$\leqslant 10\text{m}$）或两支点法（$>10\text{m}$），两支点法的两吊点位置距离桩端宜为 $0.207L$（L 表示管桩长度），吊索与桩水平夹角不得小于 $45°$，管桩在吊运过程中应轻起轻放，严禁抛掷、碰撞、滚落。吊车吊桩时，使桩尖垂直对准桩位中心，缓缓放下插入土中，位置要准确；再在桩顶扣好桩帽或桩箍，即除去索具。管桩两头钩吊法索具示意图见图 1-4-3。

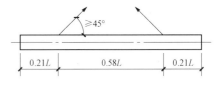

图 1-4-3　管桩两头钩吊法索具示意图

5.2.4.3　起吊、插桩

根据管桩长度可直接用锤机上的吊机自行起吊喂桩。第一节桩（底桩）一般用带桩尖的管桩，采用双千斤（吊索）加小扁担（小横梁）的起吊法，可使桩身进入桩帽中。

在正式打桩之前，要认真检查打桩设备各部分的性能，以保证正常运作。另外，打桩前应在桩身一面标上每米标记，以便打桩时记录。第一节桩就位插入地面时的垂直度偏差不得大于 0.3%，用 2 台经纬仪从桩的两个正交侧面校正桩身垂直度，当桩身垂直度符合规范要求时，才可正式打桩。

5.2.4.4　底桩就位、对中与调直

（1）PHC 桩施打过程中应严格控制桩架的垂直度，如超过 0.5%，必须及时纠正。底桩就位前，把桩尖与底桩焊接在一起，底桩起吊就位插入地面后应检查桩位及桩身垂直度偏差，桩位偏差不得大于 20mm，桩身垂直度偏差不大于 0.5%。

（2）严禁桩机远距离强行拉桩。桩起吊时要轻吊轻放，防止碰撞，减少振动，防止桩身裂损。

（3）用单点法将 PHC 桩吊直，先将桩头部分插入桩锤下面的桩帽套内，接着用人工扶住 PHC 桩下端，将桩尖就位在以桩位为中心的白灰圈内。

将打桩架导杆进行调整，保证导杆的垂直度，同时保证桩身、桩帽、桩锤中心线重合。

进行 PHC 桩对位、调直。调直采用两台经纬仪在离打桩架 15m 之外呈正交方向进行观察校正。调直控制分两步：第一步先要观测桩机导杆的垂直度，直至符合要求；第二步用经纬仪观

测桩的垂直度，保证垂直度在 0.5％以内。桩的垂直度要进行反复多次调整，确保桩垂直导向作用，桩入土 3m 后严禁用桩机调整其垂直度。管桩垂直度控制在 0.5％以内。桩身一经调直，在施打过程中不可轻易摆动导杆和走动打桩架，打桩机上配备长条水平尺，以便随时量测桩身的垂直度。

5.2.5 锤击沉桩

5.2.5.1 施工顺序及准备

锤击管桩施工过程中严格按照"先深后浅、先中间后四周"的方法进行施工，管桩基础通常为单腿 4 桩或 6 桩，桩整体分布较远，施工时以塔位为单位，正时针或逆时针都可以，现场根据承台位置进行合理安排。

（1）打桩设备进场后，在施工现场进行组装调试，根据施工流程就位。施工场地承载力不够时，桩机下面可铺设厚钢板，保证桩机平稳；桩架直立垂直于地面。

（2）桩帽大小要选择合适，帽内钢丝绳要平整，钢丝绳下铺设布垫。

（3）施工前要检查桩的制作日期和相应的原材料、半成品记录和混凝土强度报告，并逐根检查，严防将有裂缝的桩打入地基之中，在桩身上划出以米为单位的长度标记，以便观察桩的入土深度及记录每米沉桩锤击数。

（4）沉桩前应清除高空和地下障碍物，应平整沉桩和运桩的场地。桩机移动范围内场地的地基承载力，应满足桩机运行和机架垂直度的要求。

5.2.5.2 锤机沉桩

施工过程中，当桩身倾斜率超过 0.5％时，应找出原因并设法纠正。当桩尖进入硬土层后，严禁用移动桩架等强行回扳的方法纠偏。

（1）任一单桩可控制锤击数一般不宜超过 2500，最后 1m 的锤机数不宜超过 300。

（2）锤击压应力不得大于混凝土抗压强度设计值，锤击拉应力不得大于混凝土抗拉强度标准值与混凝土有效预应力之和的 1.3 倍。

（3）桩帽和送桩器与管桩周围的间隙应为 5～10mm；桩锤与桩帽、桩帽或送桩器与桩顶之间应加设弹性衬垫，衬垫厚度应均匀，且经锤击压实后的厚度不宜小于 120mm；在打桩期间应经常检查，及时更换和补充。

（4）应采取管桩内腔排气、排水措施及涌土处理。

（5）在 PHC 管桩沉桩施工过程中，应自中间分两边对称进行或自中间向四周进行。

（6）严禁采用大锤横向敲击截桩或强行扳拉截桩。截桩时应采取有效措施，不得截断预应力筋。

（7）沉桩过程中，出现贯入度反常、桩身倾斜、位移、桩身或桩顶破损等异常情况时，应停止孔桩。待查明原因并进行必要的处理后，方可继续进行施工。

（8）每一根桩应一次性连续打压到底，接桩、送桩应连续进行，尽量减少中间停歇时间。

（9）送桩时，需用 2 台互为正交的经纬仪随时观测控制送桩器的垂直度，送桩器与桩身的纵向轴线应保持一致。

（10）当管桩沉入地表土后就遇上厚度较大的淤泥层或松软的回填土时，柴油锤应采用不点火空锤的方式施打。

5.2.6 接桩

根据运输条件和桩的生产要求，一般桩长最大为 11m，超过 12m 时需进行接桩，且按规范要求同一截面接头应互相错开，接头错开不小于 0.75cm。当下节桩打至距地面 1m 时需进行接桩，接桩有焊接、法兰盘连接和套筒连接等多种方式，焊接接桩为目前最常用连接方式。

接桩时，首先要保证上下桩垂直、对齐，然后将焊接槽清刷干净，先点焊周围，再进行正常焊接，直至焊缝饱满为止，经检查合格后对焊接部位进行防腐处理，完成接桩，可继续打桩。

5.2.7　收锤

每根桩的总锤击数及最后 1m 沉桩锤击数宜进行控制，当管桩施打至设计要求标高时，则可收锤。

贯入度值的测量以桩头完好无损、柴油锤跳动正常，桩锤、桩帽、桩身及送桩器中心线重合为前提。贯入度的测量应测出最后贯入度值及回弹值，以便真实记录和反映收锤情况，有助于保证和提高打桩质量。

停打标准：

（1）当打入困难时，按最终贯入度，一般可参考为最后三阵（每阵平均 5cm）。

（2）可控制锤击数，一般总锤机数不宜超过 2500 击，最后 1m 的锤击数不宜超过 300。

（3）施工中以控制标高为准，在 PHC 管桩施工过程中，如已达到收锤标准且桩顶标高超出或低于承台顶面标高时，请及时反馈。施工中桩顶伸入承台按照图纸规定控制 X，承台底面距离地面高程可参照图 1-4-4 中数值，打桩时需控制桩顶高程变化在 100mm 之内即伸入控制值 $X\pm100$mm。

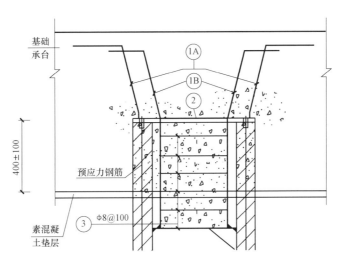

图 1-4-4　桩顶伸入承台示意图（控制值为 400mm）

如未达到设计标高应联系设计单位根据现场情况予以处理。

5.2.8　截桩、破除桩头

5.2.8.1　截桩、破除桩头

管桩施工完毕后，若桩顶标高高于设计标高，需采用锯桩器截桩、破除桩头，截下的桩头采取外运处理，严禁采用大锤横向敲击截桩或强行扳拉截桩。截桩时应采取有效措施，不得截断预应力筋。

施工过程中应配备专职记录员及时准确地填写 PHC 桩施工记录表，记录内容主要有每根桩的桩号、桩长、桩规格、桩顶标高、桩身垂直度、操作时间、每米锤击数、总锤击数、落锤高度、入土深度、最后三阵（每阵 10 击）的贯入度、桩的平面位移和倾斜、锤形落距等原始记录，并经当班监理或业主代表验证签名后方可作为施工的有效记录。同时还应记录打桩过程中发生的异常情况。

5.2.8.2 管口封堵方法

PHC 管桩上部与承台连接，利用送桩器将管桩送至指定标高，拔出送桩器后采用编织袋装土或砂放至桩顶遮盖，进行管口临时封堵，防止施工过程中杂物落入桩孔内。

5.2.9 桩身检测

5.2.9.1 检测数量

应按业主单位和规程规范要求，PHC 管桩施工完成后应进行桩身完整性检测。检测数量及比例：低应变检测率 100%，高应变检测数量不少于总桩数的 5% 且不少于 5 根。承台应在桩质量验收合格后施工。

5.2.9.2 桩身完整性检测（低应变法）

PHC 管桩桩身完整性检验的方法中低应变反射波法，其关键有两点：一是准确采集有代表性的波形，二是对采集的波形进行科学准确的分析、判定。

5.2.9.3 管桩承载力检测（高应变法）

对于施工完成的桩，应采用单桩竖向抗压承载力静载试验进行验收检测。检测比例不小于业主及相关规范要求。

5.2.9.4 管桩休止期的确定

根据设计单位提供的地质报告和休止期（指的是由于做桩基的土质不明确需要一段时间进行测验，这段时间就是休止期。）建议，桩休止期一般不应少于 25 天。

5.2.10 承台基础施工

5.2.10.1 桩顶连接方案（不截桩、截桩、接桩）

（1）桩顶与承台连接（不截桩）。不截桩桩顶与承台连接详图见图 1-4-5。

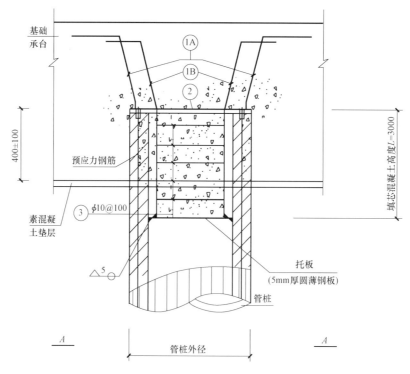

图 1-4-5 不截桩桩顶与承台连接详图

1）承台开挖采用机械配合人工的方法进行开挖，施工过程中挖掘机抓斗禁止触碰管桩端部，开挖至桩顶时改由人工开挖方式。

2）桩顶伸入承台高度 $X±100mm$，承台下部钢筋网伸入承台的桩周围断开。

3）桩顶设置托板并放下钢筋笼，钢筋笼应用托板焊牢固，托板与桩内壁间隙不宜过大，防止在注入 C40 微膨胀混凝土时漏浆。

4）浇筑填芯 C40 微膨胀混凝土前，应清理管内杂物，内壁涂刷水泥浆，保证填充工艺和施工质量。

5）端头板锚入钢筋型号应与图纸一致，施工前需要核实后再锚固钢筋，锚入长度不得小于设计值，且呈喇叭口形。

（2）桩顶与承台连接（截桩）。桩顶与承台连接详图见图 1-4-6。

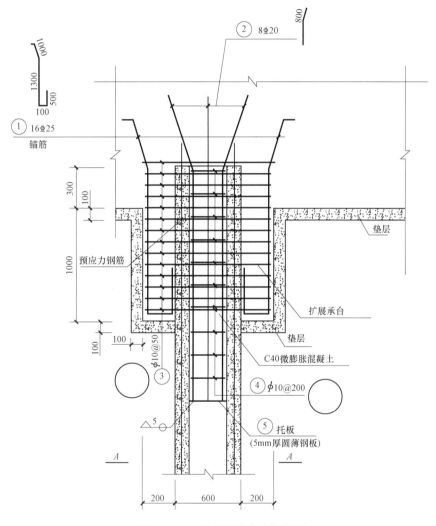

图 1-4-6　桩顶与承台连接详图

1）承台开挖采用机械配合人工的方法进行开挖，施工过程中挖掘机抓斗禁止触碰管桩端部，开挖至桩顶时改由人工开挖方式。

2）桩顶深入承台高度超过 X 值时，应优先考虑提高承台设计。当通过提高承台的设计标高无法解决时可采用截桩方案施工。

3）桩顶伸入承台高度 Y 值（300±100mm），承台下部钢筋网伸入承台的桩周围断开。

4）桩顶设置托板并放下钢筋笼，钢筋笼应用托板焊牢固，托板与桩内壁间隙不宜过大，防止在注入 C40 微膨胀混凝土时漏浆。

5）浇筑填芯 C40 微膨胀混凝土前，应清理管内杂物，内壁涂刷水泥浆，保证填充工艺和施工质量。

5.2.10.2 承台基坑开挖

（1）基坑开挖根据土层地质条件按 DL 5009.2《电力建设安全工作规程 第2部分：电力线路》的规定确定放坡系数。根据地形、地质条件，优选挖掘机进行机械开挖，距设计深度为 300～400mm 时，宜改用人工开挖。发生超挖时，应按照设计及规范要求处理。

（2）地下水位较高时，应采取有效的降水措施。承台开挖处如果是流沙层，出现流沙坑情况时，宜采用井点排水法。基础浇筑时应保证无水施工。针对基坑出水量不大，开挖到设计深度后，出现淤泥等情况，应按照设计及规范要求施工。

（3）冬期施工时，已开挖的基坑底面应有防冻措施。

5.2.10.3 桩头处理

（1）用经纬仪准确测量桩顶标高，并用红漆标定桩头凿除的准确位置，用风钻及凿头、大锤等工具将需凿除的桩头凿除。

（2）先根据桩体嵌入承台标高将多余部分桩体凿除，将桩体的钢筋从混凝土中剥离出来，处理过程中应加强对锚入钢筋的保护，不得随意弯曲和切割。

5.2.10.4 承台钢筋绑扎

（1）钢筋加工应符合 GB 50204《混凝土结构工程施工质量验收规范》要求，钢筋箍筋、拉筋的末端应按设计要求做弯钩。弯钩的弯折角度、弯折后平直段长度应符合标准规定。

（2）钢筋连接应符合 JGJ 18《钢筋焊接及验收规程》和 JGJ 107《钢筋机械连接技术规程》要求，在同一连接区段内的接头应错开布置，纵向受力钢筋的接头面积百分率应符合设计要求；混凝土台阶式基础施工工艺流程图设计无要求时，受拉接头不应大于 50%，受拉钢筋应力较小部位或纵向受压钢筋，接头面积百分率可不受限制。钢筋绑扎牢固、均匀、满扎，不得跳扎。

（3）钢筋保护层厚度控制符合设计要求。

（4）混凝土浇筑前应将钢筋、地脚螺栓去除浮锈、杂物，表面清理干净，地脚螺栓螺纹部分应予以保护；复核钢筋、地脚螺栓规格、数量、间距，同时应对地脚螺栓螺杆、螺母型号匹配情况进行检查。

（5）混凝土浇筑前应对基础根开、立柱标高等进行复核；转角、终端塔设计要求采取预偏时，浇筑前应对预偏值进行复核。

5.2.10.5 承台模板安装

（1）模板支护应进行承载力核算，确保混凝土模板具有足够的承载力、刚度和整体稳固性。操作平台应与模板支护系统分离，确保浇筑过程中模板不位移。

（2）模板表面应平整且接缝严密，模板内不应有杂物、积水或冰雪等。

（3）模板安装前表面应均匀涂脱模剂，脱模剂不得沾污钢筋、不得对环境造成污染；脱模剂的质量应符合 JC/T 949《混凝土制品用脱模剂》的规定。

5.2.10.6 承台混凝土浇制

（1）现场浇筑混凝土应采用机械搅拌，并应采用机械捣固。在有条件的地区，应使用预拌混凝土，预拌混凝土质量应符合 GB/T 14902《预拌混凝土》的规定，并按 GB 50204《混凝土结构工程施工质量验收规范》、GB 50666《混凝土结构工程施工规范》相关规定提供质量证明文件。

（2）搅拌运输车在装料前应将搅拌罐内的积水排尽，装料后严禁向搅拌罐内的混凝土拌合物中加水。预拌混凝土从搅拌机卸入搅拌运输车至卸料时的运输时间不宜大于 90min，当采用翻斗车时，运输时间不应大于 45min。

（3）混凝土下料高度超过 3m 时，应采取防止离析措施。混凝土浇筑过程中严格控制水胶比，每班日或每个基础腿，混凝土坍落度应至少检查2次；每班日或每基基础，混凝土配合比材料用量应对照混凝土配合比设计至少检查两次。雨雪天应重新核算用水量，确保水胶比的准确性。

（4）现场浇筑混凝土的振捣应采用机械搅拌、机械捣固的方式，特殊地形无法机械搅拌、捣固时，应有专门的质量保证措施。

（5）冬期施工应采取防冻措施，混凝土拌合物的入模温度不得低于5℃。高温施工时混凝土浇筑入模温度不应高于35℃。雨季施工基坑或模板内应采取防止积水措施，混凝土浇筑完毕后应及时采取防雨措施。基础混凝土应根据季节和气候采取相应的养护措施。现场浇筑混凝土的养护规定：在终凝后12h内开始浇水养护，天气炎热、干燥有风时，应在3h内开始浇水养护。养护时应在基础模板外侧加遮盖物，浇水次数应能够保持混凝土表面始终湿润。外露的混凝土浇水养护时间不宜少于5昼夜。日平均气温低于5℃时，不得浇水养护。

（6）基础混凝土应一次浇筑成型，浇筑完成的基础应及时清除地脚螺栓上的残余水泥砂浆，并对基础及地脚螺栓进行保护。

5.2.10.7　承台混凝土养护与拆模

（1）养护。

1）自基础浇制完毕后3h内，基础外露部分要用潮湿的公路养护棉毯覆盖并用塑料薄膜包裹，保持混凝土表面的湿度和温度，并开始浇水养护，浇水次数应能够保持混凝土表面始终湿润。

2）养护时间不得少于7昼夜。

3）养护用水应与拌制用水相同。养护所用的水，要求与拌制混凝土所用的水相同。

（2）拆模。

1）基础混凝土浇制后必须严格按表1-4-1所列时间进行拆模及定位模板。

表1-4-1　　　　　　　　　　　　支护模板拆除时间要求

序号	混凝土强度等级	日平均温度（℃）	拆模时间（h）
1	C15	0~10	≥60
		10	52
		20	42
		30	32
2	C25	0~10	≥50
		10	44
		20	34
		30	24

2）拆模前应通知监理工程师和项目部质检人员到场，进行外观质量检查、验收、拍照及签证。混凝土表面有蜂窝、麻面等缺陷时，不得刷水泥浆或盲目处理，须由项目部制订相应的处理方案并按方案进行处理。另外，基础拆模经验收、拍照及签证后若无缺陷或缺陷处理后应，立即回填夯实。对外露部分仍应加覆盖物，继续养护。严禁擅自提前拆模。

3）拆模时，应先拆除定位模板然后拆除立柱模板，最后拆除台阶模板。应将用于模板连接的钉子逐个起出，待钉子全部起出后，将模板卸下，模板要轻拿轻放，严禁硬拉、硬砸等野蛮施工，严禁碰撞地脚螺栓，防止松动。拆模后，应及时清理螺纹部分的砂浆，并用黄油涂抹地脚螺栓，用宽包装胶带包裹保护。地脚螺帽及垫块应妥善保管并做好标识施工完毕后退回项目部材料站。

6 人 员 组 织

PHC管桩基础施工人员配置见表1-4-2。

表1-4-2 PHC管桩基础施工人员配置表

序号	岗位	数量（人）	职责划分
1	工作负责人	1	负责施工组织、现场协调工器具准备等
2	安全监护	1	负责整个施工过程安全监护
3	技术员	1	负责现场技术、质量等
4	桩基工	1	
5	电工	1	
6	焊工	1	
7	测工	1	
8	维修工	1	
9	普工	6	
10	吊车驾驶员	1	
	总计	26	

7 材 料 与 设 备

PHC管桩基础施工工器具配置见表1-4-3。

表1-4-3 PHC管桩基础施工工器具配置表

序号	名称	型号	单位	数量	备注
1	柴油锤桩机	DCB80-15	台	1	
2	吊车	25t	台	1	
3	平板车	五线十轴	辆	1	运输锤机
4	焊机	气体自动保护焊机	台	2	
5	锯桩器		台	1	备用
6	全站仪	FTS632NM	台	1	
7	经纬仪	J2	台	2	
8	水准仪	GST/berger	台	2	
9	发电机	—	台	1	
10	模板	—	块	若干	
11	塔尺	—	把	1	
12	水平尺	—	把	1	
13	盒尺	30m	把	1	
14	盒尺	5m	把	1	
15	试件盒	150mm×150mm×150mm	组	3	
16	定制小型震动棒	—	根	2	
17	插钳	—	根	2	
18	漏斗	—	个	1	
19	坍落度筒	—	个	1	
20	防尘罩	—	个	2	
21	护目镜	—	个	2	

8 质 量 控 制

8.1 质量标准

GB 50204 混凝土结构工程施工质量验收规范

GB 50233 110kV～750kV架空输电线路施工及验收规范

JGJ 94 建筑桩基技术规范

JGJ/T 406 预应力混凝土管桩技术标准

DL/T 5168 110kV～750kV架空输电线路施工质量检验及评定规程

DL/T 5235 ±800kV及以下直流架空输电线路工程施工及验收规程

DL/T 5236 ±800kV及以下直流架空输电线路工程施工质量检验及评定规程

DL/T 5300 1000kV架空输电线路工程施工质量检验及评定规程

Q/GDW 1153 1000kV架空输电线路施工及验收规范

Q/GDW 11749 ±1100kV特高压直流输电线路施工及验收规范

8.2 质量要求

（1）施工前应对桩位下的障碍清理干净，必要时对每个桩位用钎探探测。对桩构件要进行检查，发现桩身弯曲超过规定（$L/1000$且≤20mm，L表示管桩长度）或桩尖不在桩纵轴线上的不宜使用。一节桩的细长比不宜过大，一般不宜超过40。

（2）在稳桩过程中，如发现桩不垂直应及时纠正，桩打入一定深度后发生严重倾斜时，不宜采用移架方法来校正。接桩时，要保证上下两节桩在同一轴线上，接头处应严格按照操作要求执行。

（3）桩在堆放、吊运过程中，应严格按照有关规定执行，发现桩开裂超过有关验收规定时不得使用。

（4）应根据工程地质条件、桩断面尺寸及形状，合理地选择桩锤。

（5）沉桩前应对桩构件进行检查，检查桩顶面有无凹凸情况，桩顶平面是否垂直于桩轴线，桩尖有否偏斜，对不符合规范要求的桩不宜采用或经过修补等处理后才能使用。

（6）检查桩帽与桩的接触面处及替打木是否平整，如不平整应进行处理方能施工。

（7）稳桩要垂直，桩顶要加衬垫，如衬垫失效或不符合要求要更换。

（8）沉桩期间不得同时开挖基坑，需待沉桩完毕后相隔适当时间方可开挖，相隔时间应视具体土质条件、基坑开挖深度、面积、桩的密集程度及孔隙压力消散情况来确定，一般宜两周左右。

9 安 全 措 施

9.1 安全标准

DL 5009.2 电力建设安全工作规程 第2部分：电力线路

Q/GDW 11957.2 国家电网有限公司电力建设安全工作规程 第2部分：线路

9.2 安全措施

（1）作业场地应平整、无障碍物，在软土地基地面应加垫路基箱或厚钢板，在基础坑或围堰内要有足够的排水设施。大吨位（静力压）桩机停置场地平均地基承载力应不低于35kPa。

（2）装配区域应设置围栏和安全标志。无关人员不得在设备装配现场逗留。

（3）桩机设备、辅助施工设备配置各自专用开关配电箱，施工用电采用"三相五线"制，门锁齐全。

（4）桩机安装前应检查机械设备配件、辅助施工设备是否齐全，机械、液压、传动系统应保证良好润滑。监测仪表、制动器、限制器、安全阀、闭锁机构等安全装置应齐全、完好。安装的钻杆及各部件良好。

（5）设专人指挥、专人监护。桩机不得超负载、带病作业及野蛮施工。

（6）桩机安装前应检查机械设备配件、辅助施工设备是否齐全，机械、液压、传动系统应保证良好润滑。监测仪表、制动器、限制器、安全阀、闭锁机构等安全装置应齐全、完好。安装的钻杆及各部件良好。

（7）桩机在运行中不得进行检修、清扫或调整。检修、清扫、调整或工作中断时，应断开电源。电气设备与电动工器具的转动部分应装设保护罩。

（8）打桩时，无关人员不得靠近桩基近处。操作及监护人员、桩锤油门绳操作人员与桩基的距离不得小于 5m。

（9）桩机作业时，严禁吊桩、吊锤、回转、行走、沉孔、压桩等两种及以上的机械动作。

（10）桩机在桩位间移动或停止时，必须将桩锤落至最低位置，并不宜压在已经完工的桩（顶）位上，应远离其他施工机械。

（11）桩机行进中设备保持垂直平稳，采取防止倾覆措施，必要时采取铺垫枕木、填平坑凹地面、换填软弱土层、加设临时固定绳索、清理行走线路上的障碍物等措施。

（12）机架较高的振动类、搅拌类桩机移动时，应采取防止倾覆的应急措施。遇雷雨、六级及以上大风等恶劣天气应停止作业，并采取加设揽风绳、放倒机架等措施；休息或停止作业时应断开电源。

（13）施工时的出土、泥浆应随时清运。清除钻杆和螺旋叶片上的泥土要用铁锹进行，不得用手清除。

（14）起重机满载起吊时，必须置于坚实的水平地面上，先将重物吊离地面 20～50cm，检查并确认起重机的稳定性，制动可靠后才能继续起吊。

（15）吊运桩范围内，不得进行其他作业，人员不得逗留。送桩、拔出或打桩结束移开桩基后，地面孔洞应回填或加盖。

（16）钢管桩等金属连接，采用电焊或气体保护焊，应由电焊工来操作，焊机外壳应做好接地措施，同时还要执行下列要求：

1）操作前应检查所有工具、电焊机、电源开关及线路是否良好，金属外壳应有安全可靠接地或接零，进出线应有完整的防护罩，进出线端应用铜接头焊牢。

2）每台电焊机应有专用电源控制开关。开关的保险丝容量应为该机的 1.5 倍，严禁用其他金属丝代替保险丝，完工后，切断电源。

3）清除焊渣时，面部不应正对焊纹，防止焊纹溅入眼内。

（17）钢管桩的切割操作人员应佩戴防护面罩、电焊手套、工作帽、滤膜防尘口罩和隔音耳罩，并站在上风处操作。

（18）管桩起吊安全控制。管桩起吊时极易发生安全事故，为了保证管桩的吊装安全，吊点位置的确定、吊环吊具的安全性应经过设计与验算。

10　环水保措施

（1）土石方开挖的环保。

1）尽量减少塔位的降基量，减少植被的破坏。

2）应按设计要求弃土或将弃土远运，严禁将余土随意堆放而造成水土流失，以避免破坏自然地貌、植被和坡体的稳定性，危及塔基的安全。

3）回填后的余土要妥善处理，不允许就地倾倒，可用编织袋将余土装运至塔位附近对环境影响最小的专门堆放场所堆放。

4）施工时应尽量减少环境的破坏，严禁肆意或故意人为破坏植被。现场临时设置的土坎、水沟等必须按原地形地貌进行填埋、夯实，使其恢复原貌。

（2）材料堆放的环保。

1）堆放材料应根据现场情况，选择合理布置方案，力求占地最少，搬运距离最近，对环境造成的污染最小。

2）施工现场应做到工完、料净、场地清。对现场剩余的砂石料应运至其他桩号使用，或者与土掺合后填至坑内。对剩余的水泥必须运回材料站或仓库。

3）现场废弃的编织袋、塑料制品、线绳等杂物，不许乱丢，应及时清理、回收，使施工现场做到工完、料尽、场地清。

（3）运输及其他。

1）在山区的工地小运输，尽量只拓宽原有人行道；若需修建新的道路尽可能选择在线路的走廊内，以尽量避免多砍伐树木。

2）在林区或草地施工应注意防火，不准乱丢烟头（烟头应带回住地），尽量不用明火，同时现场应配备适当数量的灭火器。工作时划定工作范围，由专人负责监督；人员离场时，现场负责人应对工地现场进行检查，确保不留有明火和暗火。

3）严格按设计及规程规定，砍伐通道林木和拆迁房屋，尽量少砍少拆，以保护生态环境。

4）在施工现场留宿人员，不得乱扔废弃物，搞好环境卫生以保护环境。

5）基础开挖及施工过程中，若遇有古墓、古碑等涉及或可能涉及文物的地质情况时，应立即停止开挖，保护现场并及时报项目部，由项目部向有关部门汇报。

（4）水土保持措施。

1）水土保持临时措施：临时堆土的坡顶、坡面采用土工布临时覆盖，并在堆土区四周坡脚处用装土编织袋对土工布进行压盖，施工材料和工器具与地面之间要衬垫，防止堆土、施工材料受雨水的冲刷造成水土流失，污染施工场地和站外环境。进场道路应铺设钢板，并在路边开挖临时排水沟，避免路面积水。

2）植被恢复措施：对材料堆放区、设备区等临时占地应做好地面隔离措施，可铺设钢板、草垫、棕垫等，避免材料、机械设备直接碾压地表植被；施工完毕后应及时对临时占地进行恢复，必须恢复其原有土地功能。

3）施工完毕应及时恢复原始地形、地貌，各塔位在基础施工后的余土，不允许就地倾倒，按要求搬运至塔位附近对环境影响最小且不影响农田耕作的地方，生熟土分开堆放。基础回填时应先回填生土，再填熟土，及时清理现场余土并全部外运，满足工程后期环保验收的要求。对线路施工过程中占用的场地，须及时进行恢复，以利于农田复耕，对损坏的植被通过播种草籽、移植灌木等方法恢复植被。

11　效　益　分　析

本典型施工方法具有设备简单、施工速度较快、成本费用低、使用受场地条件限制小等特点，施工现场文明环保、工期可控、社会效益高。

12 应用实例

12.1 白鹤滩—江苏±800kV特高压直流输电线路工程（苏2标段）

基础施工时间 2021 年 4～10 月。该标段起于无锡市 N7590 塔，止于苏州市 ±800kV 常熟换流站，线路全长 131.587km。途经三市六区（县）。新建铁塔 298 基，直线塔 178 基，直线转角 4 基，耐张塔 116 基。沿线地形以平地和河网为主，地势起伏不大。

基础共 298 基，基础形式采用直柱板式基础（2 基）、灌注桩基础（283 基，含多桩承台 69 基）、PHC 预制桩基础（13 基）。灌注桩承台、直柱板式基础混凝土强度等级采用 C25，灌注桩基础采用 C30，PHC 预制管桩采用 C80、PHC 预制管桩承台采用 C25/C30，混凝土共计 65992m³。

该工程 PHC 管桩基础施工采用本典型施工工艺，施工安全可靠，工程质量优良。

12.2 白鹤滩—江苏±800kV特高压直流输电线路工程（皖4标段）

基础施工时间 2021 年 3～11 月。本施工标段线路起于无为县 N6966 塔，止于南京市 N7401 塔，塔位现状均为农田，地形平坦。

一般线路段新建杆塔 237 基，基础采用直柱板式基础 33 基、掏挖基础 1 基、管桩基础 183 基、PHC 预制桩基础 16 基。该工程 PHC 预制桩基础的参数详见表 1-4-4。

表 1-4-4 预应力混凝土管桩基础参数一览表

桩型	外径（mm）	壁厚（mm）	单腿桩数	单桩总长（m）	A 段（m）	B 段（m）	承台型号
PHC084A	600	130	4	8	8	0	A 型
PHC124A	600	130	4	12	12	0	A 型
PHC164A	600	130	4	16	8	8	A 型
PHC204A	600	130	4	20	12	8	A 型
PHC084AB	600	130	4	8	8	0	A 型

上述工程 PHC 管桩基础施工采用本典型施工工艺，施工安全可靠，工程质量优良。

典型施工方法名称：现浇（大开挖）基础典型施工方法

典型施工方法编号：TGYGF001 - 2022 - SD - XL005

编　制　单　位：国网特高压公司　江苏省送变电有限公司

主　要　完　成　人：俞　磊　张仁强　赵　俊

目　次

1　前　　言

现浇（大开挖）基础以其经济效益、环境效益、基础结构受力合理性等方面的优越性而得到广泛应用。为总结现浇（大开挖）基础施工经验，推广其先进的施工工艺方法，提高现浇（大开挖）基础施工质量与安全，特编制本典型施工方法。

2　本典型施工方法特点

（1）基础立柱模板安装采用底部与四周支撑相结合的方式，有效地降低基础模板找正难度，对高差、垂直度控制较容易实现。

（2）地脚螺栓安装采用定位模板控制，方便地脚螺栓找正，便于地栓高差、根开尺寸控制。

（3）采用该典型施工方法可加快施工进度，保证施工安全，加快施工进度，使现浇（大开挖）基础施工标准化、规范化。

3　适　用　范　围

本典型施工方法适用于山地、丘陵及地形较好的平地条件下输电线路工程现浇（大开挖）基础浇筑施工。

4　工　艺　原　理

（1）基础立柱模板安装采用底部与四周支撑相结合的施工技术，实现模板找正、高差、垂直度的精确控制。

（2）完善改进基础地脚螺栓控制和找正方法，由虚点找正转化为实点找正，即将地脚螺栓找正点由原来的地脚螺栓组几何中心的虚点转化到地脚螺栓模具上的实点进行地脚螺栓找正。

5　施工工艺流程及操作要点

5.1　施工工艺流程

现浇（大开挖）基础典型施工工艺流程见图1-5-1。

5.2　操作要点

5.2.1　施工准备

（1）施工前应做好施工图会检，并根据施工图及施工图会检纪要编制相关施工技术资料。

（2）做好基础施工原材料的取样、检验、见证取样，以及配合比试验工作。

（3）施工前做好施工人员的配备，做好施工人员安全、质量培训工作及安全技术交底；做好电工、测工、机械操作手等特殊工种操作证的复审工作，确保持证上岗。

（4）施工前做好施工工器具的配备，施工工器具的数量及安全性应满足施工需要。

5.2.2　基础分坑

5.2.2.1　分坑要点

（1）基础分坑应由培训合格且有资质的测工担任，无证人员不得从事基础分坑作业。

（2）基础分坑前，技术人员编制塔形基础分坑尺寸表，并对各级技术人员进行分坑技术及分坑方法培训和交底，使施工技术人员熟练掌握基础分坑计算方法和检验方法。

5.2.2.2　基础分坑方法

直线塔基础分坑示意图见图1-5-2，转角塔基础分坑示意图见图1-5-3。

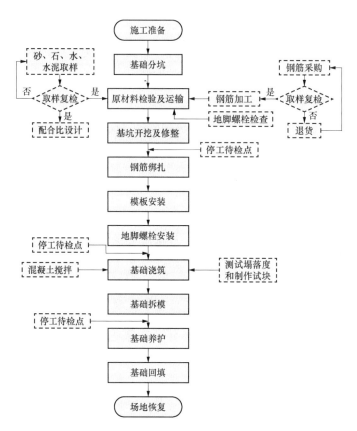

图 1-5-1 现浇（大开挖）基础典型施工工艺流程图

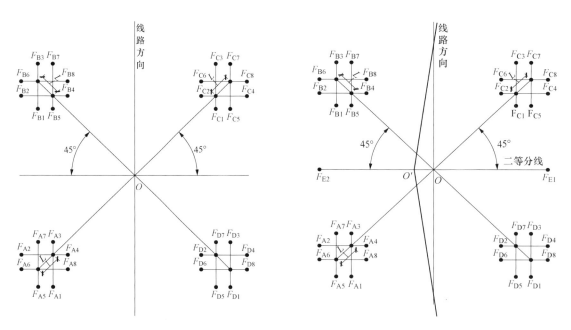

图 1-5-2 直线塔基础分坑示意图   图 1-5-3 转角塔基础分坑示意图

图 1-5-2、图 1-5-3 中：O 为基础中心；O' 为位移后基础中心；A、B、C、D 分别为基础立柱中心；A'、B'、C'、D' 分别为基础底板中心；L 为基础立柱中心至基础底板中心水平距离，mm；F_{E1}、F_{E2} 为转角塔二等分线桩；$F_{A1} \sim F_{A8}$、$F_{B1} \sim F_{B8}$、$F_{C1} \sim F_{C8}$、$F_{D1} \sim F_{D8}$ 分别为基础底板及立柱中心找正桩。

5.2.2.3　分坑步骤

（1）直线塔基础分坑。

1）将经纬仪置于基础中心桩 O 上并调平，对准前后视校核直线塔的直线性。

2）确保铁塔基础中心桩直线性符合规范要求后对前后视将经纬仪旋转 $45°$，使用经纬仪定向及三角高程法定距的方法分别钉出基础底板中心 A'、B'、C'、D' 和基础顶面中心控制点 A、B、C、D。

3）将仪器分别搬至 A'、B'、C'、D' 和 A、B、C、D 点，对准基础中心桩 O 点旋转 $45°$ 钉出相应的控制桩或找正桩 F_1～F_8。

（2）转角塔分坑步骤。

1）将经纬仪置于基础中心桩 O 上并调平，对准前后视校核前后档档距及转角塔转角度数。

2）确保实测转角塔转角度数误差在 $1'30''$ 内后，根据实测转角度数计算转角塔转角的二等分线度数。

3）按 2）中计算的度数旋转经纬仪，分别钉出二等分线桩（见图 $1 - 5 - 3$ 中 F_{E1} 和 F_{E2}）。

4）将仪器搬至 F_{E1}（或 F_{E2}）并调平对准 F_{E2}（或 F_{E1}）及中心桩 O' 点，确保三点一线后根据设计给定的中心桩位移值及位移方向钉出中心位移桩 O 点。

5）再将仪器置于 O 点并调平，对准 F_{E1} 和 F_{E2} 旋转 $45°$ 按基础施工卡片中所给相应数值，使用三角高程法分别钉出基础底板中心 A'、B'、C'、D' 和基础顶面中心控制点 A、B、C、D。

6）分别将仪器搬至 A'、B'、C'、D' 和 A、B、C、D 点，按如图 $1 - 5 - 3$ 所示钉出相应的控制桩 F_1～F_8。

5.2.2.4　注意事项

（1）基础分坑前应测量并校核铁塔基础塔基断面。

（2）分坑前应校核所在杆塔前后档档距及所在杆塔塔位中心桩的直线性或水平转角度数。

（3）分坑过程所使用的经纬仪精度不低于 $2''$，且经检验合格；钢尺应有出厂合格证，且有 MC 标记。

（4）分坑完毕后，应立即校核其根开和对角线以及整基基础扭转，校核后数据超出要求应重新分坑。

（5）基础分坑完毕后，应妥善保护好基础中心桩。转角塔还应保护好位移桩和二等分线桩，以作为基础检查和验收的依据。

5.2.2.5　坑口放样

（1）在基坑放样前应计算基坑坑口放样尺寸，每个基础的坑口宽度根据基础底板宽、坑深及坑壁安全坡度来计算。图 $1 - 5 - 4$ 所示坑口宽度为 a，则

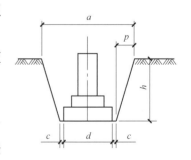

图 $1 - 5 - 4$　坑口宽度示意图

$$a = d + 2c + 2p$$
$$= d + 2c + 2K_p h$$

式中　d——基础底板宽度，m；

$\quad c$——坑下操作预留宽度，一般为 0.2～0.3m；

$\quad p$——坑口预留边坡宽度，m；

$\quad K_p$——安全坡度系数；

$\quad h$——基础坑深，m。

（2）画坑时以基础底板中心为基准，依据底板尺寸和相应的放坡，根据现场实际地质情况，

按相应放坡系数进行放坡，给出坑口尺寸。放坡系数见表 1-5-1。

表 1-5-1 放 坡 系 数

土壤分类	砂土、砾土、淤泥	砂质黏土	黏土、黄土	坚土
安全坡度系数 K_p	0.75	0.5	0.3	0.15

5.2.3 原材料检验及运输

（1）材料运输前必须提前选择好路线，对道路进行修复加宽，对各种材料的堆放场地应作相应的平整。但在平整过程中应以满足施工要求为原则，不得随意扩大占地面积。

（2）所有基础钢材均应有出厂合格证，并经有资质的实验室抽样复检合格方可使用；装卸运输中应防止弯曲变形、丝扣损坏和沾浸油脂杂物。

（3）砂、石必须在取样化验合格的地点采集，运输到现场的砂、石应堆放整齐有序，且应铺彩条布，减少对植被破坏。

（4）水泥的品种、标号必须与配合比试验报告相符，对运到浇筑现场的水泥必须进行检查，查明标号、品种、出厂日期，如出厂超过 3 个月，需重做标号试验，虽未超过 3 个月但因保管不良受潮结块时，必须重新进行标号试验。

（5）不同品种、不同批号的水泥必须分类堆放，挂标识牌，使用时应有专人核定水泥的品种，并应填写跟踪记录。

（6）储存、堆放水泥应做好防潮措施，在施工现场水泥应堆放在高处，但高度不宜超过 12 袋。堆放整齐，底部垫架板、铺油毡，上盖彩条布，防止水泥受潮或雨淋。

（7）浇筑混凝土用水应使用饮用水，对浇筑用水质有怀疑时应进行化验。

5.2.4 混凝土配合比设计

在地形条件不允许时，现场通常采用自拌混凝土，其强度通常根据设计要求确定。一般混凝土级别均为 C25 或 C30，坍落度选择 30~50mm，水泥一般用 p425。在配置的过程中，水泥的用量要符合规范要求，通常不小于 300kg/m³。

砂率和石子的级配要符合 JGJ 55《普通混凝土配合比设计规程》的要求，施工过程中还要根据黄砂的含水率调整混凝土的用水量。

混凝土配合比确定后要进行试压，试块强度应具有一定的强度储备。

运输条件较好时，应采用商品混凝土，坍落度一般为 180mm，该配合比通常需采用一定的添加剂，必须在实验室进行配置，但也必须保证试块强度应具有一定的强度储备。

5.2.5 基坑开挖及修整

5.2.5.1 开挖方法概述

地形及地质条件允许时可采用机械开挖以确保施工进度，提高施工效率。由于杆位地形及地质条件限制，基坑无法采用机械开挖时采用人工开挖。对于岩石基础可采用松动爆破和人工开挖相结合的施工方法。

5.2.5.2 基坑开挖及修整

（1）坑口范围和坑底范围放样完成，经复测及验收合格后开始开挖。

（2）土方开挖宜从上至下分层分段依次进行。

（3）基坑开挖时应每边预留 100mm，开挖至基坑底部设计标高时也应预留 200mm 的人工修整裕度，以确保基坑成型质量。采用机械开挖时其预留裕度应根据土质的不同适当增加。

（4）在机械设备挖不到的地方，应配合人工随时进行挖掘，并用手推车把土运至机械挖到的地方，以便及时用机械挖走。

（5）基坑开挖过程中，施工技术人员、测量人员应进行技术指导及质量检查，随时对基坑中心、开挖深度等进行检查。

（6）基础坑开挖完成后应按设计图纸要求进行基坑修整，确保基坑几何尺寸满足设计及施工要求。

5.2.6 钢筋绑扎

（1）所绑扎的钢筋数量及规格必须符合设计要求，不得出现少绑或漏绑。

（2）绑扎钢筋时不得以小代大、以短代长。

（3）绑扎前应除锈，并采取防油、防污措施。

（4）钢筋若有焊接头，在绑扎时，钢筋焊接头部位应错开，不得放在同一面上。

（5）所有箍筋接头均应错开或隔开布置，不得连续布置在同一面上。

（6）钢筋绑扎顺序：

1）在钢筋绑扎前应由技术人员测量出底板（立柱钢筋笼）中心，并做好标记，作为钢筋绑扎位置的施工依据。

2）钢筋绑扎原则上应先进行底板筋的绑扎，再进行立柱筋的绑扎。但在绑扎底板筋时应预留立柱筋插入位置，以确保立柱筋正常放入底板筋中，确保立柱筋位置准确及位置调整。

3）在钢筋绑扎前应按照设计保护层厚度要求制作与基础混凝土同标号的混凝土垫块，并预先内置 22 号铁丝，外露长度一般为 80～100mm 为宜，钢筋绑扎时衬垫，以保证各部位保护层符合设计要求。

5.2.7 模板安装

（1）模板在浇制前需要涂刷隔离剂，以保证脱模后的基础表面质量。

（2）所有台阶宜采用标准钢模板，在保证混凝土浇制质量和各层基础断面尺寸的情况下，可采用竹压板等其他材料的模板，不得以土代模，模板表面应平整，接缝严密，支撑牢固可靠。

（3）每层模板侧壁与坑壁间，须加以多点支撑，以防胀模。

（4）立柱模板采用木模板，用脚手架钢管 $\phi 48mm \times 3.5mm$（壁厚）组成井架支撑。模板与钢管、钢管与钢管交叉点间用卡具卡牢，形成稳固的整体，竖管插入基础底层，管底垫预制混凝土垫块，厚度大于 50mm，混凝土垫块放置在垫层上。钢管插入混凝土内部分裹上白铁皮或 PVC 管等洁净的隔离物，以便于拆模后钢管的拔出。钢管拔出后，清出隔离物，再用 1：2～1：2.5 的水泥砂浆将孔洞填实。立柱钢筋应设置保护层，见图 1-5-5。

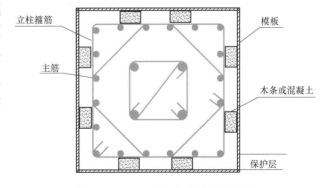

图 1-5-5 立柱钢筋应设置保护层

（5）支模：首先在基础坑内组装底层台阶模板，用铅垂吊线找正底层台阶模板位置，用钢卷尺校正模板组合的规格尺寸。用水准仪配合塔尺（或水平尺）对模板组合进行操平支垫，然后逐层安装、固定各层模板，模板四周应设支撑，每根围棱上支撑不可少于两点，一般支撑在模板宽度的 1/3 位置或者接缝处，在模板的内表面涂刷隔离剂或脱模剂，也可用废机油代替，严禁滴漏到混凝土上或涂到基础钢筋上。

（6）顶层模板中心线应与基础的中心线重合，且和钢筋笼子主筋的距离应满足保护层厚度的要求。由于立柱易扭曲变形、倾斜，应严格加以控制。立柱模应用钢管或角钢，在上下端加箍，并辅以木桩打撑。满堂脚手架加固模板示意图见图1-5-6。板式基础支模图见图1-5-7。

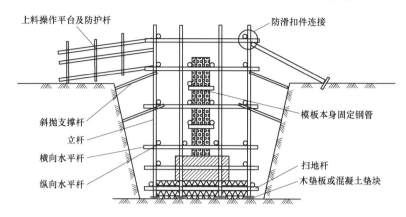

上料操作平台及防护杆　　　　　　　防滑扣件连接

斜抛支撑杆　　　　　　　　　　模板本身固定钢管
立杆
横向水平杆　　　　　　　　　　扫地杆
纵向水平杆　　　　　　　　　　木垫板或混凝土垫块

图1-5-6　满堂脚手架加固模板示意图

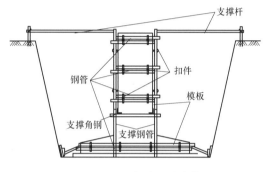

支撑杆

钢管　　　扣件
　　　　　模板
支撑角钢
支撑钢管

图1-5-7　板式基础支模

（7）模板立好后，应仔细检查各部构件是否牢固，在浇筑过程中应经常检查，特别是振捣，极易使模板、卡子松动，如有移位、倾斜要及时修整加固，并采取可靠的补救措施。

5.2.8　地脚螺栓安装

5.2.8.1　地脚螺栓模板加工

按地脚螺栓的规格、数量、根开及对角根开等参数，制作地脚螺栓模板，其数量及规格视基础形式而定，在制作时应满足以下要求：

（1）地脚螺栓模板厚度应保证地脚螺栓安装后模板不变形，视地脚螺栓的质量不同，一般采用5～8mm钢板。

（2）模具眼孔位置应正确无误，其误差不得大于2mm，孔径应略大于地脚螺杆直径，一般按2mm考虑。

5.2.8.2　地脚螺栓安装

（1）地脚螺栓在安装前必须对螺栓直径、长度、坡度及材质等进行检查，所检查项符合设计要求后方准安装。

（2）在地脚螺栓安装时宜采用地脚螺栓模板进行地脚螺栓固定，以保证地脚螺栓安装质量。

（3）当基础采用4根或8根地脚螺栓，地脚螺栓模具按地脚螺栓的规格、数量、根开及对角线等参数进行制作。制作的模具钢板厚度应保证地脚螺栓安装后不变形。

8根地脚螺栓模具一般采用5～8mm钢板，采用上下两道模具及箍筋固定控制。4根或8根地脚螺栓定位模板加工见图1-5-8。

（4）模具眼孔位置应符合设计图要求，其误差不得大于2mm，一般按2mm考虑。

（5）地脚螺栓固定除使用地脚螺栓模具样板孔进行固定外，还应使用10号绑扎丝将其根部固定在钢筋桩的主筋上，以保证弯地脚螺栓的位置相对固定。

（6）对于直线塔式基础，地脚螺栓相对较少。因螺栓较轻，可以预先焊接成型后穿入地脚螺栓模板样板孔，用螺帽固定，将地脚螺栓模具和地脚螺栓装入立柱钢筋笼内，调整地脚螺栓根开及对角线，符合设计要求后将模具固定在立柱模板上。

（7）对于转角塔基础由于地脚螺栓较多，无法在地面一次将地脚螺栓装入模板板孔内，应首先将模板放在立柱模板上后，逐根将地脚螺栓穿入模板样板孔内，用两个螺帽将模板夹紧，调整

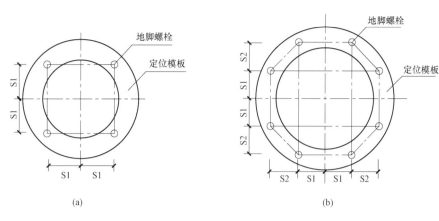

图 1-5-8 地脚螺栓定位模板加工示意图

(a) 四根地脚螺栓；(b) 八根地脚螺栓

模板使对角线符合设计要求后，将模板固定在立柱模板上。

(8) 地脚螺栓丝扣露出模板的高度应在操平模板后符合设计图要求规定。螺栓丝扣部分在基础浇筑完成后应用钢丝刷清理干净并涂以黄油后用牛皮纸包裹，以防锈蚀。

5.2.9 基础浇筑

5.2.9.1 浇筑平台搭设及搅拌机设置

(1) 浇筑前应按要求搭设浇筑平台，用钢管在浇筑平台上设挡横栏，且浇筑平台应搭设牢固、可靠，如图 1-5-9 所示。

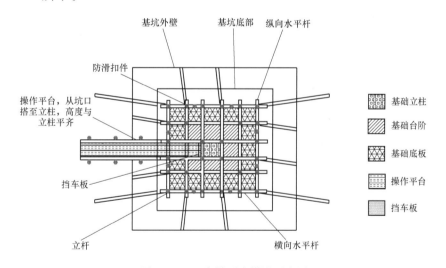

图 1-5-9 浇筑平台搭设示意图

(2) 浇筑平台搭设面积应能够满足混凝土投注要求。

(3) 浇筑平台表面应平整，不得有其他障碍物，防止作业人员意外摔倒掉入坑内。

(4) 搅拌机应设置在距坑口 1.0m 以外，若地质较软时，搅拌机应远离坑口，或增大搅拌机与地面接触面积。若使用大型搅拌机时，搅拌机应安置在远离坑口进出料方便的地方。

(5) 在使用前应对搅拌机的性能及安全设施进行检查，确保搅拌机性能可靠，安全设施齐全。

5.2.9.2 混凝土浇筑

(1) 混凝土搅拌。

1) 基础浇筑采用机械搅拌，施工时为保证基础浇筑的连续性，保证混凝土浇筑质量，应设有应急搅拌机、发电机及振捣器。

2）使用搅拌机前，应将滚筒内浮渣清除干净，并进行投料运转试验，机器转动正常后，才能投入浇筑作业。

3）投料顺序一般是在砂、水泥、水、石，从而克服混凝土粘筒、搅拌费力、搅拌不匀等缺点。

4）搅拌机使用完毕或中途停机时间较长，必须在旋转中用清水冲洗滚筒，然后再停机。

5）混凝土搅拌时间应遵照 GB 50666《混凝土结构工程施工规范》中混凝土搅拌最短时间执行，见表 1-5-2。

表 1-5-2　　　　　　　　　　　　　　混凝土搅拌最短时间

混凝土坍落度（mm）	搅拌机机型	搅拌机出料量（L）		
		<250	250～500	>500
≤40	强制式	60	90	120
>40 且<100	强制式	60	60	90
≥100	强制式	60		

（2）投料。

1）混凝土拌和合格后，应立即进行浇筑，浇筑时应先从一角或一边开始，逐渐浇到四周。

2）投料过程中应随时注意模板及支撑是否出现变形、下沉、移动、跑浆等现象，钢筋笼保护层是否符合要求。

3）混凝土浇筑应连续进行。

4）坑深超过 2m 时应设溜槽，防止主副料离析。

（3）混凝土振捣。

1）混凝土振捣应采用插入式振捣棒机械振捣，并由有经验的熟练工进行振捣。

2）为保证上下浇筑后的结合，插入下层混凝土的深度一般为 30～50mm，以消除两层间的接合缝。在振捣时振捣器不得紧靠模板。

3）操作应"快插慢拔"按一定顺序进行，插点均匀排列，逐点移动，有序进行，不得漏振或过振，振捣时应均匀振捣，振动棒移动间距不得大于振捣器作用半径的 1.5 倍。

4）浇筑的混凝土应分层捣固，每层厚度不应超过振动棒长度的 1.25 倍。

5）操作时应避免碰撞钢筋网和模板。

6）不得用振动棒对堆积的混凝土进行摊平。

7）振动点作用时间以混凝土表面呈水平并出现水泥浆和不再出现气泡，不再显著沉落为宜，一般每次宜为 20～30s。不允许捣固过久，防止出现漏浆现象。严禁将振动棒插入混凝土中停留或休息。

8）上层捣固好后，不得再捣固下层。

9）基础立柱较长断面较大，振捣器无法在长距离落到指定位置，振捣人员直接到立柱中进行振捣，或使用有足够强度的延长杆，将振捣器绑于其上，深入立柱中振捣，以保证混凝土振捣质量。

5.2.9.3　模板及地脚螺栓校验

（1）在基础底板浇筑完成后应立即进行基础模板校验，校验项目包括立柱垂直度、根开尺寸等。

（2）在基础立柱浇筑到地脚螺栓以下 200mm 时，应对地脚螺栓的规格、根开、对角线、保护层、基础半对角根开等进行校验，确保各检验项符合设计要求。

5.2.9.4　基础收面

（1）基础浇筑完毕后，应安排专人负责对基础顶面和底板上平面进行收面。

（2）基面不得二次抹面，必须做到一次成型。

（3）收面过程中，应对基础四角高差进行测量，确保基面平整。

5.2.9.5　混凝土试块制作

（1）试块应在现场浇筑过程中随机取样制作，并应采用标准养护。当有特殊需要时，应加做同条件养护试块。

（2）每基做 1 组试块，超过 100m³ 再做一组。

（3）每组试块共 3 块，试块上注明腿号、混凝土标号及制作日期，规格为 150mm×150mm×150mm。

（4）当原材料变化、配合比变更时应另外制作。

5.2.10　基础拆模

（1）基础达到拆模强度后方可拆模。拆模时，应保持混凝土表面及棱角不受损坏。

（2）拆模后应及时在基础内角进行支撑，以防止基础回填过程中根开及高差发生变化。

（3）拆模要自上而下进行，敲击要得当，保证混凝土表面及棱角不受损坏。

（4）拆除的模板应立即进行清理，整理备用。

（5）拆模后将地脚螺栓表层混凝土清理干净，涂黄油后缠绕塑料薄膜或其他遮盖物进行保护。

（6）拆模时应做好隐蔽工程检验签证，并做好检查记录。

5.2.11　基础养护

5.2.11.1　基础拆模前养护

（1）基础浇筑后 12h 内开始浇水养护，天气炎热时应在 3h 内进行浇水养护，浇水次数应能保持混凝土表面始终湿润。

（2）在气温较高时，应采取基础外露部分铺设草帘，并保持草帘湿润等有效措施防止基础暴晒。

（3）当冬季施工后基础养护宜采用蒸汽养护或温棚养护法进行基础养护。

5.2.11.2　基础拆模后养护

（1）基础拆模后宜采用浇水养护，养护不得少于 7 昼夜。

（2）对于水资源缺乏、运输较为困难、日照强度大的地区，基础拆模后可采用塑料薄膜包裹基础养护法养护，即模板拆除后采用塑料布将敞露的混凝土覆盖严密（缠裹时应由上至下进行缠裹），边回填边在基础与塑料薄膜间浇水，使塑料薄膜内有足够的水，直至基础回填完毕。

5.2.12　基础回填

（1）基础坑回填时应清除树根、杂草等异物，且基坑内不得有水。

（2）回填土应分层夯实，每层厚度为 300mm。回填后应设防沉层，其范围不小于基坑上口尺寸，塔基表面不得积水。

（3）基础拆模后，经检查合格后应立即回填，严禁将基础长时间裸露。

（4）回填时应均匀回填，且应在内角侧进行必要的支撑，防止基础发生位移。

5.2.13　场地恢复

（1）基础回填后剩余回填土即视为弃土，必须妥善处理，不得直接丢弃在塔基下坡方向，避免破坏植被和坡体稳定。

（2）一次性做好地表处理及基面回填工作，恢复施工现场原有地形地貌，做到不留施工痕迹。

（3）施工结束后，施工人员应及时清理施工现场，做到工完、料净、场地清。

6　人　员　组　织

现浇（大开挖）基础施工人员配置见表1-5-3。

表1-5-3　　　　　　　　　　现浇（大开挖）基础施工人员配置

序号	岗位	数量（人）	职责划分
1	工作负责人	1	负责施工组织、现场协调工器具准备等
2	安全监护	1	负责整个施工过程安全监护
3	技术员	1	负责现场技术、质量等
4	测工	1	负责现场所有测量工作
5	电工	1	负责现场临时用电的管理及维护
6	振捣	2	混凝土振捣施工及振捣棒的维护保养
7	钢筋工	4	负责基础钢筋下料、绑扎等
8	模板工	5	负责模板安装、拆除等
9	混凝土工	10	砂、石、水泥等材料运输及投放混凝土及溜槽的安拆等
	总计	26	

7　材　料　与　设　备

现浇（大开挖）基础施工工器具配置见表1-5-4。

表1-5-4　　　　　　　　　　现浇（大开挖）基础施工工器具配置配置

序号	名称	型号	单位	数量	备注
1	经纬仪	J2	台	1	
2	水准仪	JS-3	台	1	
3	基础模板			若干	根据基础尺寸配备
4	立柱模板			若干	根据基础尺寸配备
5	地脚螺栓固定样板、样架（槽钢）			若干	根据地脚螺栓规格配备
6	搅拌机	J1-250/350	台	2	根据混凝土量可增加
7	插入式振动器	FX-35-500	套	2	
8	潜水泵	QY-2.5	台	4	
9	手揿水泵		台	4	
10	脚手架钢管、卡扣	$\phi48mm \times 3.5mm$	根	适量	
11	手推车		辆	8	
12	试块盒	150mm×150mm×150mm	只	6	
13	发电机	10～15kW	台	1	
14	大锤		把	2	
15	木桩	4～6cm	根	若干	
16	花杆	3m	根	3	

序号	名称	型号	单位	数量	备注
17	标尺		根	4	
18	钢尺	30、50m	把	各1	
19	铁丝、铁钉等			若干	
20	台秤		台	1	
21	坍落度筒		套	1	
22	混凝土浇筑溜槽		根		
23	混凝土浇筑串桶		只	若干	
24	方木	50mm×50mm	根	若干	

8　质量控制

8.1　质量标准

GB 50204　混凝土结构工程施工质量验收规范

GB 50233　110kV～750kV架空输电线路施工及验收规范

JGJ 55　普通混凝土配合比设计规程

DL/T 5168　110kV～750kV架空输电线路施工质量检验及评定规程

DL/T 5235　±800kV及以下直流架空输电线路工程施工及验收规程

DL/T 5236　±800kV及以下直流架空输电线路工程施工质量检验及评定规程

DL/T 5300　1000kV架空输电线路工程施工质量检验及评定规程

Q/GDW 1153　1000kV架空输电线路施工及验收规范

Q/GDW 11749　±1100kV特高压直流输电线路施工及验收规范

8.2　质量要求

（1）基础质量要求。

1）基础根开及对角线（％）：地脚螺栓式±0.2，主角钢（钢管）插入式±0.1，高塔±0.07。

2）整基基础扭转（′）：10，高塔5。

3）基础坑深（mm）：+100，-50。

4）钢筋绑扎（mm）：主筋±10，箍筋±20。

（2）质量检验。

1）基础施工前应进行技术质量交底，明确质量、技术要求及施工方法。

2）基础分坑前，应校核塔基断面是否与设计相符，校核直线基础的直线性及前后相邻档距，转角塔应校核其水平转角度数及前后档距。不等高基础在分坑完毕后，必须由另外一名测工进行检验。

3）基坑开挖应保留塔位中心桩，作为校验立柱顶高、基础埋深的依据，若不能保留，应将塔位中心桩引出。

4）基坑开挖过程中应核实地质与《地质勘测报告书》中描述的地质情况是否一致，若不一致，应及时通知设计单位。

5）基坑清理应清理完毕后，应测量底板断面尺寸及坑深等技术数据，并做好记录。

6）基础坑深在允许范围内按最深一坑操平，超出误差部分必须按规范要求处理。

7）钢筋绑扎前应校核其规格、材质、数量是否与设计相符，且应在绑扎前除锈除污。

8）原材料控制。

a. 砂石的规格应符合配合比通知单的要求，其产地应为试验取样产地。

b. 浇筑用水应使用清洁的饮用水，若对水质有怀疑时应送检测部门进行检验。

c. 水泥的品种应符合配合比通知单的要求，不同品种的水泥不得在同一浇筑体中使用。

9）基础配合比及水灰比控制。

a. 骨料误差控制要求。水泥：±2％；砂石：±3％；水：±2％。

b. 在上料前应清除基础骨料中柴草、泥土等杂质。若试验报告要求对砂料过筛时，则应按配合比通知单的要求对砂石进行过筛。

c. 施工中应对基础配合比及水灰比进行检查，每班次或每基基础不得少于2次，并做好记录。

10）混凝土搅拌时间应根据搅拌机规格、型号的不同按表5.2.9.2混凝土搅拌最短时间要求进行控制。

11）当混凝土自由下落高度超过2m时，必须使用溜桶（槽），防止混凝土砂、石离析。

12）基础浇筑过程中，技术人员应随时监控地脚螺栓高程、根开尺寸等数值的变化，确保基础各项数据符合设计要求。

13）混凝土振捣应采用机械振捣，不得过振、漏振。

14）基础浇筑后按要求进行养护。

15）应做好基础成品保护，采取措施保护基础棱角，地脚螺栓外露部分应在回填前涂刷防腐剂并进行包裹。

16）基础回填必须按设计要求进行夯实，回填后应制作防沉层，表面应做3％～5％散水坡。

9 安 全 措 施

9.1 安全标准

DL 5009.2 电力建设安全工作规程 第2部分：电力线路

Q/GDW 11957.2 国家电网有限公司电力建设安全工作规程 第2部分：线路

9.2 安全措施

（1）线路复测尤其是带电体交跨的测量，应保证塔尺或花杆与带电体间有足够距离。

（2）现场应设立专职安全员，负责现场安全监督。

（3）机械开挖时，挖掘机作业半径范围内不得有人。

（4）坑深超过1.5m时，坑下作业人员应使用爬梯上下。

（5）基础坑口边缘1m以内不得堆土，不得堆放材料和工具，并在基础周围陡坡面设警戒线，防止人员坠入坑内。

（6）基坑开挖完成后应尽快进行支模浇筑，防止塌方；未能及时浇筑的，坑口应设醒目警告标志，严防出现坠坑伤害等意外。坑深大于5m时应采用专门措施，防止坑壁坍塌。

（7）模板应牢靠固定，防止基础浇筑后发生位移或倾斜。

（8）模板安装及拆除时，其质量在50kg以下时可采用人力抬运，大于50kg应采用绳索吊运。

（9）严禁施工人员在模板上行走。

（10）发电机、搅拌机及电动振捣器的接线应有专人负责，配有电源箱及剩余电流动作保护装置，防止漏电伤人。发电机应设安全围栏，设醒目警告标志，严禁非操作人员入内。

（11）搅拌机应设置在平整坚实的地基上，安置应牢固可靠，保持与坑边的安全距离，安装后应使支架受力，不得以轮胎代替支架。搅拌机在施工时需设可靠接地。

（12）搅拌机运转中，严禁将工具伸入滚筒内扒料，加料斗升起时，料斗下方不得有人；手推车运送混凝土时，倒料平台应设挡车措施，倒料时严禁撒把。

（13）振捣器应设可靠保安接地，且振捣人员应配备绝缘手套和绝缘胶鞋，电源必须设漏电保护装置。

（14）搅拌机、发电机、振捣器及运输车辆应由持证人员操作或驾驶，无证或未持证人员严禁进行操作或驾驶。

（15）车辆行驶时伞，应严格遵守交通规则。

（16）运输器材时，器材要摆设整齐、布局合理、绑扎牢固，若遇装载超长物件时，必须悬挂红布标志。

（17）施工现场应配备有急救箱，并配置相应的急救药品。

10　环水保措施

（1）水泥尽量安排在库房内存储，在露天存放时应采用严密遮盖，运输和卸运时防止遗洒飞扬以减少扬尘。

（2）生活垃圾应按当地要求集中存放或掩埋，严禁随意倾倒，减少对大气污染。

（3）施工现场距离居民点较近时避免夜间施工，杜绝夜间噪声对周边居民生活的影响。杜绝出现人为敲打、叫嚷、野蛮装卸噪声等现象，最大限度地减少噪声扰民。

（4）在施工中，在满足施工及生活用水外，应节约用水，减少对水资源的浪费。

（5）施工场地满足施工要求即可，尽量减少施工临时占地，减少植被的破坏和对农田的踩踏。

（6）基础开挖时，应将生熟土分开堆放，基础回填时，应先回填生土，再将熟土回填在基础表面，以利于植被的生长，从而起到保护植被和防止水土流失，保护环境。

（7）基土堆放时应铺垫彩条布，保护地表植被，防止水土流失。

（8）施工完毕应及时恢复原始地形、地貌，各塔位在基础施工后的余土，不允许就地倾倒，按要求搬运至塔位附近对环境影响最小的地方堆放，且不影响农田耕作。

（9）材料堆放要合理得当，砂、石、水泥及各种材料的堆放场地应选择合理的地方。施工完后，多余材料全部运走，做好施工场地恢复工作，做到工完、料净、场地清。

11　效益分析

本典型施工方法采用定位模板进行地脚螺栓固定等工艺，具有易调整地脚螺栓顶面高差、根开尺寸等优点，可加快地脚螺栓找正及基础根开测量速度，提高工作效率，节省人工，节约施工投入，降低施工费用。

12　应用实例

12.1　1000kV 青海—河南特高压直流输电线路工程（豫 1 标段）

基础施工时间 2019 年 4 月～2020 年 4 月

该标段西起河南省西峡县的 N6601 号塔，东至河南省内乡县 N7001 号塔，途经西峡县、淅川县和内乡县，线路长度为 107.024km。本标段共新建铁塔 217 基，其中耐张塔 47 基，直线塔 170 基（含直塔 3 基）。

该标段板式基础共计 8 基，C30 混凝土量 699.21m³，C25 混凝土量 523.22m³。

该工程现浇（大开挖）基础施工采用本典型施工工艺，基础施工安全可靠，工程质量优良。

12.2 1000kV 驻马店—南阳特高压交流线路工程（3标）

基础施工时间 2019 年 3～12 月

该标段起于舞钢市与西平县界小陈庄 2S001（含），止于南阳市方城县温老庄村 2S079（不含）。线路全长 38.692km，全线按同塔双回路架设。沿线途经平顶山市舞钢市、南阳市方城县。

基础共 78 基，基础形式采用直柱板式基础（5 基）、直柱板式桩基础（16 基）、灌注桩基础（57 基）。灌注桩基础采用 C30 混凝土，直柱板式基础和直柱板式桩基础采用 C25 混凝土，混凝土共计 24978m³（含护壁及垫层）。

该工程现浇（大开挖）基础施工采用本典型施工工艺，施工安全可靠，工程质量优良。

典型施工方法名称：中风化岩石基础无爆破开挖施工典型施工方法

典型施工方法编号：TGYGF001 - 2022 - SD - XL006

编 制 单 位：国网特高压公司 国网湖北送变电工程有限公司

主 要 完 成 人：俞 磊 杨 光 彭威铭 陈 军

目　　次

1　前　　言

随着我国电网高速发展、科技水平日趋提高和完善、机械化施工技术正在快速发展，尤其是人工挖孔基础正在逐步被机械挖孔所取代，但部分山区由于条件限制仍无法满足大型机械运输和作业，特别是在一些临近电力线路、高速、高铁等重要设施的中风化岩石基础，既不能采用爆破开挖方式，又无法满足大型旋挖机械的施工作业。

针对中风化岩石基础开挖困难的问题，施工单位创新施工方法，利用潜孔钻机钻孔，使岩石出现孔洞，通过液压岩石碎裂机将孔内岩石胀裂，最后用风镐进行人工清理和修边。为总结上述施工经验，推广其高效的施工工艺方法，提高施工功效、降低施工难度，特编制本典型施工方法。

2　本典型施工方法特点

(1) 履带式小型机械，不受山区地形限制，对交通条件要求较低。
(2) 采取钻孔方式处理岩石整体结构，不会对周边地质造成破坏。
(3) 中风化岩石基础，采用无爆破方式作业时，可有效压降施工风险。
(4) 形成半机械化施工作业，提高了施工工效。

3　适　用　范　围

本典型施工方法适用于山地、丘陵的岩石地质基础开挖施工。

4　工　艺　原　理

(1) 基础分坑作业时，将基坑进行精准放样，在基坑四周及中间部位做好钻孔标记，实现精确定位。
(2) 利用潜孔钻按照定位标记进行钻孔，依据设计深度调整钻进深度，在基坑内钻出梅花状孔洞。可利用磁力数显水平尺贴近钻杆，测量钻杆的垂直度。
(3) 利用岩石裂碎机放入钻好的孔内，将钻出梅花桩的坑内岩石进行破碎。
(4) 采用风镐进行人工清理碎石和完善基坑修边工作，以保证开挖尺寸满足设计要求。

5　施工工艺流程及操作要点

5.1　施工工艺流程
中风化岩石基础无爆破开挖施工工艺流程见图 1-6-1。
5.2　操作要点
5.2.1　施工准备
(1) 施工方案报审完成。
(2) 人员交底、培训已完成，特殊工种持证上岗。
(3) 测量、检测仪器仪表已通过检定。
(4) 机械、设备已检验合格，可无故障工作。
(5) 各种材料的试验、检验、试配已完成，并有合格报告。
(6) 安全、技术交底已进行，已熟悉设计图纸并已掌握施工方法及质量、工艺要求。
(7) 基坑开挖施工以前，线路复测工作已完成并与杆塔明细表及平断面图相符，塔基断面已复测完成并与杆塔配置表相符。

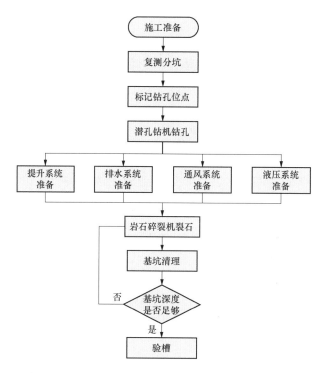

图 1-6-1　中风化岩石基础无爆破开挖施工工艺流程图

（8）施工安全注意事项。

1）通风检测。每日开工下空前，应检测孔内空气，当存在有毒、有害气体或氧含量不足时，应首先通风换气，对孔内送风 10min 以上，通风后再次检测，合格后方可下井作业。

当挖孔深度超过 5m 或孔内有沼气、CO 等有害气体时，应对孔内进行送风补氧。孔深超过 5m 时，用鼓风机向孔内送风不少于 5min，排除孔内浑浊空气；孔深超过 10m 或孔内有有害气体时，应连续送风，送风量不小于 25L/s。

2）安全防护。人员上下坑应使用软梯。在坑口或下坑作业应佩戴安全带，上下坑时采用速差自控器，软梯及速差自控器应可靠固定。人工挖孔过程中，对挖孔和机械提土应设专人监护，并密切配合，夜间停止施工时，孔口架设孔洞盖板并由专人看护。

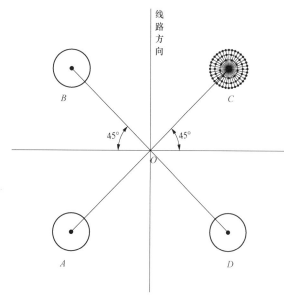

图 1-6-2　基础分坑示意图

5.2.2　复测分坑

5.2.2.1　分坑要点

（1）基础分坑应由配合合格有资格的测工担任，无证人员不得从事基础分坑作业。

（2）基础分坑前，应对各级技术人员进行分坑技术及分坑方法培训和交底，使施工技术人员熟练掌握基础分坑计算方法和检验方法。

5.2.2.2　基础分坑方法

基础分坑示意图见图 1-6-2。

图 1-6-2 中：O 为基础中心；A、B、C、D 分别为基础立柱中心；"·"为钻机找正桩。最后通过找正桩标记出钻孔桩。

5.2.2.3　分坑步骤

基础分坑步骤如下：

（1）将经纬仪置于基础中心桩 0 点上并调平，对准前后视校核杆塔的定位准确。

（2）确保铁塔基础中心桩定位符合规范要求后对准前后视将经纬仪旋转 45°，使用经纬仪利用角度法确定方向及高差、跟开距离，分别钉出基础顶面中心控制点 A、B、C、D。

（3）以 A、B、C、D 点为中心，分别以基坑半径、半径－30cm、半径－60cm 画出圆形标记，再将圆形按照 30cm 等距标记出钻机钻孔位置，插上准备好的木桩。（考虑到潜孔钻头钻孔直径 110～145mm，为了保证岩石碎裂效果最佳，分析后按 30cm 距离确定钻孔位置。）

（4）由于山区多为高低腿基础，地形相对复杂，施工时，宜采用角度法进行分坑，并进行校核。

5.2.2.4 注意事项

（1）基础分坑前应测量并校核铁塔基础塔基断面。

（2）分坑前应校核所在杆塔前后档档距及所在杆塔塔位中心桩的直线性或水平转角度数。

（3）分坑过程所使用的经纬仪精度不低于 2″，且经检验合格；钢尺应有出厂合格证。

（4）分坑完毕后，应立即校核其根开和对角线以及整基基础扭转，校核后数据超出要求应重新分坑。

（5）基础分坑完毕后，应妥善保护好基础中心桩。转角塔还应保护好位移桩和二等分线桩，以作为基础检查和验收的依据。

5.2.2.5 坑口放样

基坑按照 30cm 间距进行放样，将钻孔均匀分布在准备开挖的孔内。钻机钻孔布设示意图见图 1-6-3。

5.2.3 潜孔钻机钻孔

5.2.3.1 钻机选择

（1）液压潜孔钻机实图见图 1-6-4。

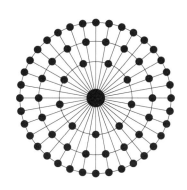

图 1-6-3 钻机钻孔布设示意图　　　　图 1-6-4 液压潜孔钻机实图

（2）CMX430 液压潜孔钻机性能见表 1-6-1。

表 1-6-1　　　　　　　　　　　CMX430 液压潜孔钻机性能

性能指标	参数	备注
钻孔直径（mm）	ϕ110～145	
钻孔深度（m）	30	
配套动力（kW）	70	
使用风压（MPa）	1.0～2.5	

性能指标	参数	备注
使用风量（m³/min）	10～20	孔径≤φ115mm 为 11.3m³/min 孔径≤φ140mm 为 13m³/min 孔径≤φ165mm 为 17m³/min

5.2.3.2 钻机作业

钻机就位时，要事先检查钻机的性能状态是否良好，保证钻机工作正常。通过预先设置的辅助桩准确确定钻头的位置，并保证钻机稳定，通过手动粗略调平以保证钻杆基本竖直后，即可利用自动控制系统调整钻杆保持竖直状态。

每次钻杆就位后，钻杆垂直度控制困难时，利用磁力数显水平尺贴近钻杆，通过正面和侧面两个方向测量钻杆的垂直度。

图 1-6-5 岩石碎裂机实图

钻机水平就位后，施工人员配合钻机操作手对准桩位开始钻进。当钻进深度达到一定深度时（钻进深度控制一个钻杆长度 3m）应停钻，提出钻头。安装一个钻杆加长节（3m/节），重复以上操作继续钻孔，直至钻到设计深度。

如此连续钻进施工，循环作业，直至基坑四周及中间钻出梅花桩，形成满足岩石碎裂机裂石的孔位。

5.2.4 岩石碎裂机裂石

（1）岩石碎裂机实图见图 1-6-5。

（2）岩石碎裂机性能参数见表 1-6-2。

表 1-6-2　　　　　　　　　　岩石碎裂机性能参数

名称	型号/参数	备注
柴油劈裂机	PD-140	
劈裂棒	PLY-110	
劈裂直径	110mm	
有效长度	900～1000mm	
额定工作压力	60MPa	
分裂力	16500kN	
分裂距离	10～15mm	
机重	≤30kg	

（3）压裂施工操作步骤。潜孔钻机钻孔完毕后，残渣易落入孔内，岩石裂碎前，应先进行清空处理，每个孔位清理 1m 深，再利用岩石裂碎机深入钻好的孔内，将钻出梅花桩的坑内岩石进行胀裂。

碎裂过程中，为使岩石破碎达到最佳效果，尽量根据液压顶的长度控制胀裂深度，一般控制在 0.8～1m 左右。岩石碎裂示意图见图 1-6-6，液压劈裂棒工作图见图 1-6-7。

若孔位被开挖的残渣封堵，可以利用潜孔钻的高压风管将残渣吹出后再使用岩石碎裂机进行碎裂施工。

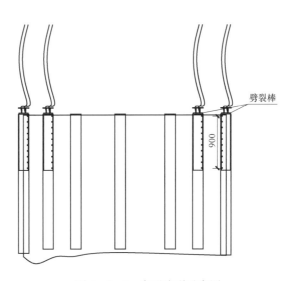

图 1-6-6　岩石碎裂示意图

5.2.5　基坑清理

岩石碎裂后，施工人员利用风镐进行再次切割和清理，并按照设计尺寸进行基坑修边，见图 1-6-8。

图 1-6-7　液压劈裂棒工作图

图 1-6-8　钻孔碎裂后岩石

（1）土石方提升采用深基坑一体化装置见图 1-6-9。

（2）安装各部件，包括电葫芦支架、控制仪表箱、风机、送风软管和气体检测仪等可靠安装。

（3）供电线及接地线的安装。总电源、电葫芦、气体检测仪、风机的供电均配有专用接插件，按仪表箱面板上的标识接入对应插口即可，电葫芦、仪表箱、支架需可靠接地，设备上均有接地标识。

（4）使用电动提土机时，机座要站立稳固，起吊时应垂直提升，保持平稳匀速，提土斗严格控制提土量，不得高于提土斗上沿。

图 1-6-9　深基坑一体化装置

（5）土方开挖宜从上至下分层分段依次进行，按照开挖尺寸垂直向下进行基坑清理，边挖边修边。

（6）基坑开挖过程中，施工技术人员、测量人员应进行技术指导及质量检查，随时对基坑中心、开挖深度等进行检查。

（7）基础坑开挖完成后应按设计图纸要求进行基坑修整，确保基坑几何尺寸满足设计及施工要求。

6　人　员　组　织

岩石基础无爆破开挖施工人员配置见表1-6-3。

表1-6-3　　　　　　　　　现浇（大开挖）基础施工人员配置

序号	岗位	数量（人）	职责划分
1	工作负责人	1	负责施工组织、现场协调工器具准备等
2	安全监护	1	负责整个施工过程安全监护
3	技术员	1	负责现场技术、质量等
4	测工	1	负责现场所有测量工作
5	电工	1	负责现场临时用电的管理及维护
6	钻机操作工	1	负责钻机操作
7	普工	6	负责辅助钻机钻孔作业，基坑开挖
	总计	12	

7　材　料　与　设　备

现浇（大开挖）基础施工工器具配置见表1-6-4。

表1-6-4　　　　　　　　中风化岩石基础无爆破开挖施工主要工器具配置

序号	名称	单位	数量	备注
1	经纬仪	台	1	J2
2	液压潜孔钻机	台	1	CMX430
3	岩石碎裂机	台	1	PD-140
4	深基坑一体化装置	套	2	
5	发电机	台	1	
6	空压机	台	1	
7	磁力数显尺	把	1	
8	手推车	辆	2	

8　质　量　控　制

8.1　质量标准

GB 50233—2014　110kV～750kV架空输电线路施工及验收规范

DL/T 5168—2016　110kV～750kV架空输电线路施工质量检验及评定规程

Q/GDW 10225—2018　±800kV架空送电线路施工及验收规范

Q/GDW 1226—2014　±800kV架空送电线路施工质量检验及评定规程

Q/GDW 1153—2012　1000kV架空输电线路施工及验收规范

Q/GDW 10163—2017　1000kV架空输电线路施工质量检验及评定规程

Q/GDW 11749—2017　±1100kV特高压直流输电线路施工及验收规范

8.2　质量要求

（1）基坑质量要求。基础坑深（mm）：+100，-50。

（2）质量检验。

1）基础施工前应进行技术质量交底，明确质量、技术要求及施工方法。

2）基础分坑前，应校核塔基断面是否与设计相符，校核直线基础的直线性及前后相邻档距，转角塔应校核其水平转角度数及前后档距。不等高基础在分坑完毕后，必须由另外1名测工进行检验。

3）基坑开挖应保留塔位中心桩，作为校验立柱顶高、基础埋深的依据，若不能保留，应将塔位中心桩引出。

4）基坑开挖过程中应核实地质与《地质勘测报告书》中描述的地质情况是否一致，若不一致，应及时通知设计单位。

5）基坑清理应清理完毕后，应测量底板断面尺寸及坑深等技术数据，并做好记录。

6）基础坑深在允许范围内按最深一坑操平，超出误差部分必须按规范要求处理。

9 安 全 措 施

9.1 安全标准

DL 5009.2—2013 电力建设安全工作规程 第2部分：电力线路

Q/GDW 11957.2—2020 国家电网有限公司电力建设安全工作规程 第2部分：线路

9.2 安全措施

（1）现场应设立专职安全员，负责现场安全监督。

（2）钻机应每日检查油压和气压，应有可靠牢固接地。

（3）坑深超过1.5m时，坑下作业人员应使用爬梯上下。

（4）基础坑口边缘1m以内不得堆土，不得堆放材料和工具，并在基础周围陡坡面设警戒线，防止人员坠入坑内。

（5）基坑开挖，坑口应设围栏、醒目警告标志，下班前应将洞口用盖板盖好。

（6）发电机接线应有专人负责，配有电源箱及剩余电流动作保护装置，防止漏电伤人。发电机应设安全围栏，设醒目警告标志，严禁非操作人员入内。

（7）施工现场应配备有急救箱，并配置相应的急救药品。

（8）岩石碎裂机使用前，应检查液压仪表及液压管密闭完好，施工前进行试运行检查，保证液压系统正常。

10 环 水 保 措 施

（1）施工现场距离居民点较近时避免夜间施工，杜绝在夜间噪声对周边居民的影响，最大限度地减少噪声扰民。

（2）施工场地满足施工要求即可，尽量减少施工临时占地。

11 效 益 分 析

本典型施工方法利用潜孔钻机一次性钻到设计深度，使岩石出现孔洞，再通过液压岩石碎裂机将孔内岩石胀裂，最后用风镐进行人工清理和修边的施工方法。

本典型施工方法主要针对山区中风化岩石基础开挖施工大型旋挖机械难以运输到位，且基坑开挖无法采用爆破施工方法，水磨钻施工功效太低等实际问题开展的新技术、新方法，解决了基础开挖困难的实际问题，同时提高了施工功效。

中风化岩石开挖功效对比见表1-6-5。

表1-6-5 中风化岩石基础无爆破开挖施工主要工器具配置

开挖方式	机械开挖	利用潜孔钻机钻孔碎裂开挖	爆破开挖	水磨钻开挖
安全风险	低	低	高	低
施工功效	0.2~0.3m/d	0.7~0.8m/d	1m/d	0.4~0.5m/d
施工成本	高	较低	较高	较低
交通要求	高	一般	低	较低

12 应 用 实 例

该工法已应用于1000kV驻马店—武汉特高压交流工程6标段施工现场，基础施工时间2022年3~11月。全段长度为48.594km，铁塔88基，沿线海拔范围55~300m。山地29.644km，占61.0%；丘陵16.960km，占34.9%；平地1.990km，占4.1%。该标段共88基基础，其中3基基础采用此工法施工，平均每基基础用时12天，混凝土量共计550m³。现场施工进一步验证了该工法安全性和高效，将在后续工程中继续推广应用。

第二篇　特高压工程组塔典型施工方法

　　本章主要总结编写了特高压线路工程常用的落地双摇臂抱杆组塔、落地双平臂抱杆组塔，以及流动式起重机组塔、内悬浮外拉线抱杆组塔等典型施工方法。结合《国网特高压部关于印发特高压及直流线路组塔典型施工方法适用条件及实施推荐意见的通知》（特线路〔2020〕26号文），进一步明确了内悬浮抱杆组塔的适用范围以及使用条件，补充了特高压线路工程超长横担、超重塔头吊装所采用的人字辅助抱杆的使用方法。

典型施工方法名称：落地双摇臂抱杆组塔典型施工方法

典型施工方法编号：TGYGF001‐2022‐SD‐XL007

编 制 单 位：国网特高压公司

主 要 完 成 人：宗海迴 刘建楠

目　次

1 前　　言

落地双摇臂抱杆组塔是使用底部坐落于铁塔中心、顶部高于待组立铁塔，带有两个摇臂的落地抱杆组立铁塔的施工方式。一般通过倒装提升接长或液压顶升的方法实现抱杆的升高、内拉线及腰环来保障抱杆的稳定，再通过动力系统和变幅钢丝绳实现摇臂的调幅、回转机构实现摇臂的旋转、摇臂端部的滑车组、吊钩和机动绞磨进行吊装作业。

2　本典型施工方法特点

（1）抱杆坐根于地面，通过腰环及内拉线与已组立塔身联成一体，安全稳定性好。

（2）双摇臂通过回转机构可绕抱杆轴线旋转，重物在任何方向均可吊装，作业半径大、覆盖面广。

（3）双摇臂两侧同步吊装，提高了组塔效率。

（4）双摇臂可带负载调幅，就位方便、提高了安装效率，且避免了塔片在起吊过程中与已组立塔材的碰撞，提高了组塔质量。

（5）采用内拉线，避免了使用外拉线导致事故多发的可能，避免了拉线通道的青赔及地锚占地，利于环境保护，尤其适用无法采用外拉线的塔位。

3　适　用　范　围

本典型施工方法适用于所有塔形和环境，尤其适用于走廊紧凑、河网、山区等外拉线设置困难的铁塔组立，目前已经成为特高压工程组塔的主流施工方式。特高压工程常用落地双摇臂抱杆按照截面划分有□800～□1000mm 等多种规格，主要根据塔材单件、单片的质量，铁塔根开、窗口尺寸及吊装高度选用。

4　工　艺　原　理

落地双摇臂抱杆是本施工方法的核心装备，针对输电铁塔具有空心结构以及塔件对塔身轴心对称布置的特点，将抱杆座立于铁塔中心地面，抱杆设计为双臂形式。以 ZB‐2YD‐50/16/800（厂内代号：T2D80）为例，其参数及结构见图 2‐1‐1 和表 2‐1‐1、表 2‐1‐2。

表 2‐1‐1　　　　　　　　　　　ZB‐2YD‐50/16/800 双摇臂落地抱杆参数

参数	数值
额定起重力矩（t・m）	80
最大不平衡吊重（t・m）	25.2
工作时安全系数	≥3.0
最大独立高度（m）	18（拉线状态下）
最大使用塔身高度（m）	150
最大吊装高度（m）	166（大臂 87°时）
水平转动最大角（°）	110
最大起重量（t） （钩下质量）	2×5（对应幅度 1.8～16m）
拉线对地夹角（°）	≤65
标准节截面尺寸（mm）	800×800（外廓尺寸）

续表

参数	数值	
工作幅度（m）	最小幅度	1.8
	最大幅度	16
起升系统	用户自备	
	起升倍率	4
	钢丝绳直径及规格	φ13mm
变幅系统	用户自备	
	变幅倍率	6
	钢丝绳直径及规格	φ13mm
回转机构	人力回转	
顶升机构	顶升速度（m/min）	≥0.5
	柴油机提供动力	
允许最大风速（m/s）（离地10m高处）	安装状态离地10m高处	8
	工作状态离地10m高处	10.8
	非工作状态离地10m高处	28.4
双臂收拢后，抱杆头部外廓尺寸（mm）	2494	

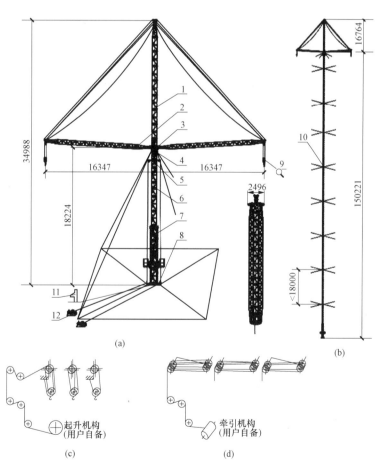

图 2-1-1　ZB-2YD-50/16/800型落地双摇臂抱杆构造及组成

（a）构造；（b）150m设计使用高度示意图；（c）起升钢丝绳穿线示意图；（d）变幅钢丝绳穿线示意图

1—桅杆；2—摇臂；3—回转节上支座；4—回转节下支座；5—过渡节；6—抱杆塔身；7—抱杆套架；8—底座基础；9—吊钩；10—腰环；11—底座拉线；12—绞磨

表 2 - 1 - 2 　　　　　　　　　　ZB - 2YD - 50/16/800 型落地双摇臂抱杆构造参数

序号	名称	规格（mm）	数量	参考质量（kg）		备注
				单件	小计	
1	桅杆	□800×16868	1	2543	2543	
2	摇臂	600×600×16007	2	1115	2230	
3	上支座	2058×1640×1369	1	532	532	
4	下支座	1024×1024×478.5	1	250	250	
5	过渡节	1872×800×2000	1	410	410	
6	抱杆塔身	800×800×147301	1	16480	16480	
7	抱杆套架	3193×2156×6055	1	2223	2223	
8	底架基础	2520×3200×970	1	952	952	
9	吊钩	3000×1100×420	2	664	1328	
10	腰环	1428×1428×270	8	164	1312	

施工时先使用吊车或其他辅助起重设备在铁塔中心地面处，将双摇臂座地抱杆安装到初始状态，使其具备自升、自降功能。用吊车或抱杆吊装铁塔塔腿及第一段塔身后，抱杆通过自身的液压下顶升系统，将杆身顶升到合适的高度，在抱杆和铁塔之间安装第一道附着稳定杆身。使用抱杆双钩继续一段段地从下往上，分段吊装铁塔塔身。抱杆高度随铁塔塔段的组立而递增，杆身上每隔一段高度就须增加一道附着系统实现杆身稳定。铁塔塔身最高平口封口后，使用抱杆从下往上依次吊装铁塔横担。

横担吊装完成后即可收拢抱杆双臂，将抱杆从塔内一直自降到初始状态，最后将抱杆分解拆除。

5　施工工艺流程及操作要点

5.1　施工工艺流程

本典型施工方法中各种规格抱杆的施工工艺基本一致，其中 T2D80 落地双摇臂抱杆使用覆盖面广，流程图见图 2 - 1 - 2。

5.2　操作要点

5.2.1　施工准备

（1）作业准备。

1）技术人员根据铁塔特点和现场情况，编写施工技术、安全措施、单基策划等文件，确定铁塔吊装方式和组立抱杆方式，配备相应的工器具。

2）施工前对全体施工人员进行交底，熟悉抱杆的参数、性能及工艺。

3）将中心桩标高点外移，对底座场地进行地基处理，满足抱杆底座安置大小、平整度、不下沉及排水顺畅等要求。

4）落地双摇臂抱杆分解组塔现场平面布置示意图见图 2 - 1 - 3，提升总地锚、动力地锚及其他辅助地锚设置应满足施工作业要求，与铁塔基础中心的距离不应小于塔全高的 1/2 且不应小于 40m。

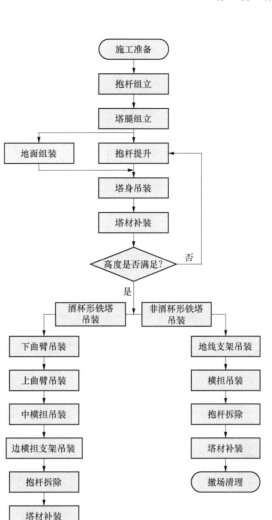

图 2-1-2　落地双摇臂内拉线分解组塔工法流程图

（2）施工注意事项。

1）抱杆使用时需做好接地措施。

2）抱杆底座需要保持平整、受力均匀、不下沉。

3）杆组装后整体弯曲率和倾斜率均不应超过 1‰，或满足抱杆说明书要求。

4）每次吊装前，都要按照要求进行例行检查，满足要求后方可施工。

5）起吊时应保证重物、摇臂、起吊牵引绳在同一平面内，起吊构件偏离抱杆轴线夹角不大于 5°，或满足抱杆说明书要求。

6）一般情况下要求严格按照两侧同时平衡吊装，单侧吊装时应满足抱杆说明书要求的不平衡能力要求。

7）起吊过程中要保持匀速，机动绞磨速度

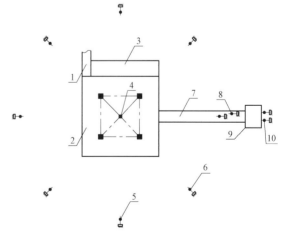

图 2-1-3　落地双摇臂抱杆分解组塔现场平面
布置示意图

1—进场道路；2—作业场地；3—材料和机具场地；4—抱杆基础；5—控制绳地锚；6—临时拉线地锚；7—牵引通道；8—提升地锚；9—机动绞磨平台；10—动力地锚

一般不超过 15m/min。

8）严禁超重、超范围起吊。

9）吊件悬空后才可以旋转摇臂。

10）吊装过程中应有专人监测抱杆垂直度情况。

11）吊装必须连续作业，抱杆不得带负荷过夜或调整拉线。

12）过夜、不施工或大风天气时，应收起吊钩并锁定尾绳，将摇臂放平呈自然可旋转状态，风力会使其呈最小风压状态。风力达到八级或八级以上，应降低塔身的悬臂高度（即最高一道腰环以上的安装高度），并在回转座处打设内拉线。若抱杆说明书有特殊要求，则按照说明书执行。

5.2.2　抱杆组立

本抱杆首次吊装高度部分的组立。一般流程为：底座场地平整→安装底架基础（拉线设置）→吊装套架结构高度（油缸、顶升机构组件、顶升承台和上下走台系、吊杆组件）→设置套架拉线→吊装桅杆结构和桅杆节→上、下支座回转轴承（下支座拉线设置）→安装至初始高度。

图 2-1-4　液压提升架提升抱杆

根据现场交通及操作面大小，可采用液压提升架、吊车、人字抱杆，独抱杆或绞磨式提升架等方式组立抱杆的首次吊装高度部分，具体如下。

（1）液压提升架组立。液压提升架有多种规格，部分早期落地双摇臂抱杆的桅杆及旋转节不能通过提升架，需要将抱杆扳立后，再安装提升架，从旋转节以下约 2 段起开始提升。近年来改进型桅杆为与标准节相同的正方形，旋转节及转线节凸出部分为可拆卸式，可以实现从 0m 起的提升，液压提升原理基本相同，见图 2-1-4。下面以 0m 起的提升为例进行讲解。

1）平整中心位置安装提升架底座并找平。

2）拼装提升架架体，完成锁根和拉线。

3）按照抱杆次序，从桅杆上部开始，逐节推入提升架，液压顶升后加入下一段，安装并紧固连接螺栓后，再次顶升。

4）当旋转节高出提升架顶部后，通过桅杆顶部的临时拉线控制抱杆的竖直状态，用桅杆顶部吊装两侧摇臂，安装调幅、起吊滑车组和吊钩。

5）继续提升到自由段高度，调整拉线使抱杆处于竖直状态后固定。

6）放平摇臂，松出吊钩，调整状态后固定备用。

（2）吊车组立。吊车可以到达的塔位，可采用吊车组立抱杆的首吊高度部分。

1）一般利用吊车组立铁塔到一定高度，再利用吊车将抱杆自由段及以上部分在铁塔中心组立。

2）可采取桅杆以下、桅杆和摇臂分段吊装，全长不带摇臂和摇臂分次吊装，全长带摇臂整体吊装三种方式。

3）抱杆竖直后调整根部位置并锁根，安装并调整拉线使抱杆处于竖直状态后固定。

4）采用摇臂分次吊装方式的，可用桅杆调幅滑车组同时或分别吊装两侧摇臂，再安装起吊滑车组和吊钩。

5）放平摇臂，松出吊钩，调整状态后固定备用。

（3）人字抱杆扳立。场地开阔的塔位，也可以采用人字抱杆扳立抱杆的首吊高度部分。中心桩位置安置抱杆底座。

双摇臂抱杆在地面组装成整体，从上往下包括桅杆、双摇臂（含吊钩）、回转节、转线节、自由段长度的加强节、滑车组及拉线等，并收拢捆绑。如□900mm 抱杆此时总长 29.7m，质量 7.95t。

采用□350mm×16m 人字抱杆整体扳立抱杆，16m 人字抱杆整体扳立双摇臂抱杆示意图见图 2-1-5。

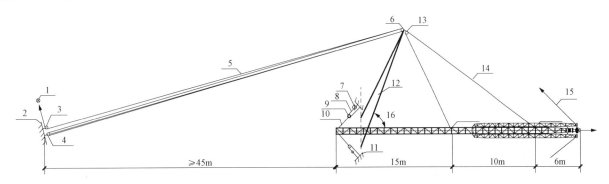

图 2-1-5　16m 人字抱杆整体扳立双摇臂抱杆示意图

1—绞磨；2—地锚；3—转向滑车；4—滑车组；5—钢丝绳；6—滑车组；7—链条葫芦；8—钢丝绳；9—单轮滑车；10—钢丝绳；
11—地锚；12—□350mm×16m 人字抱杆；13—单轮滑车；14—ϕ19.5mm 钢丝绳；15—ϕ19.5 钢丝绳；16—对地夹角 65°

1）抱杆起立布置时应使总牵引地锚、人字抱杆中心、反向拉线地锚和抱杆中心线保持在同一直线上。

2）抱杆头部离地 0.5m 左右停止牵引，检查可靠后再继续起立。

3）控制抱杆起立到 55°～65°内失效脱帽，用棕绳将小抱杆松落地面并搬离。

4）扳立过程中控制好四侧拉线，配合松出。

5）抱杆竖直后调整根部位置并锁根，调整拉线使抱杆处于竖直状态后固定。

6）可以不带摇臂扳立，抱杆调整到位后，再利用桅杆顶部吊装摇臂，再安装起吊滑车组和吊钩。

7）放平摇臂，松出吊钩，调整状态后固定备用。

（4）抱杆倒装分解组立。场地狭小，吊车不能到达的塔位，可以采用独抱杆吊立抱杆的首吊高度部分。

1）在中心桩位置安置抱杆底座。

2）扳立□500mm×18m 独抱杆，根部紧靠中心桩。

3）双摇臂抱杆在地面组装成整体（不带双摇臂），抱杆中部靠近中心桩。

4）用独抱杆整体吊立抱杆自由段及以上部分，□900mm 抱杆长度为 29.7m，吊点安装在整体重心上方。

5）抱杆竖直后调整根部位置并锁根，边收紧拉线边放松吊钩，调整拉线使抱杆处于竖直状态后固定。

6）用桅杆调幅滑车组同时或分别吊装两侧摇臂。

7）安装起吊滑车组和吊钩。

8）放平摇臂，松出吊钩，调整状态后固定备用。

（5）绞磨提升架组立。绞磨提升架有两种：一种是仅为起立抱杆设计，自重小，设计起吊质量不大于 5t，满足 30m 左右抱杆组立使用；另一种是按照抱杆全高提升设置，提升架起重能力不低于 30t，自重较大。

1）在中心桩位置设置提升架底座。

2）按照图纸拼装提升架。

3）提升架组立完成后，按照抱杆次序，从桅杆上部开始，逐节推入提升架顶升。

4）连接绞磨、钢丝绳、转向滑车、提升滑车组和提升钩，抱杆的升高采用倒装提升接长的方法，每次提升高度为一段标准节高度。

5）当旋转节高出提升架顶后，通过桅杆顶部的临时拉线控制抱杆的竖直状态，用桅杆吊装摇臂支撑轴和摇臂，安装调幅滑车组和起吊滑车组。

6）继续提升到自由段高度后，调整拉线使抱杆处于竖直状态后固定。

7）如果是采用仅用于起立抱杆的提升架，此时需要拆除，并调整抱杆底座的平整，采用锁根固定。

8）放平摇臂，松出吊钩，调整状态后固定备用。

5.2.3　塔腿组立

（1）抱杆起立后，随即做好接地防雷措施，一般将抱杆底座接地线与铁塔基础的接地网相连。

（2）对抱杆系统的状态及工器具使用状况全面检查，满足要求后进行空载旋转调幅等运转，正常后进行试吊。

（3）起吊塔脚：旋转摇臂并调幅，使吊钩到吊件的上方，同时起吊两对侧塔腿，就位后及时拧紧地脚螺帽并做好防盗措施。

（4）检查两侧吊件质量是否相同，起吊时两侧塔片同步离地、同步提升、同步就位，减少抱杆承受的不平衡力矩。

（5）两侧吊件离地约 10cm 时，暂停牵引，检查抱杆姿态和起吊系统是否正常，确定无误后继续起吊。

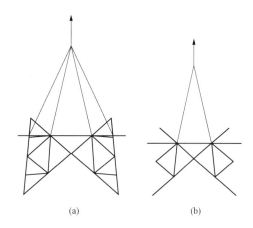

图 2-1-6　塔片吊装补强示意图

（a）有主材塔片补强示意图；

（b）无主材塔片补强示意图

（6）塔腿腿部主材采用单根吊装，塔腿主材拉线。腿部吊装完成后，45°对角方向安装临时拉线，便于调整主材倾斜度。

（7）水平材、交叉材、塔身塔片吊装：根据结构和尺寸可采用两点或多点起吊，并采取相应的补强措施。采用"V"形吊点时，应由 2 根等长的钢丝绳通过卸扣连接，两吊点绳间的夹角不得大于 120°。塔片吊装补强示意图见图 2-1-6。

（8）如果抱杆高度满足要求，则继续吊装上一段塔身。根据起吊方案中明确的散吊、片吊、整吊长度和质量情况进行施工。

（9）吊装高度内铁塔组立完成后，紧固螺栓，按方案设置腰环，腰环间距应满足抱杆设计要求，且上道腰环要位于已组塔体上端的节点附近。

5.2.4　抱杆提升

抱杆的提升主要有提升架提升有液压提升架和滑车组提升架两种方式，除动力系统外其他原理基本相同。

（1）完成抱杆有效高度的塔身组立，并将 4 侧辅助材（斜材、水平材等）全部补装齐全并紧固螺栓后，再提升抱杆。

（2）抱杆首次提升时，不少于两道腰环，且腰环间距不小于8m，以后每隔不超过12m增设一道腰环，且最上道腰环必须位于已组塔身的最上端。

（3）抱杆的升高采用倒装提升接长的方法，每次提升一段标准节高度，然后在提升架下方推入标准节，连接螺栓并紧固，紧固力矩应符合抱杆使用要求。

（4）将拉线挂在已组立塔身最上一层水平材与主材节点处。以后每次提升抱杆前将原拉线系统移至已组装好的塔段上。

（5）抱杆提升速度要均匀。抱杆提升前，抱杆拉线应已放松，并由专人控制，配合抱杆上升时均匀松出。应设专人随时用铅垂线或经纬仪，观察抱杆在横、顺线路方向的倾斜情况，指挥内拉线控制人员调整拉线，使抱杆的倾斜控制在设计允许范围内。

（6）抱杆提升后伸出最上一道腰环的高度，以满足一次吊装的高度为限，伸出的最大高度不得超过抱杆自由段允许高度。

（7）顶升抱杆时，不得将起吊索具钩挂在塔片及其他部件上，应将其自由放松。

（8）抱杆提升高度满足要求后，调直并固定各级腰环及拉线，自检合格后备用。

5.2.5　塔身吊装

（1）吊件应按抱杆中心对称布置，吊件偏角不宜超过5°，平面布置示意图见图2-1-7。

（2）根据使用的抱杆的额定载荷控制吊件质量，吊件可以是单件、单片、单面等形式，吊点可采用单吊点、双吊点、多吊点等形式。根据结构特点，必要时需要采用钢丝绳、双钩、补强木进行补强，防止变形。

（3）旋转摇臂并调幅，使吊钩在吊件的正上方，起吊时构件偏离铅垂线不应大于各抱杆说明书的规定，一般不大于5°。摇臂旋转分为人力旋转与电动旋转两种。

（4）起吊前，检查抱杆垂直度、拉线、腰环等，确保抱杆状态符合要求。

（5）两侧平衡吊装，吊件同步离地、同步提升。

（6）构件离地10cm后暂停牵引，全面检查无异常后继续起吊。

（7）构件离地后才能旋转。

（8）吊装过程中监测杆顶偏移情况，不得超过抱杆设计值。

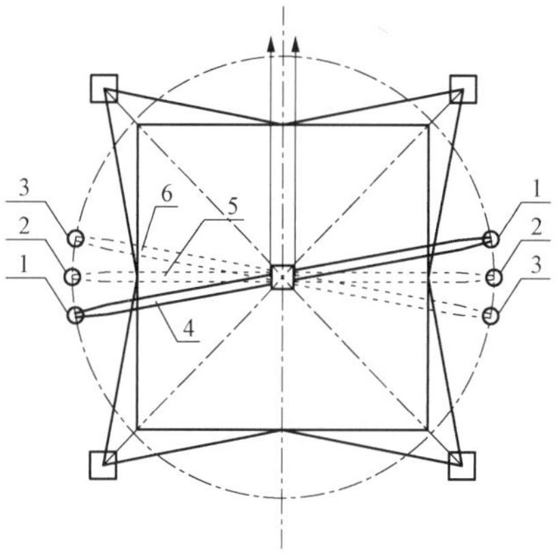

图2-1-7　吊件平面布置示意图
1—吊件位置1；2—吊件位置2；
3—吊件位置3；4—对应吊件1摇臂位置；
5—对应吊件2摇臂位置；
6—对应吊件3摇臂位置

（9）用起吊滑车组调整塔片就位，用调幅滑车组微调时应保证两侧幅度一致，不得用压控制绳的方法。

（10）吊片同步就位，过程中各部人员应相互配合，听从指挥，严禁强拉。

（11）抱杆有效高度内的塔身组立完成后，立即补齐塔材，紧固螺栓。

（12）提升抱杆，经自验合格后组立下一段，直至完成塔身段吊装。

5.2.6　"酒杯形"铁塔吊装

（1）交流特高压单回路线路大多数采用猫头形、酒杯形铁塔，曲臂以上部分铁塔前后变窄，内拉线水平投影夹角变大，抱杆工作状态变差，允许吊重减小。其中酒杯形铁塔因其横担长度大，质量大，是吊装中的难点和重点。

（2）吊装下曲臂：塔身吊装完成后提升抱杆，准备吊装下曲臂。根据抱杆限载及曲臂结构，采用上下分段，再前后分片吊装，见图2-1-8。

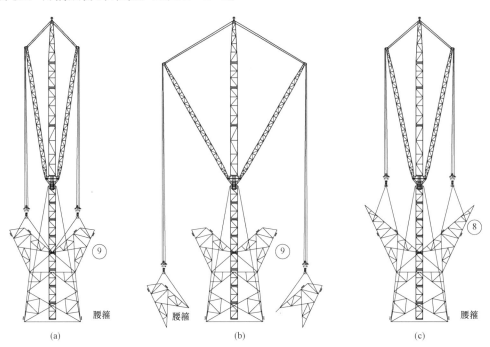

图2-1-8 下曲臂吊装示意图

（a）下曲臂9段第1分段吊装；（b）下曲臂9段第2分段吊装；（c）下曲臂8段吊装

（3）吊装上曲臂：下曲臂吊装完成后，提升抱杆，准备吊装上曲臂，上曲臂一般采用整体吊装，或前后分片吊装，见图2-1-9。

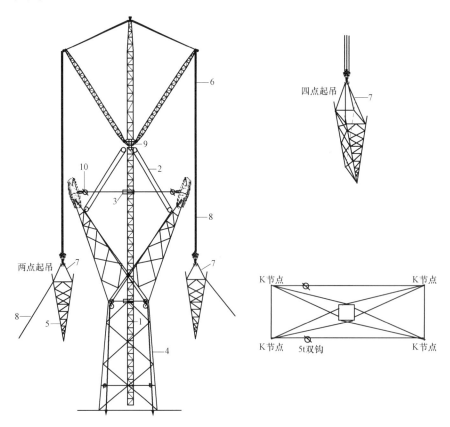

图2-1-9 上曲臂吊装示意图

1—抱杆塔身；2—下支座拉线；3—腰环；4—塔身；5—吊件；6—起吊系统；7—吊点绳；8—控制绳；9—回转机构；10—腰环拉线

（4）吊装中横担：内侧横担较重的，可左、中、右分段，并前、后分片。吊装中横担吊装前，应在左右两上曲臂上口处安装好腰箍，抱杆内拉线安装于左右曲臂的 K 节点处，同时在横线路左右侧方向安装钢丝绳落地拉线，防止曲臂内倾。横担吊装示意图见图 2-1-10。

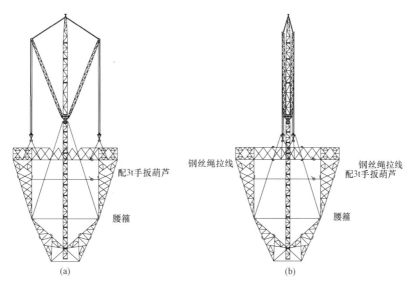

图 2-1-10　横担吊装示意图

（a）中横担左右分段吊装；（b）中横担中分段吊装

（5）人字抱杆辅助吊装横担：横担长度大于 30m，外侧构件超过摇臂垂直吊装范围时，需采用 □350mm×16m 人字抱杆辅助吊装，按照人字抱杆额定载荷能力分段拼装。一般采用左右各 1 套人字抱杆同步吊装，也可采用 1 套人字抱杆两侧分先后吊装。地面拼装人字抱杆时预装好滑车组及拉线，落地双摇臂抱杆摇臂水平展开后平衡起吊，见图 2-1-11。人字抱杆底部超过横担上平面高度后，旋转摇臂到横担正上方，将人字抱杆底座与曲臂上方的临时支座或专用施工孔连接。放松牵引绳，使人字抱杆向外倾斜，安装临时拉线，调整好起吊滑车组及人字抱杆状态，放松摇臂头部滑车组。临时拉线可打设在另一侧横担上平面，也可打设在抱杆旋转节下方的专用施工孔上，人字抱杆的水平线夹角应≥45°。

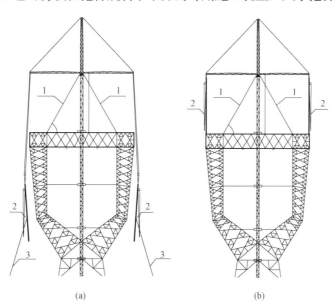

图 2-1-11　抱杆摇臂吊装人字抱杆示意图

（a）人字抱杆吊装；（b）人字抱杆安装

1—内拉线；2—人字抱杆及起吊滑车组；3—控制绳

（6）外横担吊装：使用人字抱杆整吊外侧横担，见图 2-1-12。若超重可前后分片，空中合拢。

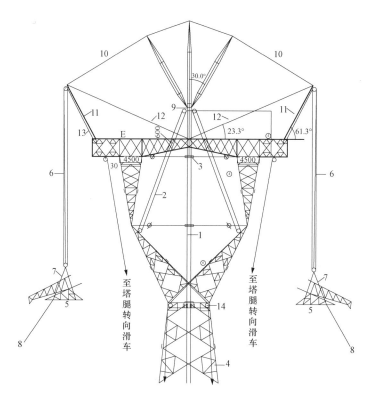

图 2-1-12 外横担吊装示意图

1—抱杆；2—内拉线滑车组；3—腰环；4—塔身；5—吊件；6—起吊滑车组；7—吊点绳；8—控制绳；9—牵引绳；
10—起吊补强滑车组；11—人字抱杆；12—反向人字平衡拉线；13—辅助抱杆防倾覆拉线；14—转向滑车

（7）吊装地线支架：使用人字抱杆吊装地线支架，见图 2-1-13（a）。

（8）吊装边横担：补齐地线支架螺栓后，利用地线支架转向吊装边横担，见图 2-1-13（b）。

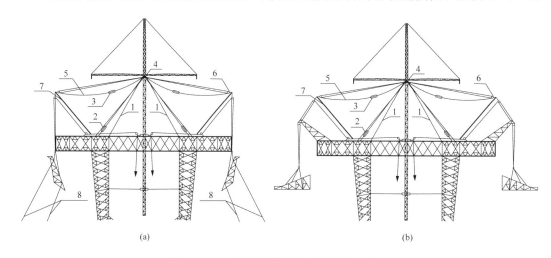

图 2-1-13 吊装地线支架和边横担示意图

（a）吊装地线支架；（b）吊装边横担

1—内拉线；2—反向拉线；3—6t 手扳葫芦；4—转向滑车；5—保险钢丝绳；6—滑车；7—人字抱杆；8—上下控制绳

（9）如果横担长度较长，需要人字抱杆多次外移的情况时，可使用第三套人字抱杆交替使用更为合理。

5.2.7 "非酒杯形"铁塔吊装

（1）对于特高压交流 1000kV 双回路钢管塔、单回路干字形转角塔以及直流工程铁塔，不涉及酒杯塔窗口，施工方法较为简单。

（2）横担吊装次序可以从下往上，也可以从上往下。

（3）抱杆高出塔顶高度需满足吊装需要，需要使用人字抱杆时，需要满足人字抱杆吊装及就位高度要求。

（4）根据抱杆额定载荷能力对横担组装，可采用整体、分段、上下分片、前后分片等组装方式。

（5）横担应采用四吊点吊装，通过 2 个 V 字连接至吊钩。吊点绑扎应牢固，吊点 V 字钢丝绳夹角在 90°~120°范围，在不影响抱杆起吊和就位前提下，吊点钢丝绳应尽量长些。

（6）横担整体吊装情况：地线支架＋横担塔身段的质量小于允许起吊质量时，采用整体起吊，见图 2-1-14。

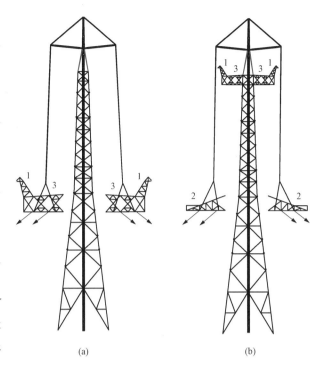

图 2-1-14 横担整体吊装示意图

（a）内横担及地线支架整体吊装；（b）外横担吊装

1—地线支架；2—外横担；3—内横担

（7）横担分段吊装情况：当地线支架＋横担塔身段的质量已经超过允许起吊重量时，按照每次吊重不超重的原则，采用分段整体起吊的方式，见图 2-1-15。

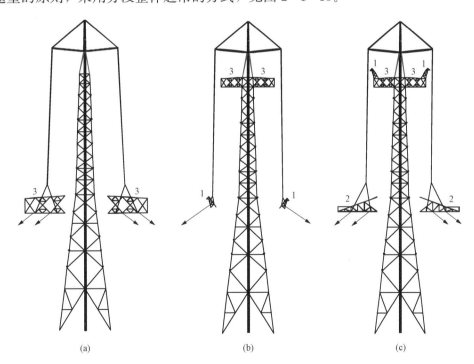

图 2-1-15 横担分段吊装示意图

（a）内横担吊装；（b）地线支架吊装；（c）外横担吊装

1—地线支架；2—外横担；3—内横担

（8）横担分片吊装情况：当分段单段质量无法通过拆卸小料控制整段质量在额定吊重以内时，主材可分段，并前后分片方式吊装，可通过手扳葫芦辅助就位。

（9）人字抱杆辅助吊装横担情况：部分超长横担，如横担外侧分段吊点位置距离塔中心超过15m时，需使用□350mm×16m人字抱杆辅助吊装，吊装方法与"酒杯形"铁塔部分人字抱杆使用方法相同。

5.2.8 抱杆拆除

（1）采用已组立铁塔塔身拆除。

1）吊装完成后，用摇臂拆除人字抱杆（如有）。

2）将摇臂收拢紧靠并固定在桅杆上，放松内拉线。

3）抱杆逐节拆除。用塔身滑车组系统提升抱杆受力，在待拆下段与上段抱杆对接处都应用钢丝绳加以固定。操作人员拆除抱杆对接处螺栓，要留一只脱帽螺栓在孔内，操作人员离开后再行牵引，在抱杆下脱离抱杆上段后用白棕绳拉开，放平后再循环上述过程。

4）在抱杆回转机构节略高于塔顶面时停止牵引，分别拆除调幅滑车组、保险钢丝绳、起吊滑车组、拉线、摇臂等构件。

5）继续逐节拆除抱杆，过程中逐一拆除上部腰环，直至摇臂以下剩余两端腰环后，牵引绳移至抱杆上端和铁塔高处，再依次拆除摇臂、回转体、桅杆等。

6）拆除过程中需采取防止抱杆倾倒措施。

（2）液压提升架拆除。

1）整体下降抱杆前，应先拆除吊钩及起吊滑车组，将两侧摇臂及调幅滑车组收拢靠紧并固定在桅杆上。

2）拆除吊钩。拆除时应先收起吊钩，用钢丝绳将吊钩固定在摇臂端头，拆除起吊滑车组时需对钢丝绳加以控制，并利用钢丝绳将吊钩松落至地面。

3）铁塔上平口尺寸小，摇臂无法下降时，先利用桅杆顶部拆除摇臂，若摇臂可以下降，也可将抱杆降低至最低时再拆除。

4）拆除内拉线，利用液压提升架，逐段拆除腰环和抱杆节。

5）拆除过程中需采取防止抱杆倾倒措施。

5.2.9 撤场清理

（1）抱杆拆除后，将中轴线上抱杆位置的塔材补齐，并紧固螺栓。

（2）工器具撤离，清理现场。

6 人 员 组 织

根据工程量和作业条件合理安排施工人员，落地双摇臂抱杆组塔典型施工方法人员组织配备及岗位职责表见表2-1-3。

表2-1-3 　　　　　落地双摇臂抱杆组塔典型施工方法人员组织配备及岗位职责表

序号	岗位	人数	岗位职责
1	班长兼指挥	1	现场组织协调和指挥
2	安全员	1	检查现场安全环境布置、工器具检查、安全监护等
3	技术员兼质检员	1	技术准备、过程监督和控制
4	塔上高空负责人	1	配合班长塔上指挥

序号	岗位	人数	岗位职责
5	绞磨操作工	4	服从指挥，按规程操作，对机械进行保养和检查
6	登高工	≥8	塔上的安装作业
7	普工	≥8	地面组装及其他配合作业
8	液压操作工	1	提升架的液压操作（使用液压提升架时）
9	电工	1	电源安装调试及维护（电动旋转式抱杆时）
	合计	26	

作业人员应满足以下要求：

（1）施工人员应通过职业技能鉴定，并取得相应资质证书。

（2）施工人员应具备高压架空送电线路施工的基本知识，了解常规工器具使用方法及使用原理，熟悉有关规程及工法要求。

（3）登高作业人员应身体健康，无妨碍高空作业的疾病。

（4）施工人员应熟悉应急措施。

7　材料与设备

（1）以□800mm落地双摇臂抱杆组立特高压酒杯塔为例，主要工器具配置见表2-1-4。

表2-1-4　落地双摇臂抱杆组塔典型施工方法主要工器具配置表（□800mm落地双摇臂抱杆）

分类	名称	规格	单位	数量	说明
抱杆系统	抱杆	□800mm	副	1	长度根据需要配置
	摇臂	600mm×600mm×15m	副	2	
	抱杆底座	配套	副	1	
	桅杆帽	配套	副	1	前后侧有吊孔
	回转机构段	配套	副	1	带拉线盘
	滑车转向节	配套	副	1	
	钢丝绳套子	ϕ16mm	根	4	固定底座
	卸扣	3t	只	16	
	双钩	3t	把	4	固定底座
摇臂系统	防捻钢丝绳	ϕ13mm×250m	根	2	调幅滑车组用
	滑车组	三轮10t	副	2	调幅，抱杆自带
	钢丝绳	ϕ26mm×21m	根	2	保险钢丝绳
	卸扣	12t	只	4	保险钢丝绳用
起吊系统	防捻钢丝绳	ϕ13mm×600m	根	4	起吊滑车组用
	摇臂滑车组	两轮8t（走二走二滑车组）	副	2	抱杆自带
	桅杆滑车组	两轮8t（走二走二滑车组）	副	2	抱杆自带
	滑车	5t	只	12	提升、转向等
	滑车	3t	只	4	提升小件塔材用
	卸扣	8t	只	8	
	卸扣	5t	只	4	

分类	名称	规格	单位	数量	说明
起吊系统	卸扣	3t	只	16	
	机动绞磨	5t	台	4	牵引用
	钢丝绳	φ19mm×12、φ19mm×2、φ19mm×4、φ19mm×6m	根	各12	吊点用
	钢丝绳	φ16mm×12、φ16mm×2、φ16mm×4、φ16mm×6m	根	各12	吊点用
	手扳葫芦	3t	只	2	吊点用
腰环系统	腰环	□800mm	只	12	有普通型和防扭型
	钢绳套	φ13mm×4、φ13mm×6、φ13mm×8m	根	各48	与腰环配套
	卸扣	3t	只	240	
	手扳葫芦	3t	只	48	
塔身提升	钢丝绳	φ16mm×450m	根	1	
	滑车组	10t 单轮	副	8	
	滑车	5t	只	8	转向滑车
	卸扣	12t	只	16	
	钢丝套	φ16mm×2m	根	8	转向固定
	机动绞磨	5t	台	1	利用起吊系统设备
液压提升	液压提升架		套	1	
内拉线系统	钢丝绳	φ16mm×200m	根	各4	抱杆内拉线
	手扳葫芦	6t	只	4	
	滑车组	走一走一10t滑车组	副	4	
	滑车	5t	只	4	转向滑车
	钢丝套	φ16mm×1.5m	根	8	转向固定
	卸扣	8t	只	20	
人字抱杆系统	人字抱杆	350mm×350mm×16m	副	2	带头杆帽和底座
	滑车组	两轮8t	副	2	走二走二滑车组
	防捻钢丝绳	φ13mm×600m	根	4	起吊滑车组用

（2）现有落地双摇臂抱杆按照截面划分有□700~1000mm等多种规格，不同厂家产品性能不完全相同，现有抱杆主要技术参数见表2-1-5。

表2-1-5 现有抱杆主要技术参数表

序号	主杆截面（mm）	□1000	□900	□800	□750	□700
1	设计最大总高（m）	150	150	150	150	110
2	作业半径（m）	16（18）	15	14（16）	14	12
3	自由段最大允许高度（m）	32	20	16	14	14

序号	主杆截面（mm）	□1000	□900	□800	□750	□700
4	最大起吊重量（t）	7	5	5	4	3
5	腰环布置要求	腰环按不大于8～16m间距布置，中点和最上端两道腰环采用加强型				
6	不平衡力矩	各厂产品不相同，一般普通型≤额定起重量的10%，加强型≤额定起重量的25%				

8 质 量 措 施

（1）做好基础立柱、地脚螺栓和基面的保护措施，防止磨损。

（2）拉线及腰环在铁塔上的受力点应选择在节点附近，防止塔材变形。钢丝绳等工器具与塔材接触点应衬垫软物，防止塔材镀锌层磨损。

（3）地脚螺帽、垫片完整，双帽拧紧后需做好防盗处理。

（4）接地装置与铁塔连接良好。

（5）角钢面朝向、螺栓穿向、紧固扭矩、紧固率等符合要求。

（6）铁塔构件安装正确、完整。

9 安 全 措 施

（1）措施和单基策划必须符合现场实际情况。

（2）施工人员需熟悉本抱杆的使用方法和要点，经培训后上岗，做好自身保护措施，增强相互保护意识，严禁习惯性违章。

（3）严格按照本典型施工方法操作要点实施。

（4）施工作业统一指挥。

（5）抱杆连接螺栓使用后必须进行检查，如发现损伤、变形、滑牙、缺牙、锈蚀、螺纹磨损等现象，必须进行更换。

（6）高处作业人员应将到位的塔段或塔材及时安装，严禁浮搁在塔上。构件上的螺栓必须拧紧螺帽，严禁不装或只拧1～2丝。

（7）对于抱杆顶升、起伏、起吊等机构采用电动动力机构时，对电动装置要加强现场用电安全检查，做好接地措施。

10 环 水 保 措 施

（1）严格遵守国家和地方政府下发的有关环境保护的法律、法规，加强对施工燃油、工程材料、设备、生产生活垃圾的控制和治理，遵守防火及废弃物处理的有关规定。

（2）合理策划施工用地，尽量减少非必要的占地面积、现场开挖和青苗毁损。

（3）铁塔组立完工后，及时清理施工现场垃圾，回填施工坑洞，恢复施工现场环境原貌。

11 效 益 分 析

落地双摇臂抱杆分解组塔施工工艺，安全可靠，稳定性高。能有效减少高空作业量，降低安全事故风险和安全隐患，安全效益明显。平行临近高压线路、铁路、高速公路、航道等组塔施工时，因左右侧主要利用摇臂起吊，可避免或减少停电、停运时间。与悬浮抱杆组塔方法相比，使用工器具较多，增加了工器具运输和安装成本。

12 应 用 实 例

本典型施工方法已应用于白鹤滩—浙江±800kV 特高压直流输电工程鄂 2 标段组塔施工。该标段铁塔全高在 58.00～123.70m 范围，基础半根开在 5.36～13.25m 范围，铁塔单基最重为 193.35t（N3658），铁塔单基最高为 123.70m（N3658），全线铁塔总重 18275.30t，单基平均质量 105.60t。

典型施工方法名称：落地双平臂抱杆组塔典型施工方法

典型施工方法编号：TGYGF001 - 2022 - SD - XL008

编 制 单 位：国网特高压公司

主 要 完 成 人：宗海迥　何宣虎

目 次

1　前　　言

在 1000kV 淮南—上海特高压交流输电示范工程（皖电东送工程）建设过程中，开始逐渐推广使用安全性能强、自动化程度高的落地双平臂抱杆。

与建筑塔吊相比，双平臂落地抱杆的优点主要体现在可向上折叠收拢的双平臂。双臂平衡对称起吊，吊装工效高，解决了吊臂高空拆除的难题。与传统摇臂抱杆相比，双平臂落地抱杆的优点主要体现在变幅小车。小车与吊臂旋转系统配合，安装就位灵活准确，避免了强制性就位组装，克服了摇臂抱杆需要采用大负荷调臂滑轮组调整塔件位置的困难。

2　本典型施工方法特点

（1）施工工效高。抱杆具有可折叠收拢双水平吊臂，双臂互相平衡，双钩可独立作业也可对称起吊，吊装工效高。向上折叠收拢后的整个抱杆头部可以整体穿过铁塔平口实现自降，避免了双臂空中解体，减少了高空作业，也提高了抱杆自身的拆除工效。

（2）施工风险小。抱杆直接座地，通过液压下顶升系统实现抱杆的自升自降，操作简单。从地面引入/引出标准节，将传统升降抱杆的高空作业转化为地面作业。司机在地面操作抱杆，通过视频系统监控作业，降低了安全风险。

（3）节省施工成本。抱杆采用标准件装配式软附着，相对塔吊的刚性附着，具有安装简单，加工成本低，重复利用率高等优点。

（4）施工设备可靠性高。抱杆设置了起重量、幅度、起重力矩、力矩差、起升高度、回转角度等限制/指示器、各种缓冲器、防断绳断轴装置、风速仪、航空灯、避雷针和接地线等安全保护装置。抱杆的载荷安全系统具有数据显示、报警、控制、保护等功能，能自动保护，防止超载。

3　适　用　范　围

本典型施工方法特别适用于塔位交通条件相对较好、邻近带电体及重要地表附着物等不适宜设置落地外拉线的高塔组立施工。

4　工　艺　原　理

落地双平臂抱杆是本施工方法的核心装备，针对输电铁塔具有空心结构及塔件对塔身轴心对称布置的特点，将抱杆座立于铁塔中心地面，抱杆设计为双臂形式。在规定的不平衡力矩差范围内，双钩可平衡起吊。抱杆除了额定起重量、额定起重力矩外，还要对双钩的起重力矩差进行自动控制。

抱杆通过两侧吊臂上电力驱动的小车实现变幅，抱杆头部可电动双向回转，地面作业范围无死角。

先使用吊车或其他辅助起重设备在铁塔中心地面处，将双平臂座地抱杆安装到初始状态，使其具备自升自降功能。用吊车或抱杆吊装铁塔塔腿及第一段塔身后，抱杆通过自身的液压下顶升系统，将杆身顶升到合适的高度，在抱杆和铁塔之间安装第一道附着稳定杆身。使用抱杆双钩继续一段段地从下往上，分段吊装铁塔塔身。抱杆高度随铁塔塔段的组立而递增，杆身上每隔一段高度就须增加一道附着系统实现杆身稳定。铁塔塔身最高平口封口后，使用抱杆从下往上依次吊装铁塔横担。

横担吊装完成后即可收拢抱杆双臂，将抱杆从塔内一直自降到初始状态，最后将抱杆分解拆除。

5 施工工艺流程及操作要点

5.1 施工工艺流程

落地双平臂抱杆组塔典型施工工艺流程见图 2-2-1。

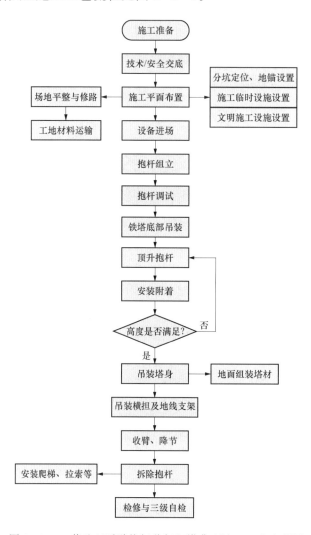

图 2-2-1 落地双平臂抱杆分解组塔典型施工工艺流程图

5.2 操作要点

5.2.1 施工平面布置

落地双平臂抱杆分解组塔的现场布置见图 2-2-2 和图 2-2-3，主要包括进场运输道路、作业场地、材料和机具场地、抱杆基础、施工辅助道路、起吊设备动力平台、指挥控制室、锚桩设置等。现场平面布置应符合下列要求：

（1）进场运输道路应满足塔材运输或搬运要求，采用流动式起重机配合组塔时，还应满足流动式起重机和运输车的行走、爬坡要求。

（2）作业场地应平整，大小应满足塔材地面组装等作业要求。

（3）动力平台、材料和机具场地应平整，满足施工作业要求。

（4）动力地锚、控制绳锚桩等设置应满足施工作业要求。

5.2.2 抱杆组立

（1）现场道路及地形条件允许，宜采用流动式起重机组立抱杆。

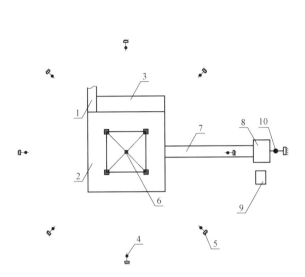

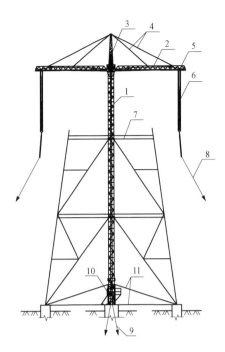

图2-2-2　落地双平臂抱杆分解组塔现场
平面布置示意图

1—进场运输道路；2—作业场地；3—材料和机具场地；4—控制绳地锚；
5—主材45°拉线地锚；6—抱杆基础；7—施工辅助道路；
8—起吊设备动力平台；9—指挥控制室；10—动力地锚

图2-2-3　落地双平臂抱杆分解组塔吊装
布置示意图

1—标准节；2—起重臂；3—塔帽；4—拉杆或拉索；
5—变幅小车；6—起吊滑车组；7—腰环；8—控制绳；
9—起吊牵引绳；10—地面液压提升套架；11—锚固线

（2）地形条件受限时可采用散装方式组立抱杆基本段，并应利用液压提升套架提升抱杆杆身标准节，液压提升套架应结合抱杆组立同步安装。

（3）抱杆组立前，应对抱杆采用的装配式基础铺平拼装，并应以标准节的引进方向选择基础底板安装方向，将抱杆底架装在拼好的基础底板上；抱杆底架与铁塔基础预埋件应通过锚固线固定，当通过塔腿固定时，抱杆安装前应预先安装塔腿。

（4）抱杆组立过程中，应根据其组装要求及时设置临时拉线，并应保持抱杆正直，见图2-2-4。

（5）抱杆基本段及电气部分安装完成后，应对小车变幅限制器、回转限制器、起重量限制器、力矩限制器、力矩差控制器和变频器等装置进行调试和参数设置。

（6）对于抱杆设备，应在调试完成后使用前进行试吊，并应经验收合格后方可投入使用。

5.2.3　铁塔底部吊装

（1）现场道路及地形条件允许，宜采用流动式起重机组立塔腿段。

（2）采用抱杆吊装塔腿段，吊件摆放应满足抱杆垂直起吊要求，两侧吊件应按抱杆中心对称布置。

（3）组立塔腿时，抱杆应设置临时落地拉线。

（4）根据塔腿质量、根开、主材长度、场地条件等，可以采用单根或分片吊装安装塔腿。

（5）塔腿组立时应选择合理的吊点位置，当强度不满足时，应在吊点处采取补强措施。

（6）单根主材或塔片组立完成后，应随即安装并紧固好地脚螺栓或接头包角钢螺栓并应打好临时拉线。在铁塔四个面辅材未安装完毕之前，不得拆除临时拉线。

5.2.4　顶升抱杆

（1）每吊完一段塔体后，应将四侧辅助材料全部补装齐全，并应紧固螺栓后再提升抱杆。

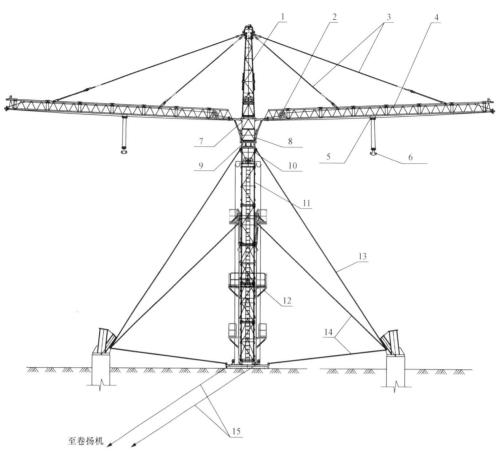

图 2-2-4 落地双平臂抱杆基本段组装示意图

1—抱杆顶节；2—变幅机构；3—拉索；4—吊臂；5—载重小车；6—吊钩；7—回转杆身；8—上支座；
9—回转支承；10—下支座；11—标准节；12—套架；13—抱杆临时拉线；14—套架锚固绳；15—起吊绳

（2）利用液压提升套架提升安装抱杆时，加装标准节应在地面进行，见图 2-2-5。

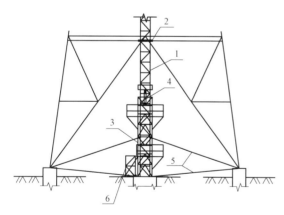

图 2-2-5 落地双平臂抱杆提升布置示意图

1—抱杆标准节；2—腰环；3—地面液压提升套架；
4—顶升油缸；5—锚固绳；6—待装标准节

（3）采用液压提升套架提升时，抱杆提升前应先调进腰环滚轮、退出顶块，并应保证滚轮与杆身间留有合适间隙，提升完毕后应至少保证最上部两道腰环顶块顶紧杆身。

（4）抱杆提升过程中，应根据其性能要求，合理布置腰环附着数量及间距。

（5）抱杆升高后，应用经纬仪在顺线路及横线路两个方向上监测抱杆的竖直状态，应在抱杆调直后再收紧并固定各层附着。

5.2.5 吊装塔身

塔身吊装根据抱杆承载能力和塔位场地条件，可以采用单侧吊装或双侧平衡吊装。单侧吊装时，对侧臂应吊适当配重，起到平衡作用，且起吊过程中抱杆应保持竖直；双侧平衡吊装时，抱杆应调直，双侧塔片应对称布置且质量宜相等。起吊时应避免吊臂承受侧向力保持起吊点与抱杆处于同一铅垂面。

（1）两侧平衡吊装中，应使吊件同步离地、同步提升、同步就位，不平衡力矩不得超过其设计允许值。两侧塔片安装就位后，应将吊臂旋转到另两侧，起吊塔体另两侧面的斜材和水平材。塔体斜材及水平材安装完毕且螺栓紧固后方可松解起吊索具。对于较宽的塔片，在吊装时应采取必要的补强措施。

（2）落地双平臂抱杆主要用于干字形铁塔的吊装，应根据抱杆承载能力、横担质量、横担结构分段和塔位场地条件，采用横担整体吊装、分段、分片或相互组合的方式对称同步吊装。吊装横担见图 2 - 2 - 6。

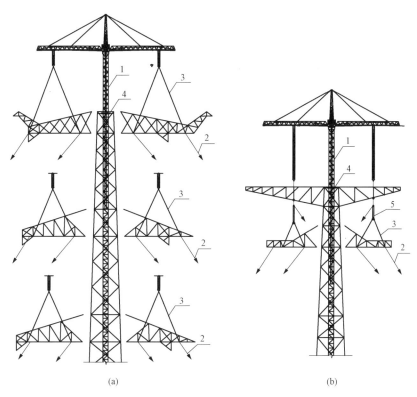

图 2 - 2 - 6 吊装横担示意图

(a) 抱杆由下向上吊装横担；(b) 抱杆由上向下吊装横担

1—抱杆；2—控制绳；3—起吊绳；4—腰环；5—起吊滑车组

5.2.6 抱杆拆除

（1）先拆除抱杆头部可能妨碍双臂向上折叠收拢的部分装置，如视频监控探头等。收臂前，检查起重臂上收臂防撞缓冲装置工作是否正常，臂根与抱杆杆身连接铰转动是否灵活。

（2）安装收臂钢丝绳。收臂动力机构既可以是主吊钢丝绳和主卷扬机，也可以使用单独的钢丝绳和绞磨，还可以使用预留的专用收臂绳和主卷扬机。

（3）收臂。双臂收拢刚开始时，收臂系统载荷为最大状态。起步要慢，密切监控钢丝绳张力及异常。双臂接近靠拢时，要减速防止冲击，通过点动控制实现双臂完全收拢，最后将双臂可靠地锁固在一起。

（4）降节。执行和顶升基本相反的操作，逐步自降抱杆。在抱杆头部通过铁塔上平口时，塔上要设专人监护抱杆通过。

（5）拆除附着装置。随着抱杆不断降节，从上到下顺次拆除附着装置。附着拉索要对称平衡松劲，拆解后的附着框可靠地固定在抱杆杆身上，随杆身一起下降。

（6）完全拆除。抱杆降节到初始状态不能自降时，用吊车或采用绞磨配合在塔上安装滑轮的方式将抱杆从铁塔内完全分解拆除，拆除顺序和安装顺序基本相反。

（7）场地清理。清理施工现场垃圾，恢复施工现场环境原貌。

6 人 员 组 织

落地双平臂抱杆的施工力量组织、构件的质量及施工习惯有关，因此应根据具体情况确定，但应满足国家电网公司作业层班组建制要求。单个作业班组配置参考见表2-2-1。

表2-2-1　　　　　　　　　单个作业劳动组织配置参考表

序号	岗位	技工	普工	小计	主要职责
1	班组负责人	1		1	现场全面指挥、全面负责
2	班组安全员	1		1	现场安全监护、检查
3	班组技术员	1		1	落实技术要求，开展班组质检
4	副班长	1		1	配合班组骨干进行班组管理
5	电工	1		1	负责电气安装及调试
6	机械操作	2	4	6	负责抱杆组装、顶升及拆卸
7	地面作业	2	12	24	负责地面组装及构件绑扎、搬运
8	高空作业	9		9	负责塔上构件及拉线安装
9	测工	2		2	负责对抱杆、铁塔倾斜等检查
10	吊车司机	1		1	负责吊车作业
11	起重指挥	1		1	吊车吊装作业指挥
	合计	22	16	38	

7 材 料 与 设 备

本典型施工方法以T2T100型双平臂落地抱杆组塔为例，主要工器具配备示例见表2-2-2。

表2-2-2　　　　　　落地双平臂抱杆分解组塔主要工器具配备示例表

序号	项目	名称	规格	数量	单位	备注
1	吊车及抱杆	吊车	25t	1	台	配9m货车辅助
2		双平臂抱杆	T2T100	1	套	厂家提供
3	抱杆配套设备	M30×350螺栓	高强度10.9级	328	只	按40标准节配置，使用2次后需更换
4		电气系统		1	套	厂家提供
5		发电机	120kW	1	台	配配电柜
6		电缆	YC3×35+2×10橡套电缆	100	m	发电机进配电柜电缆
7		漏电保护器	最大功率92kW	1	只	安装在配电柜
8		控制系统		1	套	厂家提供
9		监控系统		1	套	自配
10		航空灯		1	套	自配
11		避雷系统		1	套	厂家提供及自配

序号	项目	名称	规格	数量	单位	备注
12	动力系统	卷扬机		2	台	厂家提供、配钢丝绳长度800m
13		钢丝绳托架		16	套	自配
14		地锚	5t	4	套	配专用地锚鼻
15		卸扣	5t	12	只	
16		卸扣	3t	12	只	
17		手扳葫芦	6t	4	只	
18		手扳葫芦	3t	4	只	
19		钻桩	5t	8	根	配挡土板、连杆
20	起吊系统	钢丝绳头	ϕ21.5mm	16	根	副吊绳，两端插套
21		钢丝绳	ϕ12.5mm×50m	8	根	主角钢临时拉线，一端插接
22		钻桩	5t	8	根	配挡土板、连杆
23		杜邦丝	ϕ14mm×200m	4	根	留绳用
24		小吊绳	ϕ14mm×200m	8	根	
25		吊带	10t×5m	8	根	
26		吊带	5t×5m	12	根	
27		吊带	3t×3m	30	根	
28		单轮滑车	1t	8	只	小吊绳用
29		手扳葫芦	6t	8	只	
30		手扳葫芦	3t	4	只	
31		卸扣	10t	16	只	
32		卸扣	8t	16	只	
33		卸扣	5t	16	只	
34	拉线系统	钢丝绳头	ϕ19.5mm	32	根	两端插套
35		钢丝绳	GJ120×6m	24	根	两端压接，腰环拉线
36		钢丝绳	GJ120×2m	60	根	两端压接，腰环拉线
37		卸扣	8t	44	只	
38		手扳葫芦	6t	12	只	
39		手扳葫芦	3t	60	只	
40		卸扣	5t	214	只	
41		腰环		5	套	厂家提供
42	顶升、拆除标准节	液压顶升系统		1	套	厂家提供
43		钢丝绳	ϕ15.5mm×150m	2	根	拆吊臂钢丝绳
44		绞磨	3t	2	台	配专用卸扣
45		钻桩	5t	2	根	配挡土板、连杆
46		卸扣	5t	6	只	
47		单轮滑车	3t	2	只	
48		吊带	3t×2m	2	根	

续表

序号	项目	名称	规格	数量	单位	备注
49		钢丝绳卡	Y-12	20	只	
50		钢丝绳卡	Y-15	20	只	
51		钢丝绳卡	Y-18	20	只	
52		钢板				根据需要供应
53		木桩		40	根	
54		锤		2	把	
55		撬棍		4	根	
56		道木	200mm×200mm×2000mm	60	根	
57		经纬仪		2	台	脚架2只
58		塔尺	5m	1	根	
59		钢卷尺	50m	1	把	
60		塞尺		2	把	
61		扳手	M16～M56	4	套	
62		电动力矩扳手		4	套	
63		接地线		5	套	截面积不小于25mm²
64		攀登绳	φ14mm×150m	3	根	
65		速差自锁器	TXS2-10	8	只	
66		速差自锁器	TXS2-20	8	只	
67		全身式安全带		16	套	
68	其他及备用	马桶包		20	只	
69		螺栓框		10	只	
70		工具框		4	只	
71		尾绳盘		3	套	
72		缓松器	5t	8	只	
73		基础保护角钢	宽2m×高2m	1	套	1套含4条腿
74		文明施工标配		1	套	值班棚、硬质围栏、标牌、工器具货架、彩条布、防尘网等
75		药箱		1	套	
76		灭火设备		1	套	含灭火器、消防架
77		对讲机		16	套	配电池及充电器
78		钻桩	φ36mm×1.8m	30	根	配挡土板
79		连杆	0.8m	15	根	
80		手扳葫芦	3t	10	只	
81		手扳葫芦	6t	10	只	
82		手拉葫芦	3t	10	只	
83		单轮滑车	3t	4	只	
84		单轮滑车	5t	4	只	
85		卸扣	3t	40	只	
86		卸扣	5t	40	只	
87		卸扣	8t	20	只	
88		卸扣	10t	4	只	

8 质量控制

8.1 主要质量标准、规程规范

DL/T 5287 ±800kV 架空输电线路铁塔组立施工工艺导则

DL/T 5289 1000kV 架空输电线路铁塔组立施工工艺导则

DL/T 5300 1000kV 架空输电线路工程施工质量检验及评定规程

DL/T 5732 架空输电线路大跨越工程施工质量检验及评定规程

Q/GDW 1153 1000kV 架空输电线路施工及验收规范

Q/GDW 1225 ±800kV 架空送电线路施工及验收规范

Q/GDW 1226 ±800kV 架空送电线路施工质量验收及评定规程

Q/GDW 10860 架空输电线路铁塔分解组立施工工艺导则

8.2 质量保证措施

（1）抱杆组塔前，作业人员必须经交底培训考试合格后方可进场作业。

（2）塔材运输及堆放过程中应加强保护，与地面之间用枕木隔离，铁塔吊装时，使用专用合成纤维吊带或在吊点处垫设麻袋等软物，防止钢丝绳损伤塔材。严禁在地面拖拉塔料。

（3）在杆塔组立过程中必须设置两台经纬仪监测铁塔的倾斜值。铁塔每组立一段，要观测塔身弯曲及倾斜，防止误差积累至塔顶。

（4）吊件与铁塔基础之间应保持足够安全距离，避免碰撞。

（5）随着铁塔增高，应逐段紧固塔材。已吊装就位的塔段紧固牢靠后再安装抱杆附着，避免附着系统在塔身上的载荷造成塔材安装困难，塔材不得强制就位。组塔及架线后还应复紧一遍，螺栓紧固率应达到100%。

9 安全措施

9.1 主要安全标准、规程规范

GB/T 5031—2019 塔式起重机

GB 5144—2006 塔式起重机安全规程

LD 48—1993 起重机械吊具与索具安全规程

JGJ 46—2005 施工现场临时用电安全技术规范

JGJ 196—2010 建筑施工塔式起重机安装、使用、拆卸安全技术规程

DL 5009.2—2013 电力建设安全工作规程 第2部分：电力线路

Q/GDW 11957.2 国家电网有限公司电力建设安全工作规程 第2部分：线路

9.2 安全文明保证措施

（1）一般安全要求。

1）施工现场要划定明显的施工操作范围，悬挂施工标示牌、安全警示牌，塔材、抱杆零部件等堆放整齐有序。

2）施工前，应编制专项施工方案指导作业人员实施安装作业，并进行方案交底。施工用主要工器具及材料已进行检验和试验，并有相关记录。

3）主要岗位施工人员经培训、考核合格后方可上岗。

4）进入施工现场必须戴安全帽、着工作装；高处作业人员必须打安全带，穿软底鞋，工作时

不得饮酒。

5）雷雨、暴雨、浓雾、沙尘暴等天气严禁进行抱杆安装及高空作业。在霜冻、雨雪后进行安装作业，应采取防滑措施及防寒防冻措施。

6）抱杆、吊件及控制绳的任何部位与带电体的最小安全距离须满足 DL 5009.2—2013 的规定。

7）主要电气设施要有防火、防潮、防电害、防污、防震等措施。

（2）抱杆安装安全要求。

1）安装前，应对抱杆进行全面检查，防止不合格零部件被使用。

2）安装抱杆的辅助起重设备，要有专项施工措施。

3）基础、地锚要符合作业指导书要求，要有施工检查记录。

4）连接件、工作平台等要安装完整、牢固。

5）所有安全装置要安装齐备，并调试，确保性能满足产品说明书要求。

6）抱杆安装完成后要进行整机试运行调试，并按要求进行检查验收，验收合格后才能进行组塔吊装施工。

（3）组塔吊装安全要求。

1）安全装置出现失效时，应停止吊装，直到该装置正常工作后再恢复施工。

2）吊装作业坚持"十不吊"原则：吊物质量不明或超负荷不吊；光线暗淡，看不清不吊；安全装置，机械设备有异常不吊；吊物埋在地下或埋在其他物体下面不吊；吊物捆绑不牢不吊；吊物上站人或吊物下有人不吊；歪拉斜挂不吊；顶升抱杆时不吊；六级及以上大风或雷暴雨时不吊；指挥信号不明或违章指挥不吊。

3）现场通信联络畅通，使用规范的指令语言。

4）吊件轻起轻放，缓慢动作，避免冲击。

（4）安装附着及顶升抱杆安全要求。

1）附着装置的设置和抱杆最大独立工作高度，要符合抱杆使用说明书的规定。附着拉索能防止抱杆杆身出现旋转，其使用的收紧装置应有防松、防脱措施。

2）附着拉索构件及铁塔上的预留施工孔、主材夹具满足拉索张力的要求。附着拉索与铁塔主材连接处应有保护塔材表面的措施。在设计提供的施工孔之外布置附着拉索，要请设计院对铁塔结构强度进行确认。

3）顶升时密切注意油压变化，一旦发现异常，要立即停缸，查清原因后方可再作顶升。顶升时不得执行回转、起升、变幅等任何作业。顶升前将 2 个吊钩移到臂上对称的位置，保持对抱杆中心的平衡，将 2 个吊钩降至足够的高度，防止随着抱杆的顶升，吊钩冲顶。

4）杆身升降作业过程中，操作人员要提高警惕，防止肢体卷入爬升框、顶升梁、附着框与标准节之间的间隙造成身体伤害。

5）顶升时，要在两个互相垂直方向实时检测杆身垂直度，有异常要及时停止顶升。

6）在每次顶升完成后，应对所有新引入标准节的连接螺栓再紧固一次。

（5）拆除抱杆安全要求。

1）拆除附着过程中，抱杆需停止降节，两者不得同时作业。

2）收拢后抱杆头部降节通过铁塔上平口时，要在平口附近设置专人监护降节，确保抱杆与铁塔塔材之间有足够安全间隙。

10　环　水　保　措　施

（1）施工人员要遵守国家和地方政府下发的有关环境保护的法律，加强对工程废弃物的控制和治理。开工前，对所有参加施工的人员进行宣传教育，增强施工人员环境保护意识。

（2）施工现场应环境整洁，降低对植被的影响，少砍树木，避免油污染和噪声扰民。

（3）锚坑开挖的出土，应尽量在地锚坑附近堆放整齐；施工结束后，所有的施工坑均应回填、夯实。

（4）施工现场严禁乱扔垃圾等可能影响环境的物品，施工结束后，应对施工现场进行全面清理，做到工完、料净、场地清。

11　效　益　分　析

落地双平臂抱杆分解组塔施工工艺，在组立大型高塔方面是一种较为先进的施工方法，解决了高塔吊装施工的技术难题，技术先进、安全可靠、简单实用，能有效减少高空作业量，有效降低安全事故风险和安全隐患，安全效益明显。

落地双平臂抱杆自动化程度高，作业高效，能有效缩短单基铁塔组立施工时间，降低铁塔组立施工成本，具有可观的经济效益。

12　应　用　实　例

本典型施工方法已应用于1000kV南阳—荆门—长沙特高压交流输电工程8标段跨越塔组塔施工。该标段两基跨越塔呼高297.5m，全高371m，共分33段，塔重约4400t，其中主体部分重约3600t。跨越塔32段及以上采用T2T800双平臂落地抱杆进行塔材吊装，两侧最大吊重20t，最大吊幅为4～40m，最大工作高度440m，单基跨越塔组立完成共约100天。

典型施工方法名称：流动式起重机组塔典型施工方法

典型施工方法编号：TGYGF001 - 2022 - SD - XL009

编　制　单　位：国网特高压公司

主　要　完　成　人：宗海迥　苗峰显

目　次

1 前　　言

输电线路杆塔组立施工中，当塔基地形较平坦且塔位进场道路能满足条件时，适宜采用流动式起重机组立铁塔。在高塔组立施工中，常常用流动式起重机配合开展吊装作业。

用于组立铁塔的流动式起重机主要有两种机型：一种是汽车起重机，另一种是履带式起重机。

2　本典型施工方法特点

流动式起重机组立铁塔具有以下特点：

（1）无抱杆及拉线等工具，使用工具较少。

（2）机械化程度高，吊装速度快，施工效率高。

（3）减少高空作业工作量，安全性较好。

（4）由于流动式起重机受起重量及吊臂长度的限制，往往无法完成超重超高铁塔的全部吊装作业。

3　适　用　范　围

流动式起重机组立铁塔一般有三种方式：一是整体吊装（即整体组塔），适用于较轻铁塔；二是分解组立，适用于较高、较重但在吊车荷载允许范围内的铁塔；三是混合组立，适用于超高超重的铁塔。针对道路运输、场地较好的条件下，特高压组塔工程优先推荐使用流动式起重机方式分解组立铁塔。

4　工　艺　原　理

流动式起重机组塔施工方法，就是利用起重机提升重物的能力，通过起重机旋转、变幅等动作，将铁塔整体或部分塔材、构架吊装到指定的空间位置，以最终完成铁塔组立。在施工过程中，为降低成本提升效率，也常采用流动式起重机组塔与抱杆组塔相结合的方式开展。

5　施工工艺流程及操作要点

5.1　施工工艺流程

流动式起重机组塔典型施工工艺流程图见图 2-3-1。

5.2　操作要点

5.2.1　施工准备

（1）机具选择。应根据工作半径、吊装高度、吊件质量和吊装位置等因素选择和配置流动式起重机，并应保证各工况下吊件与起重臂、起重臂与塔身的安全距离。

（2）现场布置。

1）流动式起重机分解组塔，应提前策划流动式起重机的进场路线，对不符合要求的进场道路应进行修补、加固。场内作业时应选择铁塔正面外侧的中心位置，车体应布置在预留出的撤出通道方向。流动式起重机组塔现场布置示意图见图 2-3-2。

2）作业场地应平整，地耐力和坡度等均应满足流动式起重机行走、转弯和站位吊装等作业要求。

3）材料和机具场地应平整，并应满足施工作业要求。

5.2.2　塔腿段主材吊装

先吊装塔腿的塔脚板，再吊装主材。主材吊装时，应采取打设外拉线等防内倾措施，主材吊装示意图见图2-3-3。

5.2.3　塔腿段侧面、内隔面吊装

（1）三个侧面构件可采用整体或分解吊装方式吊装。分解吊装时，应先吊装水平材，后吊装斜材。水平材吊装过程中，应采用打设外拉线等方式调整就位尺寸。水平材就位后，应采取预拱措施，便于斜材就位。

（2）内隔面构件可采用整体或分解吊装方式吊装。分解吊装时，内隔面水平材应采取预拱措施，便于斜腹材就位。内隔面水平材就位过程中，应采用打设外拉线等方式调整就位尺寸。

（3）剩余两个内隔面构件吊装时，汽车式起重机宜布置于塔身内侧。

（4）在塔体强度满足要求的情况下，可将塔腿段和与之相连的上段合并成一段进行分解吊装。其中，侧面构件吊装应自下而上进行。

（5）采用抱杆进行后续铁塔组立的，宜利用流动式起重机进行抱杆组立。当流动式起重机需布置在塔身内侧进行抱杆组立时，应在底部塔段预留侧面构件吊装前完成抱杆组立。

5.2.4　塔身吊装

（1）流动式起重机应布置于塔身外侧，按每个稳定结构分段吊装。应先吊装其中一个面的主材及侧面构件，然后再吊装相邻面的主材及侧面构件，依次完成四个面的吊装。对塔身上部结构尺寸、质量较小的段别，可采用成片吊装方式吊装。

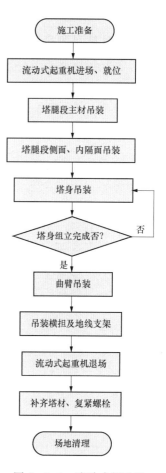

图2-3-1　流动式起重机组塔典型施工工艺流程图

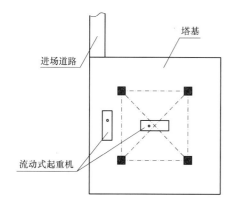

图2-3-2　流动式起重机组塔现场布置示意图

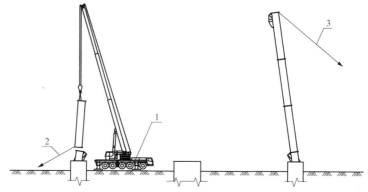

图2-3-3　主材吊装示意图
1—流动式起重机；2—控制绳；3—外拉线

（2）塔身吊装时，应根据实际情况，采取打设外拉线等防内倾措施和就位尺寸调整措施。

5.2.5　曲臂吊装

（1）宜整体吊装曲臂。

（2）上下曲臂就位后，应及时装设两侧上曲臂的连接控制绳。

（3）起重机出臂应有适当余量，并应防止塔件碰撞吊臂。

5.2.6　吊装横担及地线支架

（1）宜整体吊装横担及顶架。

（2）酒杯形塔横担整体质量较大时，应先整体吊装中横担，再分别吊装两边横担及地线支架。

（3）干字形塔，应先吊装导线横担，再吊装地线横担及跳线支架。

（4）起重机出臂应有适当余量，并应防止塔件碰撞吊臂。

6　人 员 组 织

劳动组织与组塔方法、现场条件、设备条件、塔形结构等因素有关，流动式起重机分解组塔作业班组人力配备表见表 2 - 3 - 1。

表 2 - 3 - 1　　　　　　　　流动式起重机分解组塔作业班组人力配备表

序号	岗位	人数		职责
		技工	普工	
1	现场指挥	1		负责组塔现场全面工作
2	安全员			地面及协调安全监护
3	质量兼技术	2		铁塔倾斜、组装质量监控
4	指挥司索	1		负责吊装指挥，检查吊装工具及绑扎点
5	塔上安全监护	1		塔上作业安全监护
6	地面组装、移运	2	10	负责对料组装、塔件移动运输工作
7	塔上作业	10		塔上作业
8	控制绳控制	2	4	负责调整吊件与塔身的距离
	合计	21	14	

注　可根据现场实际酌情增减施工人员，但高处作业人员不应低于 6 人。

7　材 料 与 设 备

施工机具选择与现场条件、塔形结构及施工方法等有关，应根据工作半径、吊装高度、吊件质量和吊装位置等因素选择流动式起重机规格，并配置配套的机具材料，施工机具配置参考表见表 2 - 3 - 2。

表 2 - 3 - 2　　　　　　　　流动式起重机组塔典型施工方法施工机具配置参考表

序号	品名	规格	数量	用途
1	流动式起重机	徐工 QY - 25、中联 QY50V、徐工 QY80、徐工 QAY240、中联 QAY350V 等	1 部	吊装
2	吊带	5t×5m	8 根	
3	钢丝绳头	ϕ19.5mm×10m	4 根	
4	钢丝绳头	ϕ21.5mm×10m	4 根	
5	道木	2000mm×200mm×160mm	35 根	支腿、设备超垫
6	钢板	1000mm×1000mm，20mm 厚	5 块	支腿垫块
7	杜邦丝绳	ϕ12mm×100m	2 根	溜绳

8　质　量　控　制

8.1　主要质量标准、规程规范

DL/T 5287　±800kV 架空输电线路铁塔组立施工工艺导则

DL/T 5289　1000kV 架空输电线路铁塔组立施工工艺导则

DL/T 5300　1000kV 架空输电线路工程施工质量检验及评定规程

DL/T 5732　架空输电线路大跨越工程施工质量检验及评定规程

Q/GDW 1153　1000kV 架空输电线路施工及验收规范

Q/GDW 1225　±800kV 架空送电线路施工及验收规范

Q/GDW 1226　±800kV 架空送电线路施工质量验收及评定规程

Q/GDW 10860　架空输电线路铁塔分解组立施工工艺导则

8.2　质量保证措施

（1）组塔作业前，作业人员必须经交底培训考试合格后方可进场作业。

（2）塔材运输及堆放过程中应加强保护，与地面之间用枕木隔离，铁塔吊装时，使用专用合成纤维吊带或在吊点处垫设麻袋等软物，防止钢丝绳损伤塔材。严禁在地面拖拉塔料。

（3）在杆塔组立过程中必须设置 2 台经纬仪监测铁塔的倾斜值。铁塔每组立一段，要观测塔身弯曲及倾斜，防止误差积累至塔顶。

（4）吊件与铁塔基础之间应保持足够安全距离，避免碰撞。

（5）随着铁塔增高，应逐段紧固塔材。已吊装就位的塔段紧固牢靠后再安装抱杆附着，避免附着系统在塔身上的载荷造成塔材安装困难，塔材不得强制就位。组塔及架线后还应复紧一遍，螺栓紧固率应达到 100%。

9　安　全　措　施

9.1　主要安全标准、规程规范

GB/T 17909.2　起重机　起重机操作手册　第 2 部分：流动式起重机

GB/T 31052.2　起重机械　检查与维护规程　第 2 部分：流动式起重机

LD 48—1993　起重机械吊具与索具安全规程

JGJ 46—2005　施工现场临时用电安全技术规范

DL 5009.2　电力建设安全工作规程　第 2 部分：电力线路

Q/GDW 11957.2　国家电网有限公司电力建设安全工作规程　第 2 部分：线路

9.2　安全文明保证措施

（1）现场作业人员均经教育培训考试合格后方可上岗，吊车及各种工器具的技术参数应满足现场吊装的要求，不得超重起吊。

（2）起重机在作业时，车身应使用截面积不小于 16mm² 软铜线可靠接地。作业区域内应设围栏和相应的安全标志，作业过程中吊件和起重臂活动范围内的下方不得有人通行或停留。

（3）吊装各种构件时，应对吊点绑扎处和塔片根部的强度进行验算，强度不够时应予以补强。吊装用绳应使用钢丝绳或专用吊带，不得使用麻绳、尼龙绳等。

（4）起重机作业过程中，应保证垂直起吊和使用起吊臂控制方向、位置，按要求进行试吊。

（5）吊装作业坚持"十不吊"原则，吊装过程应保证现场通信联络畅通，使用规范的指令语言。

（6）现场人员必须正确、规范使用安全防护用品。

（7）应加强在铁塔组立过程中对机具设备的检查，并应符合规定。

（8）进场施工前应进行用电负荷计算，现场施工临时用电应符合规定。

10　环水保措施

（1）施工人员要遵守国家和地方政府下发的有关环境保护的法律，加强对工程废弃物的控制和治理。开工前，对所有参加施工的人员进行宣传教育，增强施工人员环境保护意识。

（2）施工现场应环境整洁，降低对植被的影响，少砍树木，避免油污染和噪声扰民。

（3）锚坑开挖的出土，应尽量在地锚坑附近堆放整齐；施工结束后，所有的施工坑均应回填、夯实。

（4）施工现场严禁乱扔垃圾等可能影响环境的物品，施工结束后，应对施工现场进行全面清理。做到"工完、料净、场地清"。

11　效益分析

流动式起重机组塔施工工艺技术成熟、安全可靠、稳定性强，能有效减少高空作业量，降低安全事故风险和安全隐患，安全效益明显。

12　应用实例

本典型施工方法已应用于1000kV驻马店—武汉特高压交流输电工程3标段铁塔组立施工。该标段共66基双回路钢管塔采用流动式起重机进行组立，单基塔重约49.5～302.6t，塔高约88.7～113m，平均塔重132t。最大起吊单件塔腿长度约12m，最大单件重约4.7t。现场铁塔组立根据实际施工环境、流动式起重机位置、铁塔参数等数据，选择20t/25t/55t、80t/110t/130t和300t/400t组合吊装方式完成所有铁塔组立。

典型施工方法名称：内悬浮外拉线抱杆组塔典型施工方法

典型施工方法编号：TGYGF001 - 2022 - SD - XL010

编　制　单　位：国网特高压公司

主　要　完　成　人：邱国斌　宗海迥

目　次

1 前　　言

内悬浮外拉线抱杆分解组立铁塔施工方法是特高压工程铁塔组立施工最常用方法之一。针对±800、±1100kV 及 1000kV 线路，现场多采用□700mm、□800mm、□900mm 断面抱杆；组合长度为 20～46m；起吊重量为 20～100kN；起吊高度多为 40～120m。

2 本典型施工方法特点

（1）该典型施工方法为特高压组塔工程铁塔组立最常用的经典施工方法，应用范围广，施工技术成熟，施工设备完备。

（2）该方法应用时工器具较少、操作简便、使用灵活、经济较好，但高空作业量大、施工技术经验要求高、机械化程度低、稳定性差、安全风险较高，对地形要求有一定的限制。

3 适　用　范　围

本典型施工方法适用于特高压组塔工程的普通自立式铁塔组立吊装施工。《国网特高压部关于印发特高压及直流线路组塔典型施工方法适用条件及实施推荐意见的通知》（特线路〔2020〕26 号文）明确特高压工程原则上不采用内悬浮外拉线抱杆组塔方法，并提出以下要求。

（1）铁塔全高大于 80m 的铁塔严禁使用。

（2）对于全高不大于 80m 的铁塔，受特殊条件限制确需使用时，应由施工单位编制专项施工方案并组织专家论证后报建设管理单位组织审查方可使用。

4 工　艺　原　理

4.1　主要工艺原理

本典型施工方法是利用已组立好的塔身段，通过承托系统和外拉线系统使抱杆悬浮于塔身桁架中心来起吊待装的铁塔构件。利用已组装好的塔身提升抱杆，并连接承托绳，调整好外拉线，继续起吊安装下一个高度段的待组塔片构件。循环以上步骤，直至铁塔组立完毕。利用铁塔落下抱杆并将其拆除。

4.2　主抱杆装置组成

以特高压常见的角钢组合钢抱杆□900mm×900mm×46m 为例。本抱杆为组合形式：上下锥段 2m 各一节，中段 2m 二十一节，即 2m×2 节＋2m×21 节＝46m。

标准节、杆头、杆尾为焊接格构式结构，标准节与标准节、标准节与杆头、杆尾以及杆头与顶帽、杆尾与底座之间用螺栓连接，见图 2-4-1。顶帽吊耳可 360°旋转。抱杆材质采用 Q345，抱杆及附件组合质量约为 5000kg，具体参数见表 2-4-1。

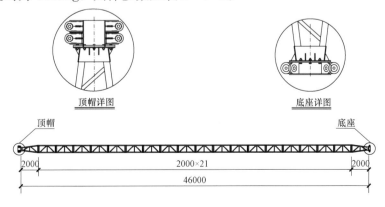

图 2-4-1　□900mm×900mm×46m 钢抱杆组装图

表 2 - 4 - 1 抱 杆 参 数

名称		参数	名称	参数
标准节	长度（mm）	2000	杆头、尾节自重（kg）	约235
	截面（mm）	900	杆头、尾节长度（mm）	2000
	单节自重（kg）	约195	顶帽/底座金具孔径（mm）	ϕ35
主材规格		∠90×5	抱杆标准组合长度（m）	46
斜材规格		∠50×5	抱杆标准组合总重（kg）	约5000

5 施工工艺流程及操作要点

5.1 施工工艺流程

内悬浮外拉线抱杆分解组塔施工工艺流程图见图 2 - 4 - 2。

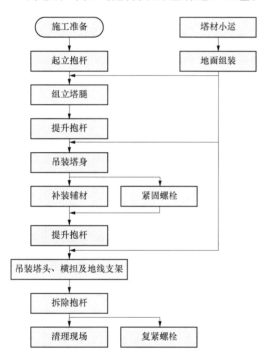

图 2 - 4 - 2 内悬浮外拉线抱杆分解组塔
工艺流程图

5.2 操作要点

5.2.1 起立抱杆

根据现场实际地形条件，将采用整体起立一定长度抱杆＋倒装抱杆方式进行。

（1）整体起立抱杆。

1）根据现场地形将抱杆组装好，安装好头部顶帽和底座，见图 2 - 4 - 3。

2）抱杆在地面组装时，组装场地整平或用道木垫平，连接螺栓紧固，检查抱杆挠度、抱杆根部制动措施、起吊滑车组、抱杆反侧拉线、人字抱杆锁脚及防反倾控制绳等部位，如需整体起立 42m 抱杆，宜使用 □400mm×16m 人字抱杆进行倒落式组立。

3）抱杆采用两点起吊，采用 ϕ20mm 起吊钢丝绳；牵引系统采用 50kN 级走一走二滑轮组走 3 道磨绳，牵引磨绳采用 ϕ13mm×200m 钢丝绳，采用 50kN 绞磨牵引。牵引总地锚距抱杆根部距离不应小于 35m；抱杆制动绳采用 2 组 ϕ22mm 钢丝绳，2 组 ϕ22mm 钢丝绳分别

通过 50kN 卸扣与塔腿连接。

4）抱杆起立前应打设后两侧面及前后侧四组外拉线，其中两侧面外拉线需收紧，反侧外拉线呈松弛状态。

5）抱杆起立布置时应使牵引总地锚、人字抱杆中心、锁根制动系统中心和抱杆中心线保持在同一铅垂面上；抱杆离地 0.8m 左右停止牵引并做冲击试验，确认可靠后方可继续起立。

6）抱杆起立过程中，应设专人在抱杆的正面和侧面监视抱杆的正直情况，同时指挥前后侧外拉线进行调整。

7）抱杆脱帽后，应立即带好反侧外拉线，并随抱杆的继续起立而逐渐松出。

8）当抱杆起立至 75°时，应先停止牵引，用松反侧外拉线的方法使抱杆逐渐正直。若仍不能正直，则适当再稍加牵引，此时反侧两根外拉线应始终受力。

（2）倒装抱杆。

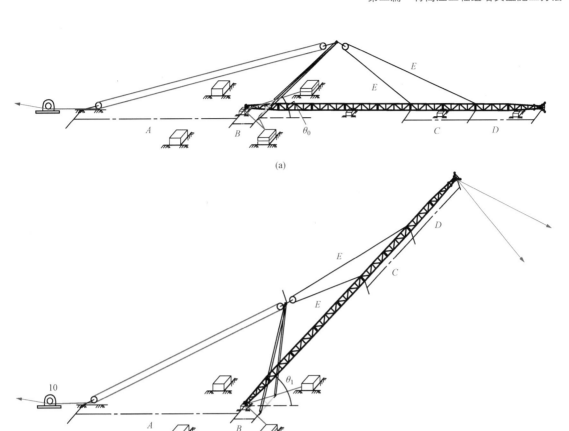

(a)

(b)

图 2 - 4 - 3 　□900mm×900mm×42m 抱杆整体起立布置图

（a）倒落式起立初始阶段；（b）倒落式起立脱帽阶段

A—总牵引距离；B—人字抱杆前移距离；C—两吊点间距；D—吊点下移距离；E—吊点总长度；θ_0—初始角；θ_1—失效角

1）分解吊装塔腿及第一段身部，待侧面拉花封装完成，在已安装塔身段上部主材节点施工用孔安装提升抱杆滑车。

2）抱杆的接装提升，抱杆提升离开地面后即可将底座拆除，抱杆每提升一个标准节高度即停止提升，将下一段标准节接上后继续提升，直至抱杆全部提升组装完毕。抱杆提升倒装示意图见图 2 - 4 - 4。

3）抱杆提升接装：因悬浮抱杆整体起立高度不够，故采取提升抱杆的方法使悬浮抱杆高度达到要求。注意提升抱杆必须确保抱杆露出高度不大于 2/3 总长。如果不满足要求，可以利用抱杆组立上段塔身，提升抱杆滑车组上移至上段主材节点施工孔处，然后继续提升抱杆直至达到完整高度。

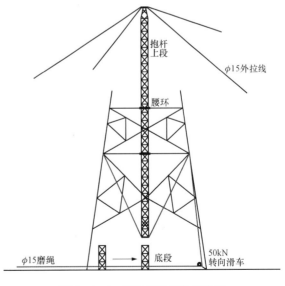

图 2 - 4 - 4 　抱杆提升倒装示意图

5.2.2　组立塔腿

（1）采用分段单吊主材的方式，先单吊主材，四条腿主材吊装完并设置 45°拉线后，吊装各个面的水平材，然后吊装塔腿正、侧面的大斜材和辅材，最后安装横隔面处撑铁及拉花铁，并及时连上接地引下线。

（2）吊装主材采用5t卸扣与主材顶部螺栓孔连接。吊装水平材用2根 ϕ17.5mm 钢丝绳两点吊，控制绳采用 ϕ11mm 钢丝绳，塔腿段吊装见图2-4-5。

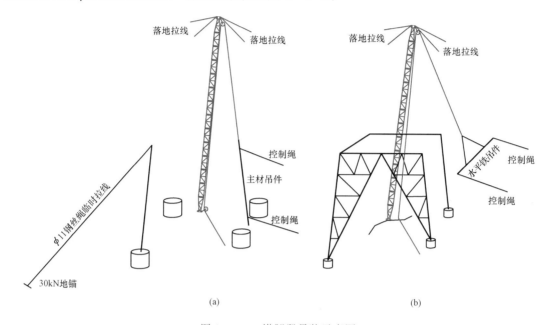

图2-4-5 塔腿段吊装示意图

（a）吊装主材吊件示意图；（b）吊装水平铁吊件示意图

5.2.3 提升抱杆

当铁塔组立到一定高度，塔材全部装齐且紧固螺栓后即可提升抱杆。根据抱杆质量和牵引动力，可以采用单牵引绳方式或"二变一"双牵引绳方式。

（1）采用单牵引绳方式：单牵引绳通过抱杆底部滑车，经挂设于塔身的提升滑车向下，经地面转向滑车引至地面；单牵引绳方式提升抱杆布置示意图见图2-4-6。

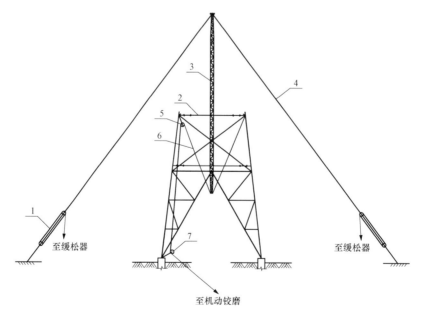

图2-4-6 单牵引绳方式提升抱杆布置示意图

1—拉线调节滑车组；2—腰箍；3—抱杆；4—抱杆外拉线；5—提升滑车组；6—提升钢丝绳；7—转向滑车

（2）采用"二变一"双牵引绳方式：在塔身两对角处各挂上一套提升滑车组，滑车组的下端与抱杆下部的挂板相连，将两套滑车组牵引绳通过各自塔腿上的转向滑车引入地面上的平衡滑车，平衡滑车与地面滑车组相连，实现"二变一"组合。"二变一"双牵引绳方式提升抱杆布置示意图见图 2-4-7。

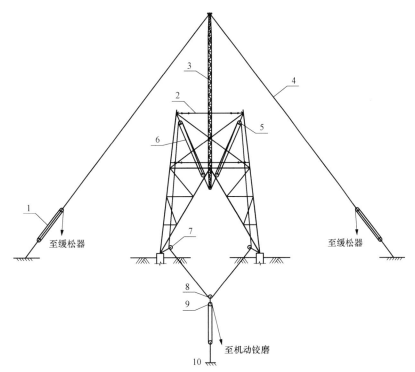

图 2-4-7 "二变一"双牵引绳方式提升抱杆布置示意图

1—拉线调节滑车组；2—腰箍；3—抱杆；4—抱杆外拉线；5—提升滑车组；6—提升钢丝绳；7—转向滑车；8—平衡滑车；

9—牵引滑车组；10—地锚

5.2.4 吊装塔身

（1）吊重控制见表 2-4-2。

表 2-4-2　　　　　　　　吊 重 控 制

项目		拉线对地夹角（°）	滑轮组绳数	允许吊重（t）	备注
抱杆倾角不大于 10°时	□900 抱杆	不大于 45	4 绳	5.5	适用于使用 $\phi15mm$ 钢丝绳的滑轮组
		4～55	3 绳	4	
		55～60	2 绳	3	

根据拉线对地夹角和相应工况下的允许吊重，采取单吊主材或分前后片吊装；在塔片质量小于允许吊重时可以选择吊塔片，在质量大于允许吊重时必须进行散吊，先吊主材，再吊叉铁及辅材。塔片在打点时要注意让受力合力点在两根主材中间的位置。

（2）构件绑扎。

1）主材单吊绑扎。由于铁塔下部塔身跟开尺寸、分段长度和质量都很大，组装及吊装时，只能单根主材及少量辅材吊装，斜材可组装成片后采用补强木补强后起吊，主材单吊绑扎在主材重心高度 0.5m 以上有主材眼孔处并装设脚钉，以防滑动。

2）塔片吊装绑扎（不含主材）。随着铁塔根开的变小，上部塔身可分段组片吊装，吊装塔片时，根据其高度，选择起吊位置（吊点绳在塔片上的绑扎位置必须位于塔片重心以上），并对塔片进行补强。吊点设置示意图见图 2-4-8。

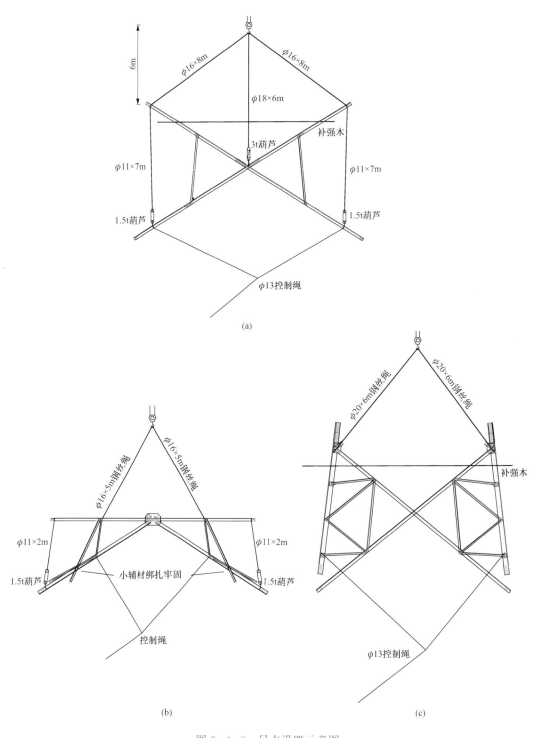

图 2-4-8 吊点设置示意图

（a）塔片吊装绑扎方式一；（b）塔片吊装绑扎方式二；（c）塔片吊装绑扎方式三

（3）含主材塔片的吊装。

1）含主材塔片吊装前做好以下准备工作：

a. 已组塔段的各种辅材必须安装齐全；

b. 已组塔段的连接螺栓紧固牢靠；

c. 为防止起吊个别待吊装的塔片时大斜材着地弯曲变形，应在主材下端安装加长防护靴；

d. 构件吊装前，下控制绳应收紧。

2）上控制绳必须使用人力绞磨，以便于控制吊件。

3）塔身吊装时，抱杆应适度向吊件侧倾斜，但倾斜角度不得超过 10°，以使抱杆、拉线、控制系统及牵引系统的受力更为合理。

4）在吊件上绑扎好倒"V"形吊点绳（或专用吊装带），吊点绳绑扎点应在吊件重心以上的主材节点处，若绑扎点在重心附近时，应采取防止吊件倾覆的措施。

5）"V"形吊点绳由 2 根 $\phi 20\text{mm} \times 6\text{m}$ 等长的钢丝绳通过卸扣连接，两吊点绳之间的夹角不得大于 120°。

5.2.5　吊装塔头、横担及地线支架

5.2.5.1　直线酒杯塔塔头吊装

(1) 铁塔曲臂的吊装，应根据抱杆的承载能力、曲臂结构分段及场地条件来确定采取整体或分片的吊装方式。分片宜按照前、后片吊装方式，封装辅材按照"先上后下、先里后外"顺序吊装。

(2) 起吊前应调整抱杆使其向起吊侧倾斜，抱杆顶部定滑车尽可能位于被吊件就位后的垂直上方。

(3) 酒杯塔下曲臂一般分为两段进行吊装，上、下曲臂吊装示意图见图 2-4-9 和图 2-4-10。

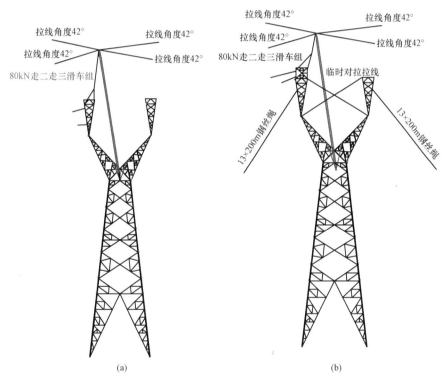

图 2-4-9　上曲臂吊装示意图

(a) 上曲臂一段吊装；(b) 上曲臂二段吊装

5.2.5.2　直线酒杯塔横担及地线支架吊装

(1) 横担及地线支架示意图见图 2-4-11（图中①～⑤分别代表第 1～5 段塔身）。

(2) 直线塔横担吊装。对于酒杯形塔，根据抱杆承载能力、横担质量、横担结构分段和塔位场地条件，应采用分段或分片吊装方式。横担分为中段前后片、两侧边相横担四部分。可根据边相横担结构特点，采用辅助抱杆进行吊装。

1）中横担（横梁）吊装。中横担吊装布置一般采用分片前后起吊。由于中横担横梁段塔片狭长、柔性大，吊装时采用 4 点起吊，需要用补强钢梁或补强圆木进行补强，见图 2-4-12。安装有困难时，调整上曲臂的补强 X 拉线及控制绳。

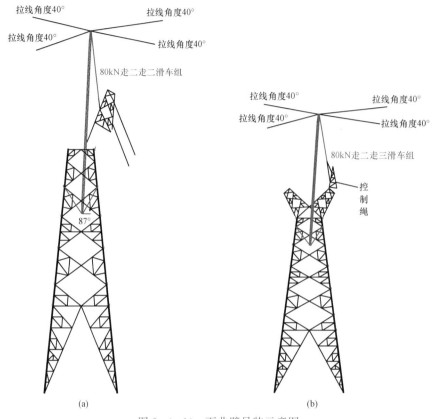

图 2-4-10 下曲臂吊装示意图

（a）下曲臂下段吊装；（b）下曲臂上段吊装

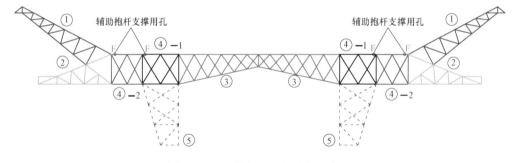

图 2-4-11 横担及地线支架示意图

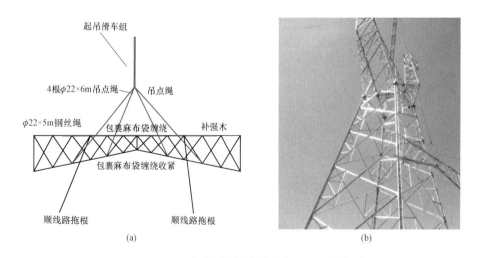

图 2-4-12 中横担横梁段吊点布置图和实物图

（a）布置图；（b）实物图

2）边横担吊装。由于抱杆垂偏角不宜过大，吊装边横担时宜使用辅助抱杆，见图2-4-13。

辅助抱杆安装于上曲臂盖顶盖前后侧处，采用定制底座与上曲臂盖主材相连。主抱杆宜调整为正直位置进行吊装，辅助抱杆做好防倾覆措施。边横担吊装示意图见图2-4-14。

由于特高压酒杯形角钢塔边横担重而长，边横担无法整体吊装，一般分为塔身侧横担、边横担分次吊装。在部分辅助无法满足吊装要求时，需要进行辅助抱杆移位。一般情况下，辅助人字抱杆的移动，需施工人员站在塔身侧横担2根主材上向外侧移动，安全风险极大且施工速度较慢。因此在施工过程中，可以考虑使用滑轨技术进行移位。

图2-4-13　辅助抱杆

3）地线支架及边横担整体吊装。根据塔形结构特点、起吊构件质量和辅助抱杆支承用施工孔的设计荷载值大小，可将单侧地线支架和边横担组装成整段，并采用人字抱杆作辅助抱杆进行吊装。地线支架及边横担吊装示意图见图2-4-15。

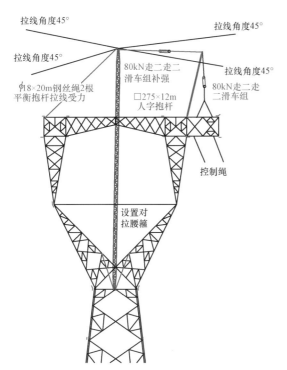

图2-4-14　边横担吊装示意图

图2-4-15　地线支架及边横担吊装示意图

吊装前，利用主抱杆将辅助抱杆缓慢降至预设的抱杆倾斜角度，设置辅助抱杆保险钢丝绳。

整体吊装时采用四吊点绑扎，吊点位于上平面主材处。起吊时，边横担外端略上翘，就位时先连接上平面两主材螺栓，然后慢慢放松起吊绳，使边横担以装好的螺栓为转动支点慢慢下降至就位位置后，连接下平面两主材螺栓。根据现场组装场地情况，也可以分上、下平面进行起吊。

5.2.5.3　耐张转角塔横担吊装

干字形耐张转角塔横担吊装时，先吊装地线横担，后吊装导线横担。悬浮抱杆在塔身的伸根长度，应根据所吊装铁塔的横担长度、基础根开、抱杆允许倾角，以及所吊装铁塔的塔身顶部根开等方面考虑。

（1）地线横担吊装。地线横担吊装时，为减少滑车组垂偏角、优化受力分析，宜采用下旋法吊装。吊装时则吊件上弦面两主材先就位，上弦面两侧主材各登上一颗螺栓，然后启动滑车组松下吊件，使下弦面就位，最后装齐全部螺栓。顶架吊装示意图和实物图见图2-4-16。

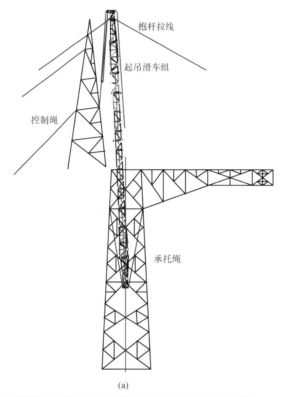

(a)

(b)

图2-4-16　顶架吊装示意图

（a）布置图；（b）实物图

（2）导线下横担吊装。耐张转角塔下导线横担采用经抱杆补强后的地线支架进行吊装。起吊滑车组应悬挂在地线横担下盖的前、后主材靠近节点处，起吊滑车组悬挂绳应采用两根 ϕ22mm 短钢丝绳套呈前后"V"形结构与下盖主材缠绕连接；同时对起吊滑车组悬挂点采用抱杆起吊滑车组进行补强。对于长横担可以考虑分段进行吊装。

导线横担近塔身侧段和远塔身侧段吊装分别见图2-4-17和图2-4-18。

5.2.5.4　钢管塔横担吊装

目前双回路钢管塔，其顶架横担多采用十字插板连接点成立体结构，不适宜作为旋转就位法

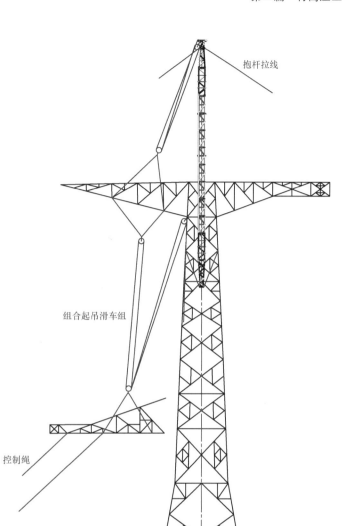

抱杆拉线

组合起吊滑车组

控制绳

图 2-4-17　导线横担近塔身吊装示意图

的首个就位点，施工过程中使用辅助抱杆进行吊装，保证横担水平就位。钢管塔上横担整体吊装示意图见图 2-4-19，其中图中数字代表铁塔塔身段数，比如⑤，就代表第 5 段塔身。

　　对于横担较长的钢管转角塔，可以采用分段进行吊装。钢管塔上横担分段吊装示意图见图 2-4-20。

　　中横担以及下横担可以利用顶架与上横担进行吊装，具体施工方法与单回路转角塔吊装施工方法类似。钢管塔中横担以及下横担吊装示意图见图 2-4-21（图中圈码数字表示不同段塔身）。

　　5.2.6　拆除抱杆

　　在塔头顶部挂一只 50kN 单轮滑车（开口），在抱杆底部倒挂一只 50kN 单滑车。将提升钢丝绳（ϕ13mm）一端绑扎在塔头顶部与单滑车相对应的节点处，另一端经抱杆底部滑车、塔头部滑车后引至地面处的地滑车，直至绞磨。拆除步骤如下：

　　（1）启动绞磨，收紧提升牵引绳，使承托绳处于松弛状态时即停止牵引。

　　（2）拆除承托绳与塔身处的连接卸扣，使承托绳松挂在抱杆底部。

　　（3）收紧四侧外拉线，随抱杆下降逐步收紧，保持抱杆呈竖直状态。

　　（4）启动绞磨，缓慢松出牵引绳，使抱杆缓缓下降。当抱杆头部接近塔头顶部时停止牵引。

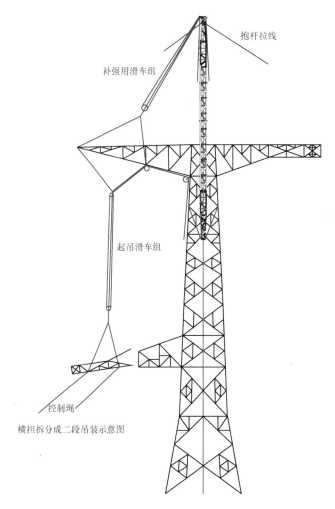

补强用滑车组

抱杆拉线

起吊滑车组

控制绳

横担拆分成二段吊装示意图

图 2-4-18　导线横担远塔身吊装示意图

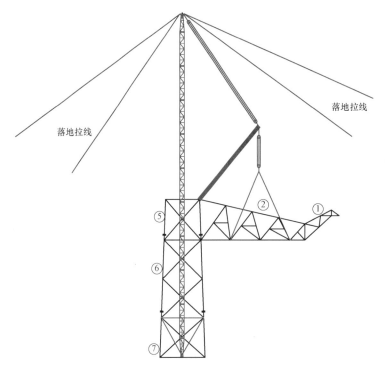

落地拉线

落地拉线

图 2-4-19　钢管塔上横担整体吊装示意图

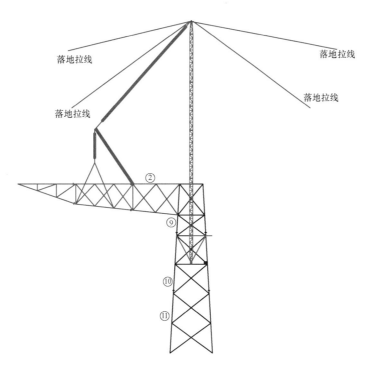

图 2 - 4 - 20　钢管塔上横担分段吊装示意图

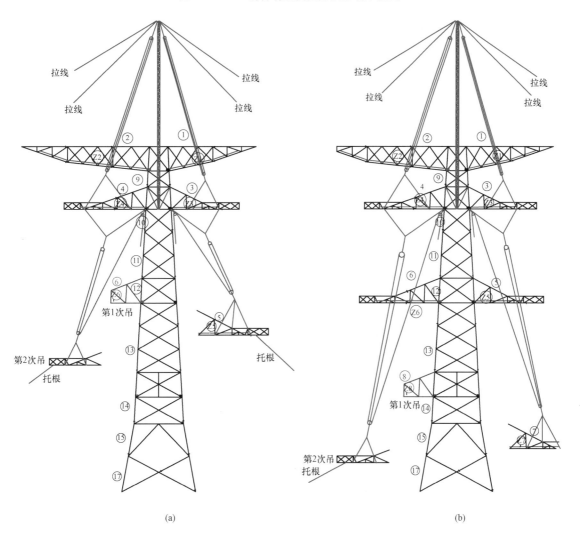

(a)　　　　　　　　　　　　　　　　　(b)

图 2 - 4 - 21　钢管塔中横担以及下横担吊装示意图
(a) 中横担吊装；(b) 下横担吊装

（5）用 2 根钢丝绳套将抱杆与塔头部连接并绑扎牢固。再缓慢启动绞磨，松出牵引绳，直至 2 根钢丝绳套完全受力后再停止牵引。

（6）拆除牵引绳在塔头部的绑扎点。在塔头下部的抱杆上方挂一只 50kN 单轮开口滑车。

（7）拆除抱杆外拉线与抱杆帽连接卸扣。

（8）启动绞磨，收紧牵引绳，使 2 根钢丝绳套不受力后并拆除之。

（9）缓慢松出牵引绳，使抱杆徐徐下降，直至地面。再通过承托绳连接棕绳，用人力将抱杆拉出塔腿外侧，使抱杆平放在地面。

（10）拆除牵引工具并整理后集中，根据运输条件将抱杆分段螺栓拆卸。

6 人 员 组 织

内悬浮外拉线抱杆分解组塔施工方法的人员配置情况见表 2-4-3。

表 2-4-3　　　　　　　内悬浮外拉线抱杆分解组塔施工人员配置参考表

序号	岗位	人数	职责	备注
1	现场负责人	1	负责施工现场的指挥工作	施工班班长
2	技术员	1	施工现场的技术指导	施工班技术员
3	安全员	1	施工现场的安全监督检查	施工班安全员
4	高处操作工	8	高处作业	有高处作业证
5	机械操作工	1	机械操作和牵引系统的布置	有机械操作工证
6	塔片组装	8	地面组装	其中两人有高处作业证
7	地勤工	8	临时拉线、控制绳控制及牵引设备配合	经检查，身体健康
	合计		技工 12 人，普工 16 人	

7 材 料 与 设 备

内悬浮外拉线抱杆分解组塔施工方法的使用主要材料和设备见表 2-4-4。

表 2-4-4　　　　　　内悬浮外拉线抱杆分解组塔施工主要材料和设备配置参考表

系统	序号	名称	规格	单位	数量	备注
抱杆系统	1	人字抱杆	400×16m	副	1	起立抱杆用
	2	起吊抱杆钢丝绳	ϕ13mm×200m	根	1	
	3	滑车	30kN	个	3	
	4	拉线钢绳	ϕ13mm×40m	根	4	
	5	拉线钢绳	ϕ1mm×20m	根	2	
	6	卸扣	50kN	个	8	
	7	高强螺栓		个	100	带抱杆顶部及承托座
	8	抱杆	□900mm×46m	副	1	
承托系统	9	承托绳套	ϕ28mm×10m	根	4	调节长度用
	10	承托绳套	ϕ28mm×3m	根	4	
	11	承托绳套	ϕ28mm×6m	根	4	
	12	卸扣	100kN	个	18	备用 2 个

系统	序号	名称	规格	单位	数量	备注
腰箍系统	13	抱杆腰箍	滚动型	套	2	
	14	腰箍绳套	φ14mm×6m	根	8	
	15	腰箍绳套	φ14mm×4m	根	16	调节长度用
	16	腰箍绳套	φ14mm×2m	根	16	
	17	卸扣	50kN	个	40	
	18	双钩紧线器	30kN	把	8	
拉线系统	19	拉线钢绳	φ12mm×350m	根	4	下端拉线
	20	拉线钢绳	φ18mm×80m	根	4	
	21	滑车	50kN 高速	个	12	下端拉线滑轮组
	22	人力绞磨	30kN	台	4	
	23	钢拉盘	80kN级	套	8	地锚
	24	钢丝绳套	φ22mm×3m	根	8	地锚钢丝绳套
	25	卸扣	80kN	个	16	
	26	卸扣	50kN	个	16	
提升系统	27	提升绳	φ13mm×300m	根	2	
	28	滑车	50kN 单轮	个	4	
			30kN 单轮	个	2	
	29	卸扣	50kN	个	6	
	30	钢丝绳套	φ17.5mm×3m	根	6	
起吊系统	31	钢丝绳	φ14mm×700m	根	1	
	32	钢丝绳	φ14mm×300m	根	1	
	33	滑车	100kN级三轮	个	2	抱杆顶滑车
			80kN级双轮	个	2	起吊动滑车
	34	卸扣	100kN	个	4	抱杆头、起吊滑车
	35	滑车	50kN	个	4	转向
	36	手扳葫芦	60kN	个	2	
	37	钢丝绳套	φ22mm×3m	根	4	转向钢丝绳
	38	钢丝绳套	φ18mm×8m	根	8	点绳
	39	吊装带	100kN	根	16	5、10m 各8根
	40	绞磨	50kN 双筒绞磨	台	3	其中1台备用
	41	联板	L-1020	块	2	绞磨用
	42	卸扣	30kN	个	4	绞磨用
	43	卸扣	50kN	个	6	绞磨地锚用
	44	钢丝绳套	φ18mm×3m	根	2	绞磨地锚钢丝绳
	45	钢拉盘	30kN级	套	2	绞磨地锚
	46	钢丝绳	φ14mm×35m	根	2	补强横担用

系统	序号	名称	规格	单位	数量	备注
转向系统	47	集中转向台	自制	套	1	
	48	手扳葫芦	60kN	把	4	
	49	钢丝绳套	ϕ22mm×12m	根	4	固定集中转向台
	50	钢丝绳套	ϕ22mm×3m	根	8	调节长度用
	51	联板	L-1020	个	4	连50kN U形环
	52	钢绳绳套	ϕ18mm×1m	根	8	连接塔脚与联板
	53	卸扣	50kN	个	16	连接用
	54	卸扣	80kN	个	12	固定集中转向台
	55	滑车	50kN	个	2	磨绳转向
控制绳系统	56	控制钢绳	ϕ11mm×200m	根	4	
	57	钢拉盘	30kN	个	8	或24根地钻（含ϕ15.5mm对对套）
	58	钢丝绳套	ϕ16mm×4m	个	8	
	59	卸扣	50kN	个	32	
	60	8字制动器	30kN	个	6	
	61	人力绞磨	30kN	个	2	上部控制绳用
其他	62	手扳葫芦	15kN	把	4	
	63	角铁桩	∠75×1.2m	块	20	
	64	吊绳	ϕ14mm×250m 尼龙绳	根	3	
	65	迪尼玛	ϕ8mm	m	500	
	66	滑车	10kN	个	8	
	67	大锤	18磅	把	2	
	68	长钢钎	1.2～1.5m	把	2	
	69	尖扳手	0.5m	把	8	带挂孔
	70	绳盘架		个	1	磨绳用
	71	枕木	□200mm×0.6m	根	100	

8 质 量 控 制

8.1 主要质量标准、规程规范

DL/T 5287 ±800kV 架空输电线路铁塔组立施工工艺导则

Q/GDW 1153 1000kV 架空输电线路施工及验收规范

Q/GDW 1163 1000kV 架空输电线路施工质量验收及评定规程

Q/GDW 1225 ±800kV 架空送电线路施工及验收规范

Q/GDW 1226 ±800kV 架空送电线路施工质量检验及评定规程

Q/GDW 1860 1000kV 架空输电线路铁塔组立施工工艺导则

国网（基建/2）112 国家电网有限公司输变电工程建设质量管理规定

国网（基建/3）188 国家电网有限公司输变电工程质量验收管理办法

8.2　质量控制措施

（1）铁塔基础必须经中间检查验收合格；分解组塔时，混凝土的抗压强度达到设计强度的 70%。

（2）铁塔构件组装要按图施工，螺栓选用、连接构件、穿插方向、紧固须统一且满足质量要求。

（3）抱杆按图示装配后，应检查各连接部分、抱箍螺栓应紧固可靠，抱杆组装不直度不大于 7‰。

（4）塔材运输、搬运过程中注意保护塔材；抱箍固定前需检查内部胶皮是否完好；合理布置吊点绳位置，吊点绑扎需垫衬软物；吊装施工应注意控制绳，避免塔材的磕碰。

9　安　全　措　施

9.1　主要安全标准、规程规范

Q/GDW 10250—2021　输变电工程建设施工安全文明施工规程

Q/GDW 12152—2021　输变电工程建设施工安全风险管理规程

国网（基建/1）92—2021　国家电网有限公司基建管理通则

国网（基建/2）111—2019　国家电网有限公司基建项目管理规定

国网（基建/2）173—2021　国家电网有限公司输变电工程建设安全管理规定

9.2　安全文明施工措施

（1）现场应有临时用电、防风、防火、防雷、防电等措施，要对施工过程进行全程安全监护。

（2）起吊时，吊件尽量位于起吊绳正下方。

（3）抱杆提升完成，工作抱箍未固定前严禁进行起吊作业。

（4）现场着装应符合劳动保护和文明施工要求；工器具应摆放整齐，做到工完、料净、场地清；施工现场应设安全围栏，安全警示牌应悬挂在醒目的位置。

（5）坚持循序作业，组织均衡施工，施工机具、材料堆放整齐，成行成列，做到文明施工。

10　环　水　保　措　施

（1）组立工序重点控制现场废弃物，加强对施工人员的宣传教育，增强环境保护意识，废弃物必须全部清除。

（2）施工时尽可能少占场地，避免破坏植被，各种施工坑开挖时出土应堆置整齐。

（3）严格防火要求，严禁引发火灾。

（4）施工后及时做好现场清理，做到工完、料净、场地清。

11　效　益　分　析

（1）本典型施工方法施工工艺成熟，应用范围广，施工工器具通用性和替代性较强，规模性效益较佳。

（2）装置结构较简单、轻便，便于组装和拆卸，可在多种地形条件使用。

（3）与座地式双摇臂外拉线抱杆相比，使用工器具较少，施工效率更高。

12　应　用　实　例

本典型施工方法已应用于白鹤滩—浙江±800kV 特高压直流输电工程鄂 5 标段铁塔组立施工。

该标段共 15 基铁塔采用内悬浮外拉线方式进行组立，铁塔总重约 1393.69t，平均单重约 92.91t，平均塔高约 73.66m，涉及 12 种塔形。现场根据被吊构件质量、吊点绳高度、起吊绳预留高度等数据，综合后采用□800mm×36m 角钢格构式悬浮抱杆和□400mm×15m 辅助抱杆完成铁塔组立。

第三篇　特高压架线工程典型施工方法

　　本章主要总结编写了特高压线路工程导线展放、滑车悬挂、紧挂线、绝缘子串吊装、附件安装、大截面导线压接、无跨越架不停电跨越施工、跨越架封网施工等典型施工方法。针对特高压线路工程常用六分裂导线，总结了 $3 \times$ "一牵二"导线展放典型施工方法，作为国家电网公司印发的 $2 \times$（一牵 N）典型施工方法的补充。滑车悬挂典型施工方法、紧挂线典型施工方法、附件安装典型施工方法、绝缘子串吊装典型施工方法、大截面导线压接典型施工方法、无跨越架不停电跨越典型施工方法、跨越架封网典型施工方法等，详细介绍了特高压工程现场具体施工流程及管控要点，结合《国家电网有限公司输变电工程标准工艺》，更好地指导现场。

典型施工方法名称：张力放线 3×（一牵二）典型施工方法

典型施工方法编号：TGYGF001 - 2022 - SD - XL011

编　制　单　位：国网特高压公司　重庆送变电公司

主　要　完　成　人：陆泓昶　黄　彬

目 次

1　前　　言

特高压输电线路因输送距离远、输送容量大，常采用六分裂（个别为 8 分裂）、大截面（≥800mm²）导线型式。一次性牵引六根子导线时，牵引设备及工器具的受力过大，需要较大投入进行重新研发或购置。结合目前国内所使用的牵引设备和工器具情况及特高压直流线路常用导线截面情况，采用 3×（一牵二）的方式展放可减少牵引设备及工器具受力，充分利用现有成熟的设备和施工工艺，施工更为安全可靠，其经济效益显著，是适用于六分裂、大截面导线架设的施工方法。

该典型施工方法已在使用六分裂、大截面导线的多个直流输电线路工程中成功使用，成效显著。

2　本典型施工方法特点

（1）采用 3 套独立的"一牵二"牵张系统展放六分裂子导线。
（2）采用同步牵引方式展放子导线，有利于保持其弧垂的一致。
（3）采用 3 套独立牵引系统，相互干扰小，降低故障影响，同时单套牵引系统受力小，有利于施工安全。
（4）每极悬挂 3 组放线滑车相距一定距离，可以减少导线相互缠绕及磨损。
（5）大截面导线直线接续管铝管压接采用带预偏的顺压方式。接续管采用带蛇节的保护装置。

3　适　用　范　围

本典型施工方法适用于特高压直流输电线路工程六分裂、大截面（≥800mm² 及以上）导线的张力放线。

4　工　艺　原　理

3×（一牵二）张力放线方式即采用 3 台牵引机配合 3 台两线张力机，利用 3 套一牵二牵引板和 3 套三轮放线滑车同时展放同极六根子导线。3×（一牵二）导线展放方式见图 3-1-1 所示。

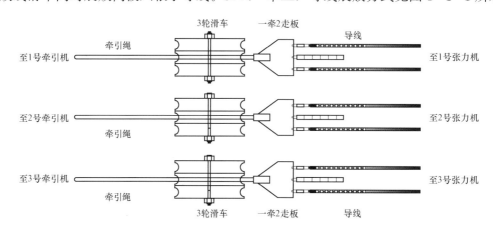

图 3-1-1　3×（一牵二）同步展放同极 6 根子导线展放方式示意图

每极导线悬挂 3 套相互独立的放线滑车等高悬挂。同步或分次在 3×（一牵二）系统中逐级展放导引绳及牵引绳。采用 3×（一牵二）同步展放的方式逐极展放导线。

5　施工工艺流程及操作要点

5.1　施工工艺流程

3×（一牵二）张力放线施工工艺流程图见图3-1-2。

5.2　操作要点

5.2.1　施工准备

5.2.1.1　技术准备

（1）放线施工前，铁塔须经过中间验收，铁塔螺栓紧固率满足95%以上要求前，基础混凝土的抗压强度必须达到设计强度的100%。耐张塔安装的耳轴挂板规格正确、与塔材的间隙和朝向符合图纸要求；线路档距、铁塔地面标高等与设计图纸相符。

（2）在架线前，应编制《导地线压接施工作业指导书》，并按要求完成报审。液压操作人员必须经过技术培训交底后制作试件，试件应按规范要求经握力试验合格。

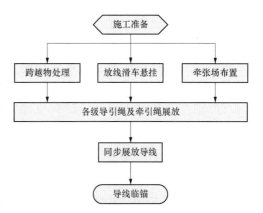

图3-1-2　3×（一牵二）张力放线施工
工艺流程图

（3）架线前应全面掌握沿线地形、交叉跨越、交通运输、施工场地等情况，并复核重要交跨物的高度及位置、弧垂观测档的档距及高差。并准备好必备的施工技术资料，包括杆塔明细表、金具组装图、张力架线施工措施等。

（4）在施工前应根据施工情况编制合理的施工技术方案，施工方案内容包括以下几个方面。

1）放线段划分及牵张场选择。进行放线段选择时应考虑以下因素：

a. 放线段长度宜控制在6~8km，且不宜超过20个放线滑车。当超过时，应采取相应的质量保证措施。

b. 牵引场、张力场位置及面积，应便于牵张设备和材料的运达及布置。

c. 放线段划分时应考虑跨越施工，应采用停电作业时间最短的方案。牵张场选择时，应重点考虑牵张场的场地大小能否满足3套牵张设备布置要求。

d. 布线：为了确保3套牵张系统基本同步，要求各子导线接头位置应一致。

2）牵张力计算。由于每个单套系统的工况完全一样，所以只需按照"一牵二"的方式对单套系统的牵张力进行计算即可。

放线段确定后，根据平断面图、导线及选定的牵张系统等数据计算出各放线段的牵张系统受力，求出牵张系统各部的最大受力，方便架线设备及工器具选择。

3）架线设备选择原则。

a. 牵引机、张力机的额定牵引力和额定张力的选择，以各放线段牵张力计算中的最大值为准进行选取。

牵引机的卷筒槽底直径不应小于牵引绳直径的25倍。主张力机的导线轮槽底直径应满足下式

$$D \geqslant 40d - 100$$

式中　D——张力机的导线轮槽底直径，mm；

　　　d——被展放的导线直径，mm。

b. 导引绳、牵引绳的安全系数均不得小于3。当施工段内有特殊跨越时，安全系数不得小于3.5。

c. 放线滑车的选择。放线滑车按承受二根子导线的荷载选择三轮放线滑车。导线放线滑车轮槽底直径和槽形应符合相关规定，滑轮的摩阻系数不应大于 1.015。计算垂直荷载、包络角等数据，验算直线塔、耐张塔是否悬挂双滑车及不等高悬挂。

d. 配套连接器均按出厂允许承载能力选用，并注意与导线规格和主要机具相匹配。

（5）施工前对施工人员进行施工技术方案交底和培训，确保施工人员掌握施工技术要点。

5.2.1.2 施工场地及运输道路准备

（1）对场地进行规划、平整，并完成安全文明施工布置，对原有运输道路进行勘查，补修不具备设备及架线材料通过能力的路段，避让危桥。

（2）根据规划的张牵设备摆放位置和锚线位置，挖设地锚坑和马槽，经项目部和监理人员验收合格后，埋设地锚。

5.2.1.3 材料准备

（1）所有架线材料到货后，都必须报请监理部组织进行开箱验收，验收合格后方准进场使用。

（2）架线施工前，需核对导地线线盘轴孔、线长、外形尺寸是否与尾车相配；核对金具的规格、数量、尺寸，并按施工图进行试组装；接续管和耐张线夹应用卡尺检查其内、外径等尺寸，外观检查不得有裂纹、砂眼、气孔等缺陷。

（3）运达现场的绝缘子型号、颜色、数量等应符合设计要求。

（4）材料按照供应计划运抵工地，定置化摆放，并采取做好成品保护措施。

5.2.1.4 机具准备

根据施工技术要求配备放线机具，成套放线机具应相互匹配。

（1）主牵引机及钢丝绳卷车：主牵引机应符合 DL/T 372 及相关标准的规定。

（2）主张力机及导线轴架：主张力机应符合 DL/T 1109 及相关标准的规定。

（3）放线滑车：放线滑车应符合 DL/T 371 及相关标准的规定。

（4）与导线、地线、牵引绳、导引绳配套的卡线器：导线卡线器应符合 DL/T 875 及相关标准的要求。

（5）液压压接机：液压压接机应符合 DL/T 689 及相关标准的规定，导线地面压接过程中应采用导轨式托架。

（6）导线轴架应具有制动装置。

（7）小牵引机一般随带可升降的导引绳回盘机构。

（8）导引绳、牵引绳均应使用防扭钢丝绳，并符合 DL/T 1079 的要求。

（9）张力架线其他特种受力工器具，使用前应对所用工器具认真进行外观检查，并依据 DL/T 875 进行必要的试验。

（10）每次使用牵引机、张力机前，应对设备的布置、锚固、接地装置以及机械系统进行全面检查，并做空载运转试验。

5.2.2 跨越物处理

跨越施工应符合 DL 5009.2、DL/T 5106、DL/T 5301、Q/GDW 11957.2 等相关标准的规定。

（1）施工前应清理线路通道内影响张力放线施工的房屋、树木等障碍物。

（2）跨越施工应充分考虑导引绳、牵引绳、导线等在放线过程中处于架空状态这一特点，慎重选择跨越施工方案，防止放、紧线过程中发生张力失控，确保施工安全和被跨越物的安全。

（3）根据不同的跨越物特点及现场情况，采取合理的跨越措施。

1）跨越高速公路、铁路，一般采取搭设跨越架的方法进行跨越。

2）跨越低压线路及通信线路等，优先采用停电、落线保护等方式跨越，也可采取电缆过渡或搭设跨越架的方法进行跨越。

3）跨越高压电力线路施工的跨越方式分为停电跨越和不停电跨越两种，跨越施工中应优先考虑停电跨越。当采用不停电跨越架线时，应优先采用搭设跨越架的跨越架线方法。当不具备上述两种条件时，在档距、塔高、跨越位置等条件满足要求时，方可采用无跨越架不停电跨越架线方法。

5.2.3　放线滑车悬挂

放线滑车悬挂，可参见放线滑车悬挂典型施工方法本章第二节相关内容。

5.2.4　牵张场布置

牵张场的选择应符合规范及导则的要求，并满足以下要求：

（1）牵引机、张力机一般布置在线路中心线上，与邻塔悬点的高差角不宜超过 15°，水平角不宜超过 7°。

（2）牵引机、张力机能直接运达，或道路桥梁稍加修整加固后可运达。

（3）场地地形及面积满足设备、导线布置及施工操作要求。

（4）相邻直线塔允许作过轮临锚，符合设计和施工操作的要求；锚线角不大于设计规定值；锚线及压接导线作业无特殊困难。

特高压直流输电线路常用的 6 分裂导线，张力架线采用 3×（一牵 2）的牵引场平面布置示意图见图 3-1-3；张力场布置示意图见图 3-1-4。

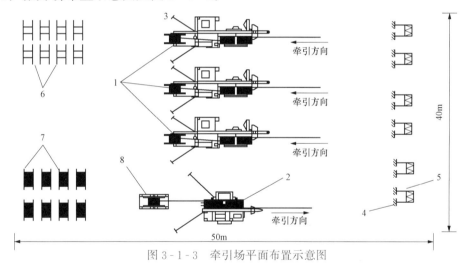

图 3-1-3　牵引场平面布置示意图

1—大牵引机；2—小张力机；3—地锚；4—锚线地锚；5—锚线架；6—牵引绳轴架；7—牵引绳；8—小张力机尾车

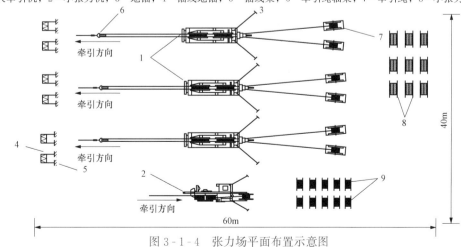

图 3-1-4　张力场平面布置示意图

1—张力机；2—小牵引机；3—地锚；4—锚线架；5—锚线地锚；6—牵引板；7—张力机尾车；8—导线；9—导引绳

5.2.5　各级导引绳及牵引绳的展放

5.2.5.1　初级导引绳展放

初级导引绳展放一般应采用空中展放，即利用飞行器展放初级导引绳。按飞行器能力分段展放，将初级导引绳逐基落到杆塔顶部，人工将初级导引绳挪移并过渡到需用极的多轮放线滑车内，将各段相连接，使其在施工段内贯通相连。

5.2.5.2　中间级导引绳的展放

（1）小规格导引绳牵放大规格导引绳。利用初级导引绳牵放二级导引绳、二级导引绳牵引三级导引绳，以此类推，逐级牵放，牵放方式为一牵 1，最终牵引出所需规格导引绳。

（2）通过多轮放线滑车，一根导引绳牵放多根导引绳。牵引板每经过一基塔，采用绕牵法，除留下一根导引绳外，通过塔上人工操作将施放的其余导引绳挪移到其他组放线滑车内。牵引完成后，重复以上操作，直至导引绳布满所有放线滑车。

5.2.5.3　牵引绳展放

用导引绳通过小牵引机和小张力机配合，带张力展放牵引绳，展放牵引绳的操作方法与导线张力放线相同，属于一牵 1 展放方式。牵引绳与牵引绳的连接应使用能通过牵引机卷扬轮的抗弯连接器。旋转连接器过牵引机牵引轮前必须换成同吨位的抗弯连接器。

5.2.6　同步展放导线

5.2.6.1　张力场操作准备

（1）用吊车将各线盘按扇形放在 3 台主张力机后适当的位置，张力场人员支好并固定放线架，使线轴离开地面能自由转动，出线与相应的轮槽对应。

（2）拆下导线外包装，引出线头，套上蛇皮套，并用 10 号铁丝在网套连接器尾部间距 150mm 左右缠绕紧密两道，每道不少于 20 圈（放线区段内有重要跨越的采用压接式牵引头或装配式牵引器），然后把导线同张力轮上的尼龙绳连接。

（3）人力拉住尼龙绳头，发动张力机，将导线慢慢放出张力机。

（4）将导线头通过旋转连接器和钢丝绳套分别连接到牵引板上，收紧导线，解除牵引绳临锚，紧上导线支架的刹车装置。

5.2.6.2　牵引场操作准备

（1）将牵引绳余绳从小张力机上汇出，启动 3 台牵引机，通过主牵引轮布设的尼龙绳分别引导缠绕在 3 台牵引机的牵引轮后，将余绳固定缠绕在尾车的空绳盘上。继续缓慢收紧牵引绳，临锚松弛后解锚。

（2）牵引准备就绪，听从张力场总指挥的指令进行牵引，否则不得牵引。

（3）护线人员应检查各自塔号放线滑车上牵引绳是否均位于正确槽位。

5.2.6.3　通信系统

张力放线的现场总指挥设在张力场。全现场按现场总指挥的统一指令作业，现场总指挥按各岗位的情况，汇总并判断后发出作业指令。

由于 3×（一牵二）同步架线方式设备较多，必须严格规定各系统的编号，在技术交底时着重强调，确保施工人员能够正确报告相应系统的故障，确保通信系统畅通。

牵引时应先开张力机，待张力机刹车打开后，再启动牵引机；停止牵引作业时应先停牵引机，后停张力机。放线过程中应始终保持尾线、尾绳有足够的尾部张力。

3 台牵引机接到由任何岗位发出的停车信号时，均应立即同时停止牵引；任何情况下，张力机应按现场总指挥的指令操作。

5.2.6.4　同步展放要求

三套张牵设备同步展放同极子导线时，各子导线间放线张力应基本相等，放线弧垂应基本相同，放线速度应基本相近，走板距离应基本相近，施工操作时应注意如下事项：

（1）两台以上张力机或牵引机在布场时，应前后相互错开 3～5m，使设备操作手之间能通视并通过手势沟通。

（2）设备操作应明确主操作手与副操作手，副操作手应以主操作手牵放的速度、张力、弧垂等为标准向主操作手牵放的子导线靠拢，随从主操作手牵放过程中的张力、牵引力等的调整，使同档内放线弧垂保持基本相同。

（3）操作手应预先规定手势语言，操作手通过手势进行沟通，保持设备牵放的一致性。

（4）同步展放的牵引板应错开一段距离，防止牵引板同时过同塔放线滑车时，产生子导线间磨伤或掉撒。

（5）护线人员应加强监视，及时通知牵张场人员调整牵张力，使各套机器输出张力尽量保持一致，保持牵引板平稳前进。

5.2.6.5　换盘压接

（1）导线交货盘上尚剩 6 圈导线时停止牵引，张力机制动。

（2）将尾线临时锚固；将导线盘上的余线放出后换导线盘；将放出的线尾与新导线盘线头用双头网套连接器临时连接，将余线全部盘绕到新线盘上；恢复线盘制动，拆除尾线临锚。

（3）打开张力机制动；牵引机慢速牵引。当网套连接器到达压接操作点时停止牵引，张力机制动。

（4）在压接操作点前将导线临时锚固；打开张力机刹车，放出一段导线，拆除双头网套连接器，进行压接作业，压接完成后在接续管外安装接续管保护装置，并符合 DL/T 1192 的相关要求。

（5）拆除临锚。临锚拆除后，打开张力机制动，继续牵引。

5.2.6.6　转角塔预偏调整

随着导引绳、牵引绳、导地线规格以及放线张力的变化，转角塔放线滑车所受的合力方向也会变化，需要随时进行放线滑车预偏角度的调整，以保证滑车受力始终垂直于轴向，避免掉辙现象见图 3-1-5。

5.2.6.7　上扬处理

放线张力升高到一定程度即将出现上扬时，暂停牵引，安装上扬塔号的压线滑车。上扬终结，及时拆除压线滑车。

导引绳、牵引绳上扬用单轮压线滑车压绳消除。小转角及无转角耐张塔导线上扬，用倒挂放线滑车压线消除，见图 3-1-6。

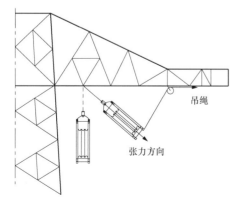

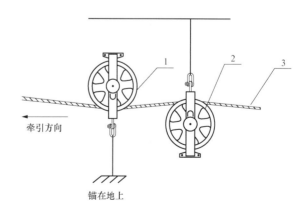

图 3-1-5　转角塔预偏调整示意图　　　　　图 3-1-6　放线滑车倒挂压线示意图

1—压线滑车；2—放线滑车；3—导线

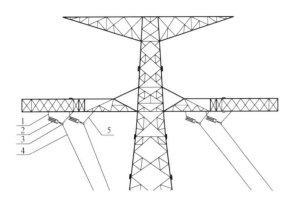

图 3 - 1 - 7 利用放线滑车压线示意图

1—预偏调整钢丝绳；2—放线滑车；3—三孔联板；

4—压线钢丝绳；5—悬挂滑车钢丝绳

倒挂放线滑车应拆掉滑车横梁板或采用开口式专用滑车，保证牵引板能直接通过，并且压线滑车轮槽宽度应能通过压接管保护套。

耐张大转角塔上扬时，利用放线滑车进行压线，见图 3 - 1 - 7。

具体布置：按常规方法悬挂放线滑车，但在放线滑车挂点增加一根拉线至地面锚固并能调节张力。在放线滑车底端绑扎一根控制绳，与横担连接并能调节放线滑车的倾斜角度，随着导线或牵引绳等的上扬情况人工调整。

5.2.7 导线临锚

每极导线展放完成时，在牵、张机前将导线临时锚固，锚线水平张力最大不得超过导线保证计算拉断力的 16%。锚线时必须设置二道保护。锚线后导线距离地面不应小于 5m，且保证控制档与被跨越物距离满足要求。

6 人 员 组 织

3×（一牵二）张力放线施工人员基本配置表见表 3 - 1 - 1。

表 3 - 1 - 1　　　　　　　　　3×（一牵二）张力放线施工人员基本配置表

序号	岗位	人数	职责
1	班组负责人（总指挥）	1	全面负责放线施工的指挥和管理（张力场）
2	班组安全员	2	负责架线施工张牵场安全监督检查
3	班组技术员	1	提供技术支持工作
4	现场指挥	1	负责牵引场的指挥
5	测工	2	负责弧垂观测
6	牵张机操作手	8	负责牵张设备的操作
7	地面压接工	6	负责张力场接续管的地面压接施工
8	高空作业	20	负责护线等高空作业
9	吊车司机	4	负责牵张场的设备及材料吊装
10	普工	20	负责牵张场、护线、换盘等地面工作

7 材 料 与 设 备

本典型施工方法以 3×（一牵二）方式展放 6 分裂 $1000mm^2$ 导线为例，采用的主要设备见表 3 - 1 - 2。

表 3 - 1 - 2　　　　　　　　　3×（一牵二）张力放线主要设备配置表

序号	名称	规格	数量	单位	备注
1	主牵引机	SAQ - 250	6	台	牵引主牵绳
2	两线张力机	SA - YZ - 2×80	6	台	展放导线
3	小张力机	WZT - 40	8	台	展放主牵绳、地线
4	小牵引机	WQT - 80	8	台	展放主牵绳

续表

序号	名称	规格	数量	单位	备注
5	液压机	3000kN	12	台	张力场导线压接
6	一牵2牵引板	250kN	12	套	连接导线
7	主牵绳	□28	75	千米	牵引导线
8	导引钢丝绳	□22	75	千米	牵引主牵绳、地线
9	导、地线断线钳	液压式	50	把	
10	剥线器	导线	15	套	更换模具使用900~1250
11	地锚	100kN	130	副	小牵引机、小张力机、导线锚固
12	地锚	200kN	40	副	大牵引机、大张力机锚固、导线临锚
13	吊车	25t	4	台	
14	对讲机		100	台	通信使用
15	电台		8	套	通信使用

8 质 量 控 制

8.1　主要执行的质量标准

DL/T 5235　±800kV及以下直流架空输电线路工程施工及验收规程

DL/T 5236　±800kV及以下直流架空输电线路工程施工质量检验及评定规程

Q/GDW 1226　±800kV架空送电线路施工质量验收及评定规程

Q/GDW 10154.1　架空输电线路张力架线施工工艺导则　第1部分：放线

Q/GDW 10225　±800kV架空送电线路施工及验收规范

8.2　质量控制措施

（1）同极的相邻放线滑车独立悬挂时，应保证间距不小于1.5m，防止子导线因不同步损伤。

（2）导线展放时，牵张系统应基本同步，牵张力应基本一致，确保子导线初伸长一致，减少子导线弧垂误差。

（3）一般同极三副牵引板不同时过放线滑车。牵引板通过放线滑车应加强监视，避免冲击导致其他滑车内的牵引绳或导线掉辙。

（4）直线塔采用双联悬式绝缘子串悬挂放线滑车时，应采取措施防止放线过程中冲击导致绝缘子串互碰。

（5）合理布线避免接头落在不允许接头档，并减少接头数量。同极子导线的布线位置应一致，以确保导线接续管同时压接，确保系统基本同步。

（6）导线临锚应使相邻子导线之间相互错开，防止鞭击。导线临锚时，卡线器后端导线应安装胶管，锚绳应挂胶，防止锚线工具损伤导线。

9 安 全 措 施

9.1　主要执行的安全标准

DL 5009.2　电力建设安全工作规程　第2部分：电力线路

DL/T 5106　跨越电力线路架线施工规程

DL/T 5301　架空输电线路无跨越架不停电跨越架线施工工艺导则

Q/GDW 11957.2　国家电网有限公司电力建设安全工作规程　第2部分：线路

DL/T 875 架空输电线路施工机具基本技术要求

9.2 安全控制措施

（1）施工人员体检合格，并完成进场安全教育培训及考试。完成 E 基建及风控平台双准入。绞磨操作人员及高空作业人员必须经培训合格并持有效证件上岗。

（2）高空作业人员作业及移动时不得失去保护。

（3）跨越架及承力索护网搭设应考虑滑车间距的影响，确保导线均在跨越架及承力索护网的保护范围内。

（4）张牵设备必须设置接地且在牵引绳、导地线上也应设置接地滑车。张牵设备操作人员应站在干燥的绝缘垫上，不得与未站在绝缘垫上的人员接触。

（5）跨越不停电线路时，跨越档两端的放线滑车应为接地型，并可靠接地。

（6）工器具及绳索使用前应认真进行外观检查，并依据 DL/T 875 进行必要的试验。与导引绳、牵引绳或网套连接器相联的抗弯连接器或旋转连接器必须安装滚轮。牵引系统各种连接器安装完成后，应经检查确认正确安装后方可继续作业。旋转连接器不得通过高速转向滑车和牵引轮。

（7）避免牵引板同时过滑车，以减少对铁塔的冲击。

（8）牵张系统之间的通信编号必须严格区分，确保信号能够正确传递。

（9）尽管两套牵张系统之间的通信编号已经严格区分，但是当听到护线人员报送故障时两台牵引机必须同时停止牵引，明确故障信息及处理后方可继续牵引，避免牵引过程中故障进一步扩大。

（10）锚线必须采用相互独立两道保护措施。

10 环 水 保 措 施

（1）严格按导则及相关规定施工，优化牵、张场布置，尽量少占用土地、砍伐林木和破坏植被。平场和地锚开挖时，注意生熟土分离。

（2）施工后及时做好现场清理。做到工完、料净、场地清，并将施工时的地锚坑全部回填到位。

11 效 益 分 析

本典型施工方法是建立在成熟 3×"一牵二"施工方法的基础上编制，有利于安全和质量控制。

本典型施工方法与同类方法相比，可以大量有效利用现有装备及工器具，在施工时易于实现，可以大大提高经济效益。

12 应 用 实 例

本典型施工方法已广泛应用于特高压直流输电线路工程，以白鹤滩—江苏±800kV 特高压直流输电线路工程皖 1 标段为例。该段线路长度 77.446km，其中丘陵占比 5%，山地占比 95%。导线采用 6×JL1/G2A-1000/80 钢芯铝绞线、6×JL1/G2A-900/75 钢芯铝绞线；1 根地线采用 JLB20A-150 铝包钢绞线，另一根地线采用 OPGW-150 复合光缆。综合考虑工程现场、区段长度、运输条件、交叉跨越等因素，该标段共划分成 13 个放线区段，历时约 50 天完成导线展放。

典型施工方法名称：放线滑车悬挂典型施工方法

典型施工方法编号：TGYGF001 - 2022 - SD - XL012

编　制　单　位：国网特高压公司　重庆送变电公司

主　要　完　成　人：张茂盛　汪龙生

目　次

1　前　　言

特高压直线线路一般采用 6 分裂大截面导线，导线张力展放主要采用 3×（一牵二）方式；特高压交流线路一般采用 8 分裂导线，导线张力展放主要采用 2×（一牵四）方式。

针对特高压工程应用范围最广的 3×（一牵二）和 2×（一牵四）导线展放方式，本典型施工方法提出了与之相适应的导线放线滑车悬挂方式。

2　本典型施工方法特点

（1）采用 3×（一牵二）放线方式，每极悬挂三组三轮放线滑车；采用 2×（一牵四）放线方式，每相悬挂两组五轮放线滑车。

（2）充分结合已有的直线绝缘子串悬挂方式和设计的铁塔滑车悬挂点，结构受力清晰，同时考虑到减小同相（极）非同步展放子线间影响。

（3）放线时各相（极）子线悬挂点高度保持一致，附件前后高度变化小，便于紧线时弧垂观测，减小弧垂误差。

（4）子导线提线就位较为便捷，减少附件安装工作量。

3　适　用　范　围

本典型施工方法适用于特高压工程张力架线 3×（一牵二）和 2×（一牵四）的导线放线滑车的悬挂。

4　工　艺　原　理

利用机动绞磨和人力辅助完成直线绝缘子串、挂具及导线放线滑车分解或组合起吊、安装等作业。

5　施工工艺流程及操作要点

5.1　施工工艺流程

放线滑车悬挂典型施工工艺流程图见图 3-2-1。

5.2　操作要点

5.2.1　施工准备

5.2.1.1　技术准备

放线滑车的选型应符合 DL/T 371 及相关标准的规定，并与牵引板相互配合，钢丝绳轮应满足旋转连接器等工器具的通过性，导线轮应满足导线直线管保护装置的通过性。

按照 Q/GDW 10154.1《架空输电线路张力架线施工工艺导则　第 1 部分：放线》5.4.2 条款，选择是否挂设双滑车。按照该导则 5.4.6 和 5.4.7 条款进行双滑车挂具长度差调整和耐张塔挂具悬挂点位移计算。结合耐张塔的转角大小、放线时单双侧上扬以及导线上扬力情况，选择合适的滑车挂设方式，避免放线过程中滑车触碰铁塔横担。

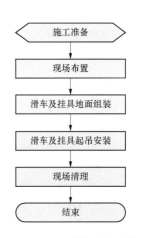

图 3-2-1　放线滑车悬挂
典型施工工艺流程图

根据滑车挂设方式、张力放线计算结果和牵引板过滑车的冲击荷载工况，验算挂具的性能是否满足受力要求。

完成吊装系统的受力计算，根据受力计算结果，确定磨绳的走线方式，选择相应的磨绳、卸扣、绞磨等受力工器具。同时根据土质条件，对绞磨地锚的埋深进行验算。

完善施工技术方案放线滑车悬挂相关内容。

5.2.1.2 施工机具准备

（1）根据工器具选型结果，综合放线计划及各放线段情况，配备相应的放线滑车悬挂工器具。

（2）工器具进场前，应按照 DL/T 875《架空输电线路施工机具基本技术要求》完成必要的试验。使用前，应认真进行外观检查和型号核对。

5.2.1.3 施工人员交底及培训

施工前，对施工人员进行施工技术方案交底和培训，确保施工人员掌握施工技术要点。

5.2.2 现场布置

绞磨及地锚位置应设置在施工材料和工器具可能的坠落半径范围外，方向正对塔脚转向滑车。

严格按照设计图、施工技术方案相应的放线滑车悬挂及吊装方式，清点材料和所需工器具。

布置好各项安全防护和文明施工措施后，经现场负责人（安全监护人）验收合格后，方可开展吊装作业。

5.2.3 滑车及挂具地面组装

绝缘子安装前应逐个（串）进行外观检查，并将表面清理干净。

按照设计图、施工方案等相关技术及工艺要求，进行绝缘子串地面组装。

5.2.4 滑车及挂具起吊安装

悬挂放线滑车的挂具与横担的连接挂点，应优先选择铁塔预留的施工孔。若利用横担下平面主材节点位置悬挂时，应经设计验算许可。悬挂时，与主材采用绑扎钢丝绳套方式连接，绑扎位置应能避免钢丝绳套在主材上滑动，连接处应内衬方木，外包胶皮进行保护。

同相（级）导线横线路方向相邻两放线滑车悬挂点水平距离不小于1.5m。

特高压直流线路直线塔V形串采用挂板或挂架方式悬挂放线滑车时，同相（级）相邻两放线滑车水平距离通常不足1.5m。此时，可通过牵引同步装置实现子线同步牵引、大档距中央设置子导线分离器、调整子线张力使其空间错位等方式，防止同相（级）子导线混绞和擦伤。

5.2.4.1 特高压交流线路直线（直转）塔悬挂放线滑车方法

（1）单放线滑车悬挂。I形串单放线滑车悬挂方式见图3-2-2。特高压交流单回塔中相V形串单放线滑车悬挂方式可以采用图3-2-2中相类似I形串的悬挂方式，也可以采用图3-2-3所示悬挂方式。

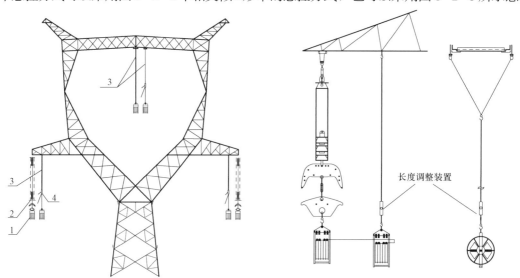

图3-2-2 直线塔I形串单放线滑车悬挂示意图

1—放线滑车；2—联板；3—钢丝绳套；4—长度调整装置

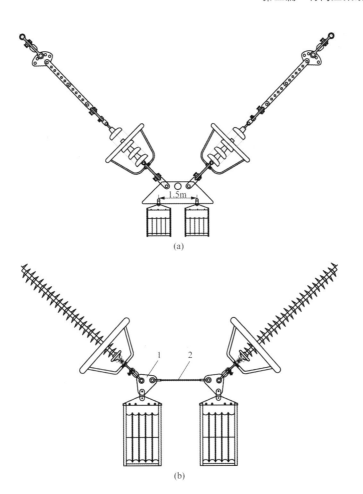

图 3 - 2 - 3　直线塔 V 形串单放线滑车悬挂示意图

（a）单放线滑车悬挂方式一；（b）单放线滑车悬挂方式二

1—三孔联板；2—连接钢丝绳套

（2）双放线滑车悬挂。I 形串和 V 形串双放线滑车悬挂方式均可参照图 3 - 2 - 4。

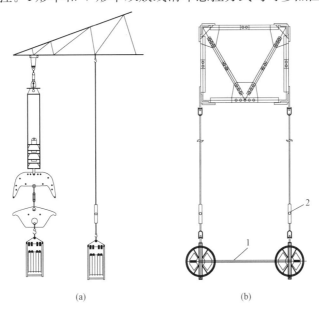

图 3 - 2 - 4　直线塔双放线滑车悬挂示意图

（a）双放线滑车正视图；（b）双放线滑车侧视图

1—撑铁；2—长度调整装置

5.2.4.2　特高压交流线路耐张塔悬挂放线滑车方法

（1）单放线滑车悬挂。耐张塔单放线滑车悬挂见图3-2-5，可以采用拉棒组合成V形连接，也可以采用V形钢丝绳套连接V形串。

（2）双放线滑车悬挂。当横担宽度较大，耐张塔前后两侧垂直档距相差较大时，取消撑铁双滑车也能避免相碰时，可不安装撑铁。耐张塔单放线滑车悬挂示意图见图3-2-6。

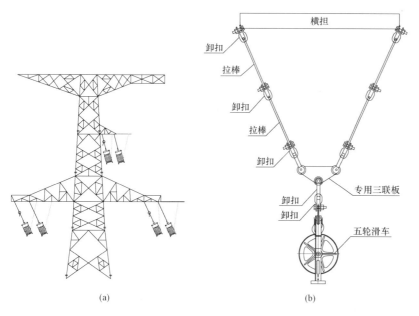

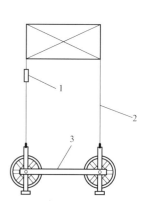

图3-2-5　耐张塔单放线滑车悬挂示意图

（a）单放线滑车悬挂正视图；（b）单放线滑车悬挂侧视图

图3-2-6　耐张塔单放线

滑车悬挂示意图

1—长度调整装置；2—钢丝绳套；3—撑铁

5.2.4.3　特高压直流线路直线（直转）塔悬挂放线滑车方法

（1）单放线滑车悬挂。利用V形绝缘子串，将放线滑车通过加工的专用联板或挂架与绝缘子串末端金具连接悬挂。直线塔V形串单放线滑车示意图见图3-2-7。

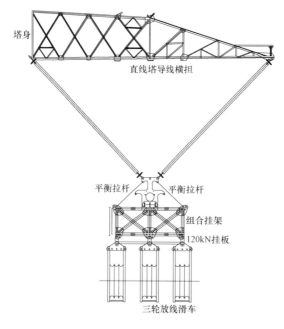

图3-2-7　直线塔V形串单放线滑车示意图

（2）双放线滑车悬挂。采用单联 V 形绝缘子串悬挂双滑车时，一组放线滑车与直线塔单滑车悬挂在 V 形串的悬挂方式一致，另一组放线滑车通过另一块联板或挂架，利用两根钢丝绳套和葫芦连接在导线横担中部前侧或后侧主材的提线施工孔上。为防止前后侧的滑车相互碰撞，双滑车间用撑铁进行连接。直线塔单联 V 形串双放线滑车正面图、侧视图分别见图 3-2-8 和图 3-2-9。

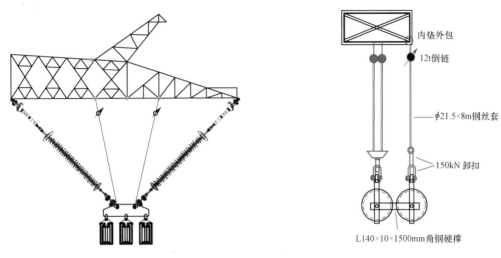

图 3-2-8　直线塔单联 V 形串双放线滑车正面图　　图 3-2-9　直线塔单联 V 形串双放线滑车侧视图

采用双联 V 形绝缘子串，悬挂双滑车时，两组放线滑车与直线塔单滑车悬挂在 V 形串的悬挂方式均一致。为防止前后侧的滑车相互碰撞，双滑车间用撑铁进行连接，如图 3-2-10 所示。

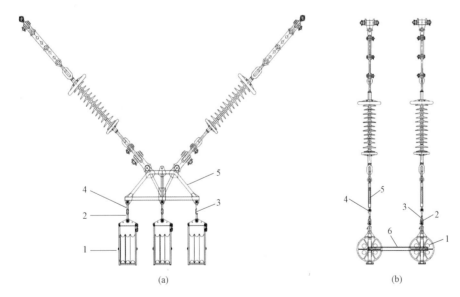

图 3-2-10　直线塔双联 V 形串双放线滑车侧视图
（a）双放线滑车正视图；（b）双放线滑车侧视图
1—三轮放线滑车；2—卸扣；3—延长环；4—卸扣；5—挂架；6—撑铁

5.2.4.4　特高压直流线路耐张塔悬挂放线滑车方法

（1）单放线滑车悬挂。耐张塔悬挂单放线滑车采用 V 形钢丝绳套或拉棒组合悬挂在横担下平面两侧主材挂点附近施工孔上。单滑车悬挂正、侧面示意图分别见图 3-2-11 和图 3-2-12。

（2）双放线滑车悬挂。挂双滑车的耐张塔，其两侧挂点位置与单滑车相同。双滑车悬挂组装示意图见图 3-2-13，双滑车悬挂侧面示意图（无撑铁）见图 3-2-14。

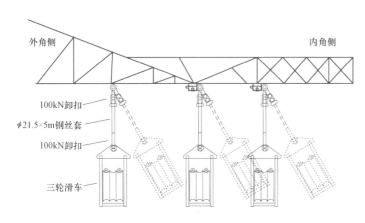

图 3-2-11 单滑车悬挂正面示意图

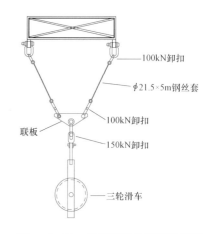

图 3-2-12 单滑车悬挂侧面示意图

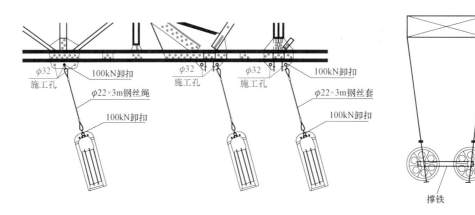

图 3-2-13 双滑车悬挂组装示意图

当横担宽度较大，耐张塔前后两侧垂直档距相差较大时，取消撑铁双滑车也能避免相碰时，可不安装撑铁。

放线时，遇导线上扬较严重的耐张塔位，除了采取压线措施和调整滑车倾角的方式外，还可改变滑车挂设方式，采取放线滑车倒挂、增加钢丝绳套压放线滑车联板（钢丝套一头锚固于塔身或地面，另一头连接滑车联板附近设置的三联板）的方式，避免放线滑车与横担相碰。压放线滑车联板悬挂见图 3-2-15，放线滑车倒挂图 3-2-16。

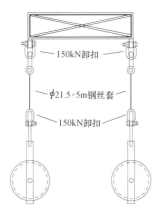

图 3-2-14 双滑车悬挂侧
面示意图（无撑铁）

图 3-2-15 压放线滑车联板悬挂

图 3-2-16 放线滑车倒挂

5.2.4.5　放线滑车吊装方式

（1）单放线滑车Ⅰ形串吊装。合成绝缘子双Ⅰ形串吊装，磨绳吊点设置在合成绝缘子串下端金具联板上，通过横担端部、横担与塔身结合处、塔脚等处转向滑车引至机动绞磨。两控制绳吊点设置在合成绝缘子上端金具上，当绞磨提升放线滑车时，两控制绳跟随提升合成绝缘子串。单放线滑车Ⅰ形串起吊示意图（合成绝缘子双Ⅰ形串）见图3-2-17。

合成绝缘子单Ⅰ形串吊装方式类似，只需设置一根控制绳跟随提升合成绝缘子串。

悬式绝缘子单Ⅰ形串吊装，设置一套牵引系统，磨绳吊点设置在绝缘子串上端金具上进行吊装。

悬式绝缘子双Ⅰ形串吊装，磨绳通过Ⅴ形套连接在两串绝缘子串上端金具上，连接点通过支撑卡具将两串绝缘子串分开，牵引方式与单Ⅰ形串相同。

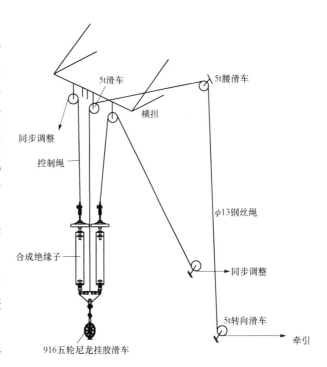

图3-2-17　单放线滑车Ⅰ形串起吊示意图
（合成绝缘子双Ⅰ串）

（2）单放线滑车带挂具吊装。单放线滑车带挂具吊装类似合成绝缘子单Ⅰ形串吊装方式。单放线滑车带挂具吊装示意图见图3-2-18。

（3）单放线滑车Ⅴ形串吊装。单放线滑车Ⅴ形串吊装示意图（合成绝缘子串）见图3-2-19。

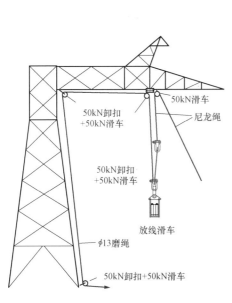

图3-2-18　单放线滑车带挂具吊装示意图

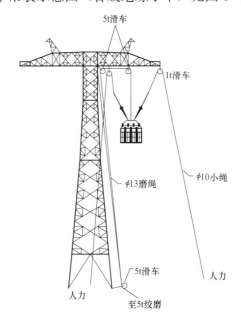

图3-2-19　单放线滑车Ⅴ形串吊装示意图
（合成绝缘子串）

合成绝缘子单Ⅴ形串吊装，类似合成绝缘子双Ⅰ形串吊装。

合成绝缘子双Ⅴ形串吊装，设置一套牵引系统，类似合成绝缘子单Ⅴ形串吊装，磨绳设置方式不变，每根控制绳通过 V 形套连接两串合成绝缘子上端金具，吊点处绑扎木棒隔开。

悬式绝缘子单 V 形串吊装，设置两套牵引系统，两根磨绳吊点分别设置在两绝缘子串上端金具上，通过在横担端部 V 形串挂点附近设置一个转向滑车，横担根部 V 形串挂点附近设置两个转向滑车：一根磨绳通过横担端部滑车引至根部一个转向滑车再引下至一台绞磨，另一根磨绳通过横担根部的另一个转向滑车直接引下至另一台绞磨，两台绞磨同步进行绝缘子串吊装。单放线滑车单 V 形串吊装示意图（悬式绝缘子）见图 3 - 2 - 20。

（4）双放线滑车绝缘子串吊装。按横担前后侧拆分成两串 V 形串或 I 形串，分别按相应的单放线滑车吊装方式进行吊装（其中一串带撑铁），高空完成撑铁组装。

（5）双放线滑车带挂具吊装。双放线滑车带挂具吊装，可一次吊装完成。磨绳通过 V 形套连接双滑车，挂具绑扎在磨绳上，随滑车起吊。双放线滑车带挂具吊装示意图见图 3 - 2 - 21。

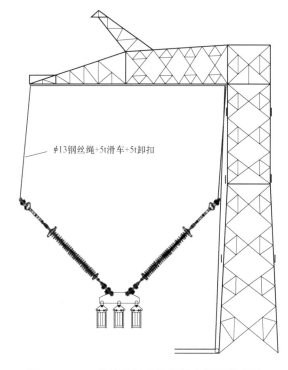

图 3 - 2 - 20 单放线滑车单 V 形串吊装示意图
（悬式绝缘子）

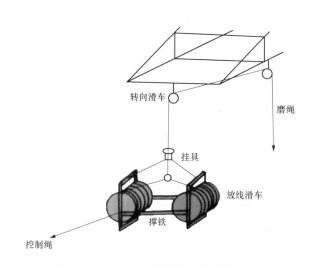

图 3 - 2 - 21 双放线滑车带挂具吊装示意图

6 人 员 组 织

导线放线滑车悬挂施工人员组织见表 3 - 2 - 1。

表 3 - 2 - 1 导线放线滑车悬挂施工人员基本配置表

序号	岗位	人数	职责
1	班组负责人	1	负责滑车悬挂施工的指挥和管理
2	班组安全员	1	负责安全监督管理
3	班组技术员	1	负责技术、质量
4	高空监护人	1	负责高空作业监护
5	高空作业	3	负责滑车悬挂施工的高空作业
6	绞磨操作	2	根据绞磨使用数量确定
7	地面作业	8	配合滑车悬挂、绞磨尾绳等地面工作
	合计	17	

7　材料与设备

采用的主要工器具见表 3-2-2。

表 3-2-2　　　　　　　　　导线放线滑车悬挂主要工器具配置表

序号	设备名称	规格	单位	数量	备注
1	导线放线滑车		套		
2	专用挂架		套		或挂板
3	钢丝绳套		个		
4	起重滑车	50kN	个		
5	传递滑车	10kN	个		
6	绞磨	5t	台		
7	磨绳	$\phi16mm$	m		
8	撑铁		根		
9	拉棒		根		
10	卸扣	10t	个		
11	卸扣	5t	个		
12	垫木	$\phi200mm\times1m$	根		
13	胶皮	$800mm\times300mm$	块		
14	纤维绳		m		

注　具体配置规格数量根据放线方式、放线滑车悬挂方式、受力大小等确定。

8　质量控制

8.1　主要执行的质量规程

Q/GDW 1153　1000kV 架空输电线路施工及验收规范

Q/GDW 10154.1　架空输电线路张力架线施工工艺导则　第 1 部分：放线

Q/GDW 10225　±800kV 架空送电线路施工及验收规范

国家电网有限公司输变电工程标准工艺　架空线路工程分册

8.2　质量控制措施

（1）同相（极）的多套放线滑车必须等高悬挂，以减少弧垂观测难度，确保子导线弧垂的一致。

（2）对放线滑车等工器具应经常进行检查，保证运转正常，转动灵活，无缺损、轮径、槽型符合标准要求。

（3）禁止直接用钢绳缠绕合成绝缘子起吊作业的方式，人员上下合成绝缘子必须使用软梯。

（4）凡经计算需挂双滑车的，必须悬挂双滑车，转角塔双滑车需高低悬挂时，必须高低悬挂或改用不同长度挂具悬挂。

（5）绝缘子安装前应逐个表面清洗干净，并应逐个（串）进行外观检查。绝缘子外观检查应符合下列规定：

1）绝缘子串实际串长与设计串长误差不应超过±10mm；安装前应在材料站对照图纸组装成

串并测量串长，现场并复核串长，证明连接无误后方可吊装。

2）起吊前须逐支检查绝缘子是否有缺陷、弯曲变形、合成绝缘子及伞裙是否有划伤、裂横等情况；绝缘子安装前应逐个表面清洗干净。

3）安装时应检查碗头、球头与弹簧销子之间的间隙。在安装好弹簧销子的情况下球头不得自碗头中脱出。

4）有机复合绝缘子伞套的表面不允许有开裂、脱落、破损等现象，绝缘子的芯棒与端部附件不应有明显的歪斜。

5）球头及连接金具是否弯曲、开裂等情况；各类销钉是否齐全到位。

（6）金具外观检查应符合下列规定：

1）铸件外观不允许有裂纹、缩松；重要部位不允许有气孔、渣眼、砂眼及飞边等缺陷。

2）在铸件的非重要部位，允许有直径不大于4mm，深度不大于1.5mm的气孔、砂眼；每件不应超过两处，且两缺陷之间距离不小于25mm。而缺陷不能处于内外表面的同一对应位置，且不降低镀锌质量。

3）钢制件的剪切、锻压和冲孔，不允许有毛刺、开裂和迭层等缺陷。

4）气割件的切割面应平整，并倒棱去刺。

5）焊缝应为细密平整的细鳞形，并应封边，咬边深度不大于1mm。

6）焊缝应无裂纹、气孔、夹渣等缺陷。

7）铸件的飞边、毛刺应清除，但规整的合模缝允许存在。

9 安 全 措 施

9.1 主要执行的安全规程

DL 5009.2 电力建设安全工作规程 第2部分：电力线路

Q/GDW 11957.2 国家电网有限公司电力建设安全工作规程 第2部分：线路

9.2 安全控制措施

（1）施工人员体检合格，并完成进场安全教育培训及考试。完成E基建及风控平台双准入。绞磨操作人员及高空作业人员必须经培训合格并持有效证件上岗。

（2）高空作业人员作业及移动时不得失去保护。

（3）钢丝绳、卸扣、起重滑车等工器具，在起吊前要有专人经常检查，检查其强度和连接情况，发现问题及时处理。

（4）导地线放线滑车在起吊前必须对轴承、裂纹变形、滚动顺阻、螺栓、挂架等进行外观检查，完好方可起吊。

（5）悬挂导地线滑车的钢丝绳、挂架、固定螺栓等部件安全系数应不小于4。

（6）放线滑车安全系数不得小于3。

（7）使用工器具、滑车、挂架（挂板）、固定螺栓等受力设备施工前必须进行经1.25倍容许工作荷重进行5min的静力试验，不合格者不能使用。

（8）滑车起吊过程中，垂直下方不得有人。

（9）雷雨或五级以上大风天气应停止作业。

（10）采用双滑车或组合式滑车挂设，滑车间需用撑铁连接，撑铁强度应满足要求。

10 环 水 保 措 施

（1）按批准的施工绿色施工方案进行施工。

（2）加强防火管理，禁止野外用火，现场必须配备充足且合格的灭火器。进入施工现场，严禁吸烟。

（3）在施工材料运输过程中，对施工运输道路及人力运输道路进行合理的选择，避免在树木及植被完好地段进行道路修筑工作，以减少水土流失。

（4）凡因施工需要挖掘的临时施工孔洞，在施工结束后都应回填夯实。

（5）机械、工器具产生的废机油不得排入当地水塘、土壤内。应妥善存放在专门容器中，由项目部派专人回收。

（6）施工后及时清理现场，尽可能恢复原状地貌，将余土和施工废弃物运出现场，做到工完、料尽、场地清，保持原有生态。

11　效　益　分　析

本典型施工方法是建立在成熟施工方法的基础上，施工方法易于掌握，人员培训相对容易。有利于安全和质量控制。本典型施工方法与同类方法相比，可以采用现有的工器具及设备，可减少部分新工器具、新设备的研制和购置，在施工时易于实现，可以提高经济效益。

12　应　用　实　例

该典型工法应用较为成熟，在特高压工程张力放线中普遍应用。以白鹤滩—江苏±800kV特高压直流输电线路工程鄂1标段为例，该段线路总长度89.510km，沿线地形以高山大岭为主，其中一般山地占65.2%、高山大岭占34.8%，海拔在550～1500m范围。导线采用6×JL1/G2A-1000/80及6×JL1/G2A-900/75钢芯铝绞线；地线采用JLB20A-150铝包钢绞线和OPGW-150光缆。架线施工采用该典型施工方法，V形串单滑车悬挂见图3-2-22，耐张塔滑车悬挂见图3-2-23。

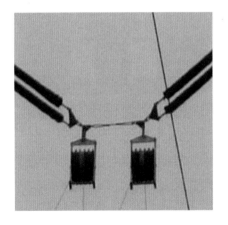 

图3-2-22　V形串单滑车悬挂　　　　　　图3-2-23　耐张塔滑车悬挂

典型施工方法名称：紧挂线典型施工方法

典型施工方法编号：TGYGF001 - 2022 - SD - XL013

编　制　单　位：国网特高压公司　安徽送变电公司

主　要　完　成　人：张茂盛　刘承志　赵　杰　万华翔

目　次

1 前　　言

紧挂线施工是指在完成张力放线后，将某个放线区段内耐张段各档导线弧垂调整至设计规定值的作业过程。通过梳理总结以往特高压工程的紧挂线施工流程、操作要点、质量安全和环保措施等，编写形成本典型施工方法。

2 本典型施工方法特点

（1）多分裂导线紧线张力大，一般采用中间耐张塔两侧逐相（极）平衡紧挂线施工方式。

（2）导线高空锚线一般不直接锚固在导线横担上，而是锚固在耐张绝缘子串线端调整金具上。

（3）采用带串紧线施工方式，即紧线及弧垂观测前，先完成两侧耐张绝缘子串与子导线的对接。

（4）耐张绝缘子串与导线对接紧线时，不能靠少量子线将整个耐张绝缘子串一次性抬升到位，而是需要严格控制子导线过牵引，通过多次循环收紧每相（极）子导线完成对接紧线。

（5）耐张线夹压接在高空操作平台上完成。

（6）耐张绝缘子串较重，对耐张塔相邻档弧垂有较大影响，一般不选择耐张塔相邻档作为弧垂观测档。

3 适　用　范　围

适用于特高压输电线路工程紧挂线施工。

4 工　艺　原　理

在保证耐张段两侧的耐张塔满足所受每相（极）张力基本平衡条件的情况下，按相（极）别先完成耐张段内一侧的耐张串挂线施工，随后在另一侧开展对应相（极）的紧线施工，同步进行弧垂观测。待各子导线弧垂达到设计值后，完成紧线端子导线画印、压接、挂线。

5 施工工艺流程及操作要点

5.1 施工工艺流程

紧挂线典型施工工艺流程图见图3-3-1。

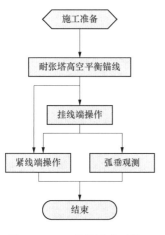

图3-3-1　紧挂线典型施工工艺流程图

5.2 操作要点

5.2.1 施工准备

5.2.1.1 技术准备

（1）在施工前根据实际现场施工情况，结合设计图要求，编制合理的施工方案并完成编审批工作，上报监理项目部审批。

（2）确定耐张段观测档并计算编制观测弧垂表。

（3）施工前，由项目总工负责，针对紧挂线施工过程中的安全、质量、工艺要求及操作要点等组织专题安全技术交底，确保施工人员掌握施工该技术要点。

（4）安全技术交底内容包括图纸交底、详细施工技术要点、质量、安全、工艺要求和施工的安排。

5.2.1.2　工器具及机具准备

（1）根据施工技术要求配备紧线工机具，并应符合 DL/T 875 要求。成套紧线工机具应相互匹配，使用前应进行检查或试验。

（2）紧线施工用到的测量仪器，应在检定有效期内。

5.2.1.3　现场准备

（1）检查放线段内导、地线在放线滑车中的位置，消除跳槽现象。

（2）检查子导线是否相互绞劲，如有绞劲，需分隔开。

（3）检查接续管的位置、距离，如不合适，需处理后再紧线。

（4）导线损伤应在紧线前按技术要求处理完毕。

（5）检查同相（级）各子导线放线滑车悬挂高度是否一致、无"迈步"，如有问题，需处理完成。

（6）若放线时安装了分裂导线分离器，紧线前应予拆除。

（7）需单侧挂线、紧线的耐张塔设置反向临时拉线。

（8）若张牵场、转向场设置在档中，需相邻的已放线段与本放线段之间完成导地线接续、松锚升空；若张牵场、转向场设置在耐张塔下，则需在该耐张塔完成压接挂线、松锚升空。松锚升空时，对侧应配合抽余线，确保导、地线与被跨越物之间的距离满足要求。直线松锚升空示意图见图 3-3-2。

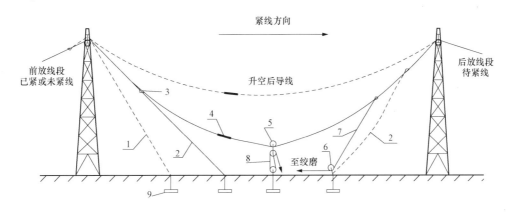

图 3-3-2　直线松锚升空示意图

1—过轮临锚；2—本线临锚；3—卡线器；4—压接管；5—压线滑车；6—转向滑车；7—松锚绳；8—压线滑轮组；9—地锚

（9）了解设计单位对直线塔紧线的技术要求，设计是否允许直线塔作为过轮临锚塔位。许可的过轮临锚塔位因现场地形条件不满足设计技术要求时，应制订直线塔横担补强方案并征得设计同意。否则，不能进行直线塔紧线。

（10）紧线段观测档数量确定和主要控制观测档选定。观测档数量满足验收规范要求，进行观测档选择时应优先选择档距大高差小的档或重要跨越物附近接近或大于代表档距的档。观测档不应选择耐张塔相邻档。

（11）完成耐张绝缘子串及锚线工具悬挂，完成挂线、紧线牵引系统布置。

5.2.2　耐张塔高空平衡锚线

耐张塔高空平衡锚线即放线段中间的耐张塔前后对称进行耐张串与对应导地线连接。放线段端部已完成相邻放线段紧挂线或已打设临时拉线的耐张塔进行单侧对接锚线，也可视为平衡锚线。耐张塔高空平衡锚线示意图见图 3-3-3。

平衡锚线前，提前将操作塔导线放线滑车吊在横担上，使其在对接过程保持原位置不变。

操作单根子导线时，用两台绞磨在两侧同时牵引同一根子导线，使滑车上的导线处于松弛状

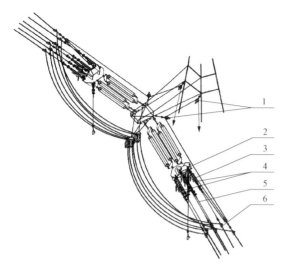

图 3-3-3 耐张塔高空平衡锚线
示意图

1—转向滑车；2—耐张绝缘子串；3—钢丝绳；
4—手扳葫芦；5—临锚绳；6—卡线器

态，再用绝缘子串线端锚线工具将其两侧收紧锚固，缓慢放松绞磨，使锚线工具受力为止。收紧时应保持操作塔对称平衡受力。

耐张串与导地线通过锚线工具连接并完成二道保护完成后，即可在靠近放线滑车位置断线。割断导线前，在锚线卡线器后侧 0.5～1.0m 处，用绳索将导、地线松绑在锚线工具上，防止松线时导、地线出现硬弯。

平衡锚线过程应注意避免耐张串翻转碰撞。若操作单根子线，绝缘子串应通过线端对称布置的金具挂点连接 V 形钢丝绳套后，再通过绞磨牵引滑车组连接单根子线。若同时操作两根子线，任一侧两台绞磨的牵引滑车组也应布置在绝缘子串线端对称的金具挂点与对称的子导线之间。对称两根子线与两侧绝缘子串对接完成后，用绝缘子串上对应的线端锚线工具锚固两子导线，随后可将绞磨牵引系统布置在其他子线上。每相（极）锚线应两侧同步左右对称由上至下进行。

耐张塔挂线、紧线操作一般紧随着该耐张塔平衡锚线进行。

5.2.3　挂线端操作

同一耐张塔通常一侧挂线，另一侧紧线；高差较大的耐张段，通常高侧挂线，低侧紧线。

耐张塔高空平衡锚线后，在选定的挂线端各相（极）子导线适当位置割线、压接耐张线夹、挂线，随后松锚拆除耐张串线端锚线工具，即完成挂线端操作。

5.2.4　紧线端操作

5.2.4.1　导、地线紧线顺序

（1）先紧地线，后紧导线。

（2）单回路导线，应先紧中相线，后紧边相线；双回路导线，应先紧上相线，再紧中相线，最后紧下相线，双回交错进行。

（3）分裂导线紧线时收紧子导线次序。

1）对各子导线按顺序进行预紧，使得各子导线弧垂基本一致，再进行细调。

2）同相（极）子导线应保持相同的紧线过程，且收紧速度不宜过快。

3）子导线对称收紧，先收紧放线滑轮最外边的两根子导线，避免滑车倾斜导致导线跳槽。

4）先收紧张力较大弧垂较小的子导线。

5.2.4.2　直线塔紧线

（1）直线塔作紧线操作塔应经设计许可。直线塔紧线完成后设置本线临锚、过轮临锚，两套锚线工具相互独立，所采用工器具额定载荷不应小于导地线紧线张力。

（2）直线塔紧线现场布置见图 3-3-4。

（3）当导线弧垂较大时，可对紧线段先进行一次预紧线，再将导线弧垂紧至设计值。

（4）紧线完成后，将各子导线或地线在地锚上进行本线临锚，对地角度不超过 20°，方向与被锚导、地线在锚线之前的方向相同。直线塔导线过轮临锚示意图见图 3-3-5。

（5）一般张牵场布置在长耐张段的中间直线塔间时，为减少导、地线在放线滑车中停留时间，

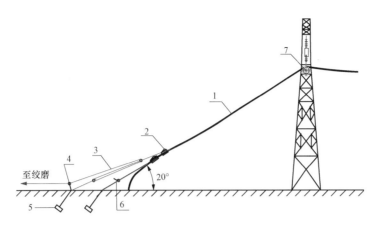

图 3-3-4 直线塔紧线布置示意图

1—导线；2—卡线器；3—紧线滑轮组；4—转向滑车；
5—紧线地锚；6—手扳葫芦；7—导线滑车

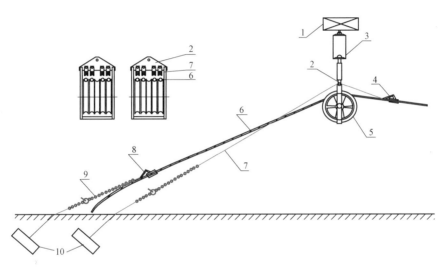

图 3-3-5 直线塔导线过轮临锚示意图

1—导线横担；2—直角挂板；3—悬垂绝缘子串；4—卡线器；5—放线滑车；6—导线；7—过轮锚线绳；8—卡线器；
9—手扳葫芦；10—地锚

采用直线塔紧线方式。山区耐张段短，跨越物较少，通常地形条件也不满足直线塔紧线要求，一般只在直线塔作本线临锚，待相邻段放线完成后，直接进行直线接续松锚升空。

5.2.4.3 耐张塔紧（挂）线

耐张段挂线端完成挂线，且对侧的耐张塔完成高空平衡锚线后，即可开展紧线端的紧挂线工作。

在已完成高空平衡锚线的紧线端耐张绝缘子串和子导线间，布置一套或两套紧线牵引系统。耐张塔紧线牵引系统布置示意图见图 3-3-6。

通过紧线牵引系统将 1 根子线逐渐收紧，待绝缘子串线端锚线工具松弛后解锚，继续收紧至观测档弧垂接近设计值后，再用线端锚线工具将该子线重新锚固后松绞磨。随后将牵引滑车组布置在另一根子线与对应的线端调整金具上，重复上述紧线工作，通过多次循环收紧每相（极）子导线直至所有子导线观测档弧垂接近设计值，完成弧垂粗调。紧线过程也需采取措施避免耐张串翻转碰撞。

利用线端锚线工具串入的手扳葫芦继续调整子线弧垂，直至所有子导线观测档弧垂达到设计值，完成弧垂细调。

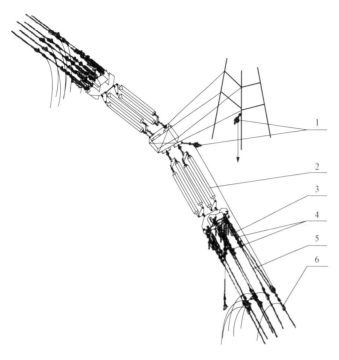

将高空操作平台吊装并多点悬挂在线端锚线工具的锚绳上，高空操作平台悬挂示意图见图 3-3-7。

确认导、地线上所画印记，割线时计入耐张线夹压接所需扣除的长度。在高空操作平台上压接耐张线夹，并将压好的耐张线夹连接耐张绝缘子串线端调整金具，并通过调整金具眼孔进行弧垂微调。

卸下高空操作平台，拆除锚线工具，即完成耐张塔紧线端操作。

5.2.4.4 弧垂观测

（1）观测档选择。

1）观测档位置分布比较均匀，相邻两观测档相距不宜超过 4 个线档。

2）观测档具有代表性，如连续倾斜档的高处和低处、较高悬挂点的前后两侧、相邻紧线段的接合处、重要被跨越物附近应设观测档。

图 3-3-6 耐张塔紧线牵引系统布置示意图

1—滑车；2—耐张绝缘子串；3—钢丝绳；

4—手扳葫芦；5—临锚绳；6—卡线器

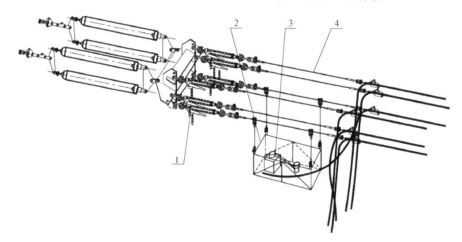

图 3-3-7 高空操作平台悬挂示意图

1—手扳葫芦；2—操作平台；3—液压机；4—临锚绳

3）宜选档距较大、悬挂点高差较小的线档作观测档。

4）宜选对邻近线档监测范围较大的塔号作测站。

5）不宜选邻近转角塔的线档作观测档。

6）当选择邻近耐张塔线档作为导线弧垂观测档时，应考虑耐张绝缘子串质量及线档内外角侧不同相导线挂点间距与设计档距不一致因素，对导线弧垂所产生的影响。

7）选择与耐张段代表档距相近的线档作观测档。

（2）弧垂观测方法。

1）小孤立档或短耐张段弧垂观测和检查，当导、地线切点接近对侧悬点时，若采用角度法观测，其误差较大甚至无法观测，一般在塔上设置弧垂板采用等长法观测。导线观测弧垂应参考设计提供的带绝缘子串的导线弧垂。

2）其他情况导线弧垂观测和检查，应优先使用接近等长法的档外角度观测法，地形复杂不具备档外观测条件时，优先使用档端角度观测法。大跨越档优先使用平视法。

3）同相（极）导线的弧垂观测应在同一天完成。

（3）弧垂调整。

1）以各观测档和紧线场温度的平均值为观测温度。

2）收紧导、地线，调整距紧线场最远的观测档的弧垂，使其合格或略小于要求弧垂；放松导线，调整距紧线场次远的观测档的弧垂，使其合格或略大于要求弧垂；再收紧，使较近的观测档合格，依此类推，直至全部观测档调整完毕。

3）同一观测档同相（极）子导线应同为收紧调整或同为放松调整，否则可能造成非观测档子导线弧垂不平。

4）同相（极）子导线应基本同时收紧或同时放松。

5）同相（极）子导线用经纬仪统一操平，并利用测站尽量多检查一些非观测档的子导线弧垂情况。

6）耐张段各档处于连续上下山或档距分布极不均匀时，按照代表档距查表换算的观测档弧垂值，与直线塔移印附件前的观测档弧垂值，通常相差较大。观测弧垂必须依据设计提供的附件前的观测弧垂值进行观测。

6　人　员　组　织

施工人员组织见表 3-3-1。

表 3-3-1　　　　　　　　　紧挂线典型施工工艺施工人员组织

序号	岗位	人数	备注
1	现场总指挥	1	
2	班组负责人	1	
3	班组安全员	1	
4	班组技术员	1	
5	测工	4	
6	机械工	2	
7	高空压接工	2	
8	高空作业人员	10	
9	地面作业	20	
	合计	42	

7　材　料　与　设　备

本施工方法无特殊说明材料和设备，以 6×JL1/G2A-1250/100 钢芯铝绞线、JLB20A-150 铝包钢绞线地线为例，按单个班组配置主要设备见表 3-3-2。

表 3-3-2　　　　　　　按单个班组配置的紧挂线典型施工工艺主要设备表

序号	名称	规格	单位	数量	备注
1	机动绞磨	5t	台	2	
2	对讲机		台	6	
3	经纬仪		台	2	

续表

序号	名称	规格	单位	数量	备注
4	导线卡线器	SKL100	套	24	
5	地线卡线器	KQ70	套	2	
6	手扳葫芦	90kN	副	12	
7	轻型液压机	SY-BJD-3000/100	套	1	
8	断线钳		副	2	
9	高空作业平台		套	1	
10	钢丝绳	$\phi16mm\times300m$	根	2	磨绳
11	钢丝绳套	$\phi22mm\times10-20m$	根	15	挂胶锚绳
12	卸扣	100kN	只	30	
13	单轮滑车	50kN	只	4	
14	双轮滑车	100kN	只	4	
15	地锚	50kN	套	2	绞磨
16	钢丝绳套	$\phi22mm\times6m$	根	24	挂胶锚绳二道保护
17	护线胶管	$\phi50mm\times3m$	根	若干	

8　质量控制

8.1　主要执行的质量规程

Q/GDW 1153—2012　1000kV架空送电线路施工及验收规范

Q/GDW 10154.1—2021　架空输电线路张力架线施工工艺导则　第一部分：放线

Q/GDW 10154.2—2021　架空输电线路张力架线施工工艺导则　第二部分：紧线

Q/GDW 10154.3—2021　架空输电线路张力架线施工工艺导则　第三部分：附件安装

Q/GDW 10225—2018　±800kV架空送电线路施工及验收规范

国家电网有限公司输变电工程施工质量验收统一表式（线路工程）

8.2　质量控制措施

（1）同一档内连接管与修补管数量每线只允许各有一个，且应满足放线段内无损伤补修档比例大于85%，放线段内无损伤压接档比例大于90%。

（2）导地线（OPGW光缆）弧垂偏差±2.5%。

（3）导地线相间弧垂相对偏差，档距不大于800m时，偏差值不大于300mm。

（4）档距大于800m时，允许偏差值不大于500mm。

（5）安装间隔棒同相子导线弧垂正偏差不大于50mm。

（6）各类管与耐张线夹出口间的距离不应小于15m。

（7）接续管或补修管出口与悬垂线夹中心的距离不应小于5m。

（8）接续管或补修管出口与间隔棒中心的距离不宜小于0.5m。

9　安全措施

9.1　主要执行的安全规程

DL 5009.2—2013　电力建设安全工作规程　第2部分：电力线路

Q/GDW 10250—2021　输变电工程建设安全文明施工规程

Q/GDW 11957.2—2020　国家电网有限公司电力建设安全工作规程　第 2 部分：线路

9.2　安全控制措施

（1）紧、挂线施工中，通信必须迅速、清晰、畅通，并听从统一指挥，任何人不得擅自离岗。

（2）分裂导线不得相互绞扭。

（3）导线地面临锚和过轮临锚的设置应相互独立，工器具应满足各自能承受全部紧线张力的要求。

（4）紧挂线应设置二道保护措施。

（5）断紧线作业前，需短接耐张绝缘子串；临近或平行带电线路时，加挂接地线，防感应电伤人。

（6）短耐张段或孤立档严格控制过牵引长度，严格按照带绝缘子串的设计弧垂进行紧线作业。

（7）耐张绝缘子串与导线对接紧线时，需要严格控制子导线过牵引，通过多次循环收紧每相（极）子导线完成对接紧线。

（8）紧挂线施工过程中，任何人不得站在悬空的导线垂直下方，人员不得站在磨绳绳圈内或受力钢丝绳的内角侧。

10　环 水 保 措 施

（1）规范设置围栏，做到标牌齐全、各类标识醒目，场地整洁文明。

（2）严格按导则及技术措施施工，优化紧线、断线现场布置，尽量少占土地。

（3）施工后及时做好现场清理。做到工完、料尽、场地清，并将施工时的地锚坑全部回填到位。

（4）施工过程中对绞磨做到与地表隔离铺垫。

11　效 益 分 析

本典型施工工法进一步优化了紧、挂线施工，提高了施工效率，缩短了导线在滑车中时间，保证了安装工艺和质量，具有一定推广应用价值。

12　应 用 实 例

12.1　白鹤滩—浙江±800kV 特高压直流输电线路工程（川 3 标段）

建设地点：四川省凉山州雷波县、宜宾市屏山县。

建设时间：2021 年 9 月～2022 年 9 月。

建设规模：新建铁塔 120 基，其中直线塔 67 基、耐张塔 53 基，导线型号为 L1/G2A - 1000/80、JL1/G2A - 900/75。

应用效果：导线弧垂误差均在范围之内，未有超标项。

12.2　南昌—长沙特高压交流工程线路工程（7 标段）

标建设地点：长沙市浏阳市大围山镇田心桥村白石径。

建设时间：2021 年 3～12 月。

建设规模：新建杆塔 73 基，转角塔 40 基，全线同塔双回架设，线路全长 2×30.696km（其中 9.456km 双回路，2×21.240km 单回路），导线型号为 JLHA2/G3A - 500/45、JL1/G1A - 500/65、JL1/G1A - 630/55。

应用效果：导线弧垂误差均在范围之内，未有超标项。

典型施工方法名称：导线悬垂绝缘子串安装典型施工方法

典型施工方法编号：TGYGF001 - 2022 - SD - XL014

编 制 单 位：国网特高压公司

主 要 完 成 人：潘宏承　何宣虎

目　　次

1 前　言

本施工方法描述了特高压工程架线施工中导线悬垂绝缘子串地面组装、起吊、安装、检查等工艺流程，并说明了施工过程中安全、质量控制要点等内容，为架线施工方案编写、现场施工、专项检查等工作提供参考。

2　本典型施工方法特点

操作简便，适用性广。

3　适　用　范　围

适用于±1100kV特高压直流输电线路及以下工程悬垂绝缘子串起吊安装施工。

4　工　艺　原　理

在架空输电线路架线工程中，利用绞磨、滑轮组、钢丝绳等施工工器具安装导线悬垂绝缘子串，操作简便，适用性广。

5　施工工艺流程及操作要点

5.1　施工工艺流程

导线悬垂绝缘子串安装典型施工工艺流程见图3-4-1。

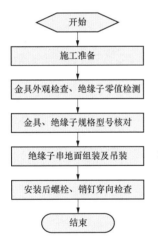

图3-4-1　导线悬垂绝缘子串
安装典型施工工艺流程图

5.2　操作要点

5.2.1　施工准备

（1）施工作业《架线作业指导书》已编制完成。

（2）作业人员已到位，并已按要求对其进行了三级安全、技术交底。

（3）导线悬垂绝缘子串起吊、安装所需工器具已到位并检验合格。

（4）导线悬垂绝缘子串材料如复合绝缘子等已经开箱验收合格，并运输至现场。

（5）与悬垂串一同起吊、安装的滑车、吊具等已运输到位。

（6）起吊、安装应配备足够相应规格的起吊滑轮组、机动绞磨、钢丝绳等。

（7）盘形悬式瓷绝缘子安装前现场应逐个进行零值检测。

5.2.2　绝缘子串地面组装及吊装

5.2.2.1　绝缘子串地面组装

（1）运输和起吊过程中做好绝缘子的保护工作，尤其是复合绝缘子重点做好运输期间的防护，瓷（玻璃）绝缘子重点做好起吊过程的防护。

（2）绝缘子表面要擦洗干净，避免损伤。瓷（玻璃）绝缘子安装时，应检查球头和碗头连接的绝缘子应装备有可靠的锁紧装置。按设计要求加装异色绝缘子。施工人员沿合成绝缘子出线，必须使用软梯。合成绝缘子不得有开裂、脱落、破损等现象。瓷绝缘子表面瓷釉破损符合GB/T 1001.1—2003《标称电压高于1000V的架空线路绝缘子　第1部分：交流系统用瓷或玻璃绝缘子元件定义、试验方法和判定准则》要求。

（3）安装附件所用工器具要采取防止导线损伤的措施。

（4）附件安装及导线弧垂调整后，如绝缘子串倾斜超差要及时进行调整。

（5）锁紧销的装配应使用专用工具，以免损坏金属附件的镀锌层。

5.2.2.2 吊装前的检查

（1）绝缘子串实际串长与设计串长误差不应超过±1‰；同一基直线塔两极 V 形串串间误差不应超过±1‰，且两极出现误差应为同正或同负误差。现场组装成串并测量串长，证明连接无误后方可吊装。

（2）各铝（合金）质金具和合成绝缘子的外保护包装，须等到现场使用前方可拆除；储藏和运输过程中不得拆除。金具的镀锌层有局部碰损、剥落或缺锌，应除锈后补刷防锈漆。

（3）起吊前须逐个检查绝缘子是否有缺陷、球头是否有弯曲变形、合成绝缘子伞裙是否有划伤、裂痕等情况；绝缘子安装前应逐个表面清洗干净。安装时应检查碗头、球头与弹簧销子之间的间隙。在安装好弹簧销子的情况下球头不得自碗头中脱出。有机复合绝缘子伞套的表面不允许有开裂、脱落、破损等现象，绝缘子的芯棒与端部附件不应有明显的歪斜。球头及连接金具是否弯曲、开裂等情况；各类销钉是否齐全到位。

5.2.2.3 悬垂绝缘子串起吊、安装

（1）双联导线 V 形串吊装：防止双联之间相互磕碰，双联通过两根∠60mm×5mm×1m 的角钢固定，确保两联之间间距为 0.8m，角钢固定在距离绝缘子串上端 1m 左右的位置。每联绝缘子串与角钢连接的上方固定 1 根 5t 吊带，吊带上端连接 5t 卸扣；连接顺序依次为：绝缘子挂环+4t卸扣+5t吊带+5t卸扣+5t转向滑车（双头起吊）+钢丝绳+5t横担处转向滑车+5t腋下转向滑车+5t地面转向滑车+机动绞磨。

（2）三联导线 V 形串吊装：利用 2 根 5t 吊带均匀缠绕联板的方式固定，吊带上端连接 5t 卸扣；连接顺序依次为：联板+5t吊带+4t卸扣+5t转向滑车（双头起吊）+钢丝绳+5t横担处转向滑车+5t腋下转向滑车+5t地面转向滑车+机动绞磨。

（3）导线 V 形串使用两套系统同步起吊。注意悬挂合成绝缘子时，不能受到硬弯，应在绝缘子串离地后，再安装放线滑车。吊装时，用 ϕ12mm 杜邦丝绳绑扎在导线联板上作留绳，以控制绝缘子串在提升过程中保持对铁塔塔身间距不小于 0.5m。

（4）严禁受力绳索直接绑扎在合成绝缘子的伞裙上和任何情况下，施工人员严禁踩踏合成绝缘子（塔上人员可通过软梯或铝合金爬梯上下复合绝缘子，任何情况下严禁直接通过复合绝缘子上下）。

5.2.3 安装后螺栓、销钉穿向检查

（1）线夹螺栓安装后露扣一致，螺栓紧固扭矩应符合该产品说明书要求。各子导线线夹应同步，避免联板扭转。

（2）绝缘子、碗头挂板开口及金具螺栓、销钉穿向应符合要求。

6 人 员 组 织

所有施工人员上岗前必须经过安全、技术交底和教育培训，考试合格后，并持有合格证方可上岗。起吊、安装配置（按一个作业组配备）见表 3-4-1。

表 3-4-1　　　　　　　　　　导线悬垂绝缘子串安装起吊、安装人员配置

序号	工作岗位	工种	数量（人）	备注
1	指挥	高级技工	1	
2	技术负责	技术员	1	

序号	工作岗位	工种	数量（人）	备注
3	工作负责	技工	2	高空、地面各 1 人
4	安全负责	技工	2	高空、地面各 1 人
5	机械操作	操作手	4	取得操作证
6		技工	6	
7		普工	8	
	合计		24	

7 材料与设备

主要作业机具配置（按一个作业点配备）见表 3 - 4 - 2。

表 3 - 4 - 2　　　　　　　　　导线悬垂绝缘子串安装主要作业机具配置表

序号	名称	单位	数量	备注
1	三轮放线滑车	只	若干	
2	直角挂板	只	若干	
3	三联板	块	若干	
4	钢丝绳	根	若干	
5	机动绞磨	台	若干	
6	单轮滑车	只	若干	按照需求选择相应规格型号
7	钢丝绳头	根	若干	
8	吊带	根	若干	
9	杜邦丝	根	若干	
10	卸扣	只	若干	
11	手扳葫芦	把	若干	

8 质量控制

（1）绝缘子表面完好干净。瓷（玻璃）绝缘子在安装好弹簧销子的情况下，球头不得自碗头中脱出。复合绝缘子串与端部附件不应有明显的歪斜。

（2）绝缘子串上的各种螺栓、穿钉及弹簧销子，除有固定的穿向外，其余穿向应统一。

（3）金具上所用开口销和闭口销的直径必须与孔径相配合，且弹力适度，开口销和闭口销不应有折断和裂纹等现象。当采用开口销时应对称开口，开口角度应为 $60°\sim90°$，不得用线材和其他材料代替开口销和闭口销。

（4）缠绕的铝包带、预绞丝护线条的中心与印记重合，以保证线夹位置准确。铝包带顺外层线股绞制方向缠绕，缠绕紧密，露出线夹，并不超过 10mm，端头要压在线夹内，设计有要求时应按设计要求执行。预绞丝护线条对导线包裹应紧密。

（5）各种类型的铝质绞线，安装线夹时应按设计规定在铝股外缠绕铝包带或预绞丝护线条。

（6）绝缘子串与金具连接符合图纸要求，金具表面应无锈蚀、裂纹、气孔、砂眼、飞边等现象。

（7）悬垂线夹安装后，绝缘子串应竖直，顺线路方向与竖直位置的偏移角不应超过5°，且最大偏移值≤200mm。连续上（下）山坡处杆塔上的悬垂线夹的安装位置应符合设计规定。

（8）根据设计要求安装均压屏蔽环。均压环宜选用对接型式。

（9）作业时应避免损坏复合绝缘子伞裙、护套及端部密封，不应脚踏复合绝缘子；安装时不应反装均压环或安装于护套上。

9　安　全　措　施

（1）绝缘子串的吊装必须使用专用卡具。

（2）吊挂绝缘子串前，应检查绝缘子串弹簧销是否齐全、到位。吊挂绝缘子串或放线滑车时，吊件的垂直下方不得有人。

（3）安全监护人随时提醒作业人员不得在吊物下方停留或通过，防止物体打击。

10　环 水 保 措 施

（1）开工期制订现场成品保护措施，防止"二次污染"，强调对复合绝缘子的保护，防止污染和损坏。

（2）加强对材料、废料、垃圾的清理或回收，及时清运出场，避免对环境的破坏。

（3）施工现场尽量减少植被破坏，及时恢复地表状态，做到工完、料净、场地清。

11　应　用　实　例

导线V形单联悬垂绝缘子串安装成品见图3-4-2，导线V形双联悬垂绝缘子串安装成品见图3-4-3。

图3-4-2　导线V形单联悬垂绝缘子串安装成品

图3-4-3　导线V形双联悬垂绝缘子串安装成品

典型施工方法名称：导线耐张绝缘子串安装典型施工方法

典型施工方法编号：TGYGF001 - 2022 - SD - XL015

编　制　单　位：国网特高压公司

主　要　完　成　人：潘宏承　何宣虎

目　次

1 前　言

本施工方法描述了特高压输电工程架线施工中耐张绝缘子串地面组装、起吊、安装等工艺流程及注意事项，并以550kN六联三挂点耐张绝缘子串为例说明了现场人员组织及工器具基本配置情况，可供其他耐张绝缘子串施工参考。

2 本典型施工方法特点

操作简便，适用性广。

3 适 用 范 围

适用于±1100kV特高压直流输电线路及以下工程耐张绝缘子串起吊安装施工。

本节以昌吉—古泉±1100kV特高压直流输电线路工程550kN六联三挂点耐张绝缘子串为例，其他串型不再赘述。

4 工 艺 原 理

本施工方法主要利用角磨、滑轮组、钢丝绳等施工工器具组成的起吊系统，将地面组装好的导线耐张绝缘子串进行起吊、提升、安装、检查等现场作业。

5 施工工艺流程及操作要点

5.1 施工工艺流程

导线耐张绝缘子串安装典型施工流程见图3-5-1。

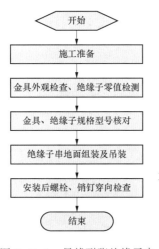

图3-5-1 导线耐张绝缘子串
安装典型施工流程图

5.2 操作要点

5.2.1 施工准备

（1）施工作业《架线作业指导书》已编制完成。

（2）作业人员已到位，并已按要求对其进行了三级安全、技术交底。

（3）导线耐张绝缘子串起吊、安装所需工器具已到位并检验合格。

（4）导线耐张绝缘子串材料等已经开箱验收合格，并运输至现场。

（5）起吊、安装应配备足够相应规格的起吊滑轮组、机动绞磨、钢丝绳等。

（6）盘形悬式瓷绝缘子安装前，现场应逐个进行零值检测。

5.2.2 绝缘子串地面组装及吊装

5.2.2.1 耐张串起吊选择

昌吉—古泉±1100kV特高压直流输电线路工程550kN六联三挂点耐张绝缘子串，每联绝缘子片数为95片，单片绝缘子质量29.7kg，耐张串长约30m，耐张串自重约20.5t，唐山NGK瓷绝缘子耐张串自重约16.7t。

起吊采用一个挂点的双联绝缘子同时起吊的方式，双联绝缘子吊装末端为二联板，起吊质量约6.16t。六联绝缘子吊装完成后再吊装三联板及其他金具并与其相连，其他吊装金具约1.86t（不含屏蔽环、均压环）。

5.2.2.2 绝缘子串地面组装

（1）金具串连接要注意检查碗口球头与弹簧销子是否匹配。应采取防止工器具碰撞复合绝缘子伞套的措施，不得踩踏复合绝缘子。

（2）锁紧销的装配应使用专用工具，以免损坏金属附件的镀锌层。

5.2.2.3 工器具安装

将 100kN 双轮滑车组、ϕ16mm×400m 钢丝绳按照走一走二方式连接后，一端固定于瓷质绝缘子前段挂设金具中的牵引板牵引孔上，另一端固定于铁塔横担挂孔金具施工孔上。同时在横担腋下及塔腿部位分别安装一个转向滑车。走一走二滑轮组的钢丝绳另一端通过腋下及塔腿部的转向滑车连接至机动绞磨，并且在挂点金具上利用杜邦丝绳作为留绳至横担，以便后续施工。工器具安装示意图见图 3-5-2。

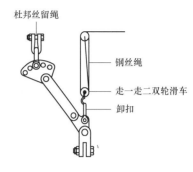

图 3-5-2 工器具安装示意图

5.2.2.4 提升瓷质绝缘子串

通过绞磨转动及滑车组等提升系统缓慢提升瓷质绝缘子串至接近挂孔位置时，停止牵引提升。再通过 ϕ15mm 尼龙控制绳将绝缘子串的挂点金具拉起并与横担挂点连接，完成绝缘子串的提升工序。提升瓷质绝缘子串示意图见图 3-5-3。如此反复，将剩下的绝缘子均吊装至横担挂点处，从而完成耐张塔绝缘子串起吊安装施工作业。

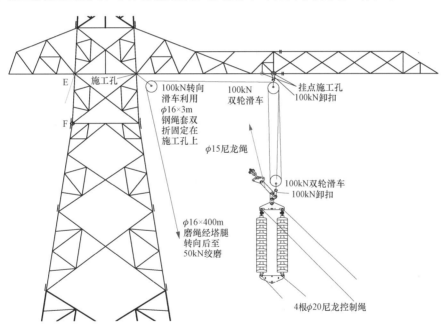

图 3-5-3 提升瓷质绝缘子串示意图

5.2.2.5 绝缘子串后段金具安装及提升

将后段金具安装完好，同时使用 2 根吊带的两端分别与联板的施工孔连接，之后将 2 根吊带通过 5t 卸扣连接在一起，并通过 ϕ16mm×400m 钢丝绳通过横担挂点处转向滑车、腋下转向滑车及塔腿转向滑车与机动绞磨连接。

缓慢提升机动绞磨提升后段金具至绝缘子串附近时缓慢牵引，并将金具串与绝缘子串进行连接。绝缘子串后段金具安装提升示意图见图 3-5-4。

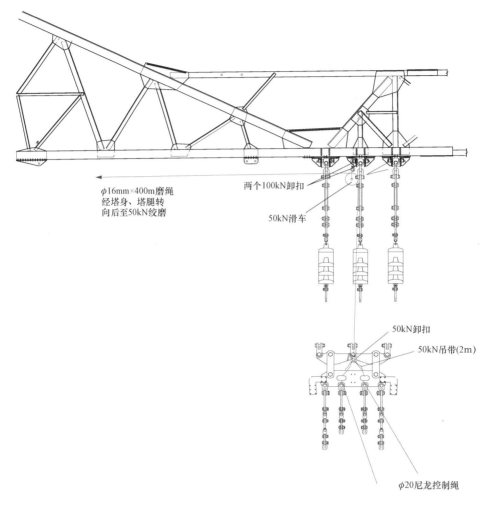

图 3-5-4 绝缘子串后段金具安装提升示意图

6 人 员 组 织

所有施工人员上岗前必须经过安全、技术交底和教育培训，考试合格后，并持证上岗。起吊、安装配置（按一个作业组配备）见表 3-5-1。

表 3-5-1 导线耐张绝缘子串安装起吊、安装人员配置表

序号	工作岗位	工种	数量（人）	备注
1	指挥	高级技工	1	
2	技术负责	技术员	1	
3	工作负责	技工	2	高空、地面各1人
4	安全负责	技工	2	高空、地面各1人
5	高空作业人员	登高工	2	取得登高证
6	机磨操作	操作手	2	取得操作证
7		普工	4	
合计			14	

7　材料与设备

主要作业机具配置（按一个作业点配备）见表 3-5-2。

表 3-5-2　　　　　　　　　　导线耐张绝缘子串安装主要作业机具配置表

序号	名称	单位	数量	备注
1	100kN 卸扣	个	若干	按照需求选择数量
2	100kN 双轮滑车组	个	若干	按照需求选择数量
3	100kN 转向滑车	个	若干	按照需求选择数量
4	φ16mm×400m 钢丝绳	根	若干	起吊绳
5	φ15mm×200m 尼龙绳	根	若干	留绳用
6	50kN 吊带	根	若干	按照需求选择数量
7	机动绞磨	台	若干	按照需求选择数量
8	爬梯	个	若干	按照需求选择数量

8　质量控制

（1）绝缘子表面完好干净。在安装好弹簧销子的情况下，球头不得自碗头中脱出。绝缘子串与端部附件不应有明显的歪斜。

（2）绝缘子串上的各种螺栓、穿钉及弹簧销子，除有固定的穿向外，其余穿向应统一。

（3）金具上所用开口销和闭口销的直径必须与孔径相配合，且弹力适度。开口销和闭口销不应有折断和裂纹等现象，当采用开口销时应对称开口，开口角度应为 $60°\sim90°$，不得用线材和其他材料代替开口销和闭口销。

（4）球头和碗头连接的绝缘子应有可靠的锁紧装置。

（5）绝缘子串与金具连接符合图纸要求，金具表面应无锈蚀、裂纹、气孔、砂眼、飞边等现象。

（6）耐张绝缘子串倒挂时，耐张线夹应采用填充电力脂等防冻胀措施，并在线夹尾部打渗水孔。

9　安全措施

（1）吊挂绝缘子串前，应检查绝缘子串弹簧销是否齐全、到位。吊挂绝缘子串或放线滑车时，吊件的垂直下方不得有人。

（2）安全监护人随时提醒作业人员不得在吊物下方停留或通过，防止物体打击。

10　环水保措施

（1）开工期制订现场成品保护措施，防止"二次污染"，强调对复合绝缘子的保护，防止污染和损坏。

（2）加强对材料、废料、垃圾的清理或回收，及时清运出场，避免对环境的破坏。

（3）施工现场尽量减少植被破坏，及时恢复地表状态，做到工完、料净、场地清。

11 应 用 实 例

三联导线耐张绝缘子串安装成品见图3-5-5，四联导线耐张绝缘子串安装成品见图3-5-6，四联导线耐张绝缘子串安装成品见图3-5-7，六联导线耐张绝缘子串安装成品见图3-5-8。

图3-5-5 三联导线耐张绝缘子串安装成品

图3-5-6 四联导线耐张绝缘子串安装成品

图3-5-7 四联导线耐张绝缘子串安装成品

图3-5-8 六联导线耐张绝缘子串安装成品

典型施工方法名称：附件安装典型施工方法

典型施工方法编号：TGYGF001 - 2022 - SD - XL016

编 制 单 位：国网特高压公司　吉林送变电公司

主 要 完 成 人：王俊峰　侯建明

目　次

1　前　　言

特高压工程导线分裂形式基本采用六分裂和八分裂两种，附件安装施工通常是在紧挂线施工完成后，进行的架空导线、地线（含 OPGW 光缆）悬垂线夹安装、间隔棒安装、防振锤安装、跳线安装，以及其他附件安装等工作。通过梳理总结以往特高压工程的附件施工流程、施工准备、直线塔附件安装及画印、其他附件安装、质量安全和环保措施等，编写形成本典型施工方法。

2　本典型施工方法特点

梳理、细化了附件施工操作方法，进一步明确施工流程，提高了附件施工效率，具有操作简便、适用性广，能够保证工程安全质量，应用效果良好。

3　适　用　范　围

适用于特高压工程附件安装施工。

4　工　艺　原　理

直线塔附件安装施工方法基本工艺原理：按照紧挂线施工的各子导线的编号及就位顺序进行确定悬垂线夹安装中心位置（导、地线紧线后的画印点位置），根据提线负荷和工器具配置的合理性，采用"三线提线器"或"两线提线器"拆除滑车；利用提线器的滑轮调整子导线位置，然后将金具提到安装线夹子线适当位置进行安装，回松链条葫芦至不受力；检查弛度，无误后拆除提线工具；依次往复完成所有相（极）直线塔附件安装施工。

直线塔附件安装完毕后，可进行直线塔防振装置、间隔棒及其他装置（均压环、航空灯、航空球、在线监测、融冰装置、防鸟刺等）。

耐张塔的跳线安装及其他装置（均压环、航空灯、航空球、在线监测、融冰装置、防鸟刺等）安装可与直线塔附件安装同步进行。

5　施工工艺流程及操作要点

5.1　施工工艺流程

附件安装施工工艺流程见图 3 - 6 - 1。

5.2　操作要点

5.2.1　施工准备

5.2.1.1　技术准备

（1）要现场勘查，确定施工方案，编制作业指导书，开工前报监理公司、建设单位并审核通过。

（2）要组织作业人员学习作业指导书、施工工艺并实行安全技术交底制度，使全体作业人员熟悉作业内容、作业标准、安全风险。

（3）作业人员应经过应急培训，熟悉工程现场应急处置方案。

5.2.1.2　附件前准备

检查直线塔附件安装范围内导、地线有无损伤、跳槽；

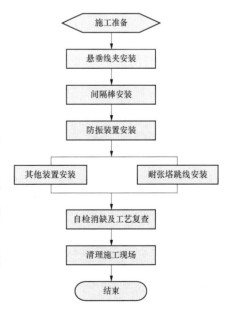

图 3 - 6 - 1　附件安装施工工艺流程

接续管位置、距离，是否合适；将导、地线上的所有遗留问题处理完毕后方可施工。

5.2.1.3　机具准备

（1）机具在材料选用、外形设计和使用方法上，均应有利于保护导线等，既保证导线、架空地线（含 OPGW）的架空，又符合防振、防止损伤的要求。

（2）机具准备之前，应根据施工技术要求配备附件安装机具。成套附件安装机具应相互匹配。常用的附件安装施工机具见工器具表。

（3）附件安装受力工器具，均按出厂允许承载能力选用，并注意其规格与导线规格和主要机具相匹配。使用前应对所用工器具进行外观检查，并依据 DL/T 875 进行试验。

5.2.2　悬垂线夹安装

（1）悬垂线夹安装施工工艺流程见图 3 - 6 - 2。

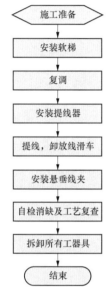

图 3 - 6 - 2　悬垂线夹
安装施工工艺流程图

（2）悬垂线夹安装的要点。

1）为方便附件安装作业，在横担上应设置施工孔。

2）悬垂线夹的安装位置，不需作调整时即为画印点，连续上下山地形需作调整时，应先按移印值移位以确定安装位置。

3）直线转角塔安装悬垂线夹时，用绳索将悬垂绝缘子串固定在吊具上，防止其因自重作用离开安装位置。

（3）安装软梯：当绝缘子采用合成绝缘子，作业时不准蹬踏，应使用作业软梯。

（4）复调：首先进行各子导线弧垂检查，如两邻档个别子导线不平衡偏差超过 50mm 时，应进行弧垂复调。复调达到规范要求后，在放线滑车的导线上重新画印。

（5）导线提线：多分裂导线提线作业方法（以六分裂和八分裂为例）如下：

1）六分裂或八分裂导线各子导线的编号及就位顺序按方便于施工的原则而定，见图 3 - 6 - 3。

2）对于六分裂导线，可根据提线负荷和工器具配置的合理性，采用图 3 - 6 - 3（a）所示的"两线提线器"更易操作（导线起吊工具由 100kN 卸扣—φ21.5mm 钢绳—90kN 手扳葫芦—110kN 平衡滑车—提线钩—开口胶管组成），同时注意采取防止横担偏扭的措施。

3）对于八分裂导线，一般情况下，使用四套"两线提线器"提线（导线起吊工具由 80kN 卸扣—φ17.5mm 钢绳—60kN 手扳葫芦—80kN 平衡滑车—提线钩—开口胶管组成），在导线横担前后分别悬挂各两套，见图 3 - 6 - 3（b）。

4）提线安装时提线工器具取动荷系数为 1.2，当负荷较大时，应通过导线垂直负荷计算确定提线器的使用数量，使用时应在导线横担前后两片桁架对称布置。

5）子导线提线器均悬挂在子导线最终安装位置上方的施工孔上。

（6）提线、卸放线滑车：利用提线器将放线滑车中的导线提起后，卸放线滑车，常规方法如下：利用提线器将导线提起、打开放线滑车，导线移出后，将放线滑车落至地面，过程中做好导线的保护措施，防止导线损伤。

（7）悬垂线夹安装示意图见图 3 - 6 - 4，悬垂线夹安装步骤。

1）在子导线画印点位置安装预绞丝护线条或铝包带。

2）将悬垂线夹本体与导线连接，画印点（和预绞丝中心黑漆标记）应位于悬垂线夹中心，螺栓紧固到位。

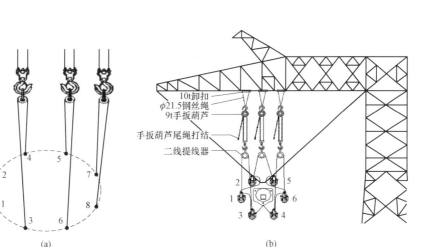

图 3-6-3　直线塔导线提线示意图

（a）八分裂导线提线示意图；（b）六分裂导线提线示意图

图 3-6-4　悬垂线夹安装示意图

3）收紧提线器上的手扳葫芦，将悬垂线夹安装在悬垂联板上。

4）回松提线手扳葫芦使悬垂串受力，然后将提线装置落下，下落时注意不能磨碰导线。

5）对双串绝缘子需检查两肢受力不均或迈步，不满足规定时进行调整，达到设计值要求。

（8）自检直线塔金具附件安装全部完成之后，应核对并保证零件齐全、螺栓穿向正确、紧固到位、开口销子已开口。

（9）拆卸索具，进行其他附件安装。

5.2.3　间隔棒安装

（1）导线间隔棒安装，在走线作业之前，应按照要求做好防感应电措施，按安规要求正确设置个人保安接地线。

（2）间隔棒安装位置可用测绳高空测量定位、地面测量定位、计程器定位等方法测定。在跨越电力线路安装间隔棒时，应使用绝缘测绳或其他间接测量方法测量次档距。

（3）安装间隔棒人员应绑扎安全带，安全带应绑在导线上。安装工具和材料，均应用小绳拴在导线上，防止失手掉落。

（4）间隔棒平面应垂直于导线，各相（极）导线间间隔棒的安装位置应符合设计要求。

（5）导线相间间隔棒安装时应注意结构面与导线呈 90°，螺栓穿向与原有导线间间隔棒相互一致。

（6）安装间隔棒跨越电力线路时，应验算对带电体的净空距离，该距离不得小于最小安全距离。

（7）安装间隔棒采用专用飞车或人工走线方法，飞车支撑轮不得对导线造成磨损，人工走线时应穿软底胶鞋，特高压工程通常采用人工走线的方式较普遍。

（8）若采用飞车进行间隔棒安装时，飞车应使用不磨伤导线的材料制作支承轮且支承轮的间距与分裂导线的分裂间距相配合，使各子导线受力均衡；车体有足够的强度和刚度及有可靠的制动装置；具有预防高空坠落的保安装置和一定爬坡能力。间隔棒安装示意图见图 3-6-5。

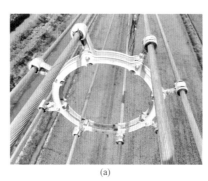 

(a) (b)

图 3-6-5 间隔棒安装示意图
(a) 示意图（一）；(b) 示意图（二）

5.2.4 防振装置安装

（1）防振锤安装。

1）防振锤的安装数量、规格及位置应符合设计要求。

2）防振锤与导线及架空地线接触的夹槽内，应按设计规定加衬垫。

3）以线夹中心为起算点，根据设计要求尺寸沿导线或架空地线向外量测，确定安装位置并画印记。

4）防振锤安装方向应符合设计要求。

5）防振锤安装后应垂直地平面，防振锤夹安装示意图见图 3-6-6。

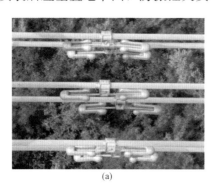 

(a) (b)

图 3-6-6 防振锤夹安装示意图
(a) 示意图（一）；(b) 示意图（二）

（2）阻尼线安装。

1）阻尼线的规格应符合设计要求，且使用过程中的原状线，凡有扭曲、松股、磨伤、断股等现象的，均不得使用。

2）阻尼线安装应自然下垂，固定点距离和小弧垂符合设计要求。

3）固定夹具上的螺栓穿向及紧固扭矩，应符合产品说明书及规范要求。

（3）防振鞭安装。

1）防振鞭的型号和光缆相配套。

2）两根防振鞭可以并绕。

3）需要高空安装时，应采用辅助设备，不允许在光缆上施加压力。

5.2.5　耐张塔跳线安装

特高压工程耐张塔跳线多采用刚性笼型跳线，其主体为刚性结构，用笼型骨架作为支撑连通，两端以软导线与耐张线夹的引流板相连。

（1）笼式刚性跳线安装施工工艺流程见图 3-6-7。

（2）笼式刚性跳线安装施工要点。

1）跳线器材运输和装卸要防止碰撞变形，运到安装现场安装前方可拆除包装。

2）引流线宜使用未经牵引过的原始状态导线制作，应使原弯曲方向与安装后的弯曲方向相一致，以利外形美观。

3）笼式刚性跳线地面组装，在跳线垂直投影下方处进行跳线组装，应用支撑物在适当位置进行支垫，并用仪器进行操平，使笼型骨架处于水平状态，确保笼型骨架对接后整体平直；安装后法兰连接接头连接处应严密；安装间隔棒和导线。笼式刚性跳线地面组装示意图见图 3-6-8。

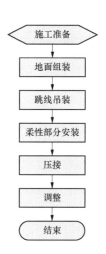

图 3-6-7　笼式刚性跳线安装施工工艺流程图

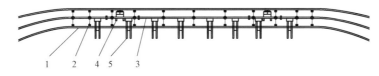

图 3-6-8　笼式刚性跳线地面组装示意图

1—导线；2—间隔棒；3—笼型骨架；4—跳线串连接金具；5—支撑槽

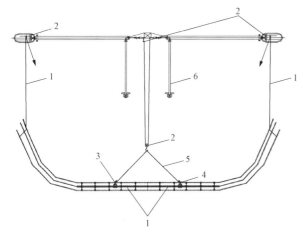

图 3-6-9　跳线吊装示意图

1—尼龙绳；2—滑车；3—卸扣；4—吊带；

5—钢丝绳套；6—跳线绝缘子

4）将组装好的跳线通过起吊工具整体起吊至空中预定位置。跳线吊装宜先吊装跳线绝缘子串，再吊装笼式刚性跳线。

5）用单台机动绞磨分别吊装跳线绝缘子串和笼式刚性跳线示意图见图 3-6-9，操作步骤如下：

a. 先用尼龙绳分别将两个跳线绝缘子串悬挂到跳线横担挂孔上，起吊跳线绝缘子串时，提升的吊点必须设置在跳线横担的主材节点处，不得在跳线横担的横材或斜材以及其他部件上起吊跳线绝缘子串。

b. 再用机动绞磨控制磨绳整体起吊跳线。在大、小号耐张串最内侧端头金具上悬挂起重

滑车→磨绳→钢丝绳套做 V 形→两端分别接卸扣→吊带缠绕在跳线串金具上。

c. 使用机动绞磨提升跳线支撑，同时使用尼龙绳通过滑车与跳线两端头的子导线分别相连，人力提升两跳线端头导线，三点应同步提升。

d. 施工人员沿预先安装好的软梯下至绝缘子底端连接刚性跳线；

e. 刚性跳线的所有悬挂点和连接点完全装好后，进行柔性跳线部分采用比量法确定柔性跳线压接长度、画印、断线、高空压接、安装引流线夹（按要求涂抹电力脂）、对正线的角度等，高空安装成型，最后安装柔性跳线部分的跳线间隔并进行外观整形。

f. 当采用装配式跳线时，可在地面进行各间隔棒及相对位置画印，同时进行柔性跳线部分的跳线压接，吊装后进行悬挂点和连接点安装和引流线夹安装，最后安装柔性跳线部分的跳线间隔并进行外观整形。

6）跳线安装后，跳线对地或塔体最小距离应符合设计要求。

7）任何气象条件下，跳线均不得与金具相摩擦、碰撞。若跳线与导线或金具摩擦，应安装防摩擦金具。

5.2.6 其他装置安装

航空障碍灯、航空标志（警示）球、在线监测装置、融冰装置、防鸟刺等附件安装，应按照设计文件要求执行。

6 人 员 组 织

附件安装施工班组构成相对较灵活，可独立组建也可以由紧挂线班组承担工作任务；耐张塔跳线安装工作通常由紧挂线班组完成（见紧挂线施工人员组织）。施工人员基本配置表见表 3-6-1。

表 3-6-1 施工人员基本配置表

序号	岗位	人数	备注
1	班组负责人	1	
2	班组安全员	1	
3	班组技术员	1	
4	机械工	1	
5	液压工	1	
6	高空作业人员	6	
7	地面作业	8	
合计		19	

7 附件安装工器具表

7.1 直线塔附件工器具表

直线塔附件工器具基本配置表见表 3-6-2。

表 3-6-2 直线塔附件工器具基本配置表

序号	名称	规格	单位	数量	备注
1	手扳葫芦		个	若干	垂直档距过大时需前后两侧同提
2	提线器		套	若干	
3	钢绳套	根据计算选择	根	若干	连接用
4	U 形环		个	若干	
5	起重滑车		个	若干	
6	小绳		根		
7	经纬仪		台	若干	复调导线弧度及悬垂串垂直度
8	软梯	根据计算选择	条	若干	超过导线与横担下平面垂距
9	钢丝绳	根据计算选择	根	若干	
10	机动绞磨	根据计算选择	台	若干	

7.2　引流安装工器具表

引流安装工器具基本配置表见表 3-6-3。

表 3-6-3　　　　　　　　　　　引流安装工器具基本配置表

序号	名称	规格	单位	数量	备注
1	小绳	根据计算选择	根	若干	
2	起重滑车	根据计算选择	个	若干	
3	压接工具		套	若干	配套压模
4	尺		个	若干	要能测量引流线极限长度
5	间隔棒专用工具		个	若干	
6	断线钳		把	若干	
7	电力脂		—	若干	
8	软梯		条	若干	超过导线与横担下平面垂距
9	钢丝绳	根据计算选择	根	若干	
10	机动绞磨	根据计算选择	台	若干	
11	钢绳套	根据计算选择	根	若干	连接用

7.3　间隔棒安装工器具表

间隔棒安装工器具基本配置表见表 3-6-4。

表 3-6-4　　　　　　　　　　　间隔棒安装工器具基本配置表

序号	名称	规格	单位	数量	备注
1	小绳		根	若干	
2	软梯		个	若干	
3	尼龙滑车		个	若干	
4	百米绳		根	若干	
5	望远镜		台	若干	
6	间隔棒专用工具		套	若干	

8　质　量　控　制

8.1　主要执行的质量规程

Q/GDW 10154.1　架空输电线路张力架线施工工艺导则　第 1 部分：放线

Q/GDW 10154.2　架空输电线路张力架线施工工艺导则　第 2 部分：紧线

Q/GDW 10154.3　架空输电线路张力架线施工工艺导则　第 3 部分：附件安装

Q/GDW 10225　±800kV 架空送电线路施工及验收规范

Q/GDW 1153　1000kV 架空送电线路施工及验收规范

8.2　质量控制措施

（1）紧线完毕后，应尽快进行附件安装，避免导线因在滑车中受振和在线档（档距）中的相互鞭击而损伤。为此，应按放线和紧线施工速度确定附件安装工序的施工组织，保证能及时完成附件安装工作。

（2）安装附件及间隔棒时，应对导线作全面检查，将导线上的全部问题处理完毕，重点是打光导线上未处理的局部轻微损伤，特别注意线夹两侧、临锚点和牵张场导线升空处，对于碳纤维复合芯导线的损伤处理，应符合特殊规定。

（3）安装附件使用的提线挂钩应包胶。提线钩与导线的接触长度不应小于 2.5 倍的导线直径。特种导线提线钩，应符合其特殊要求。

（4）安装附件时，应用记号笔画印，严禁用钳子、扳手等硬物在导线上划印。

（5）拆除放线滑车时，先在导线上安装保护胶管，然后再打开滑车门，滑车从线束外侧取出。用于拆除放线滑车的钢丝绳在横担上挂点位置应避开导线线束方向，防止滑车和钢丝绳磨损导线。

（6）传递附件应使用软质绳，传递的工具和材料不得碰撞导线。

（7）不得用硬物敲击导线，必要时可用专用木槌、橡皮锤敲打。

（8）为了避免大均压屏蔽环在安装时受拉压而变型，及组装串起吊时与地面摩擦而使环体表面产生毛刺与刮痕引起电晕放电，因此，要求将绝缘子串固定到塔上时，再安装大均压屏蔽环。大均压屏蔽环安装后应保证其对绝缘子两边间隙对称，尺寸误差不大于 8mm。

（9）单相（极）导线各子线线夹间，不应发生迈步而使联板扭转，且悬垂绝缘子串安装后应垂直于地面，个别情况其顺线路最大偏角不大于 4° 且偏距不大于 200mm。

（10）所缠铝包带露出线夹口不得超过 10mm，端头回到线夹内压住，缠绕应紧密。

（11）分裂导线的间隔棒的结构面应与导线垂直，杆塔两侧第一个间隔棒的安装距离偏差不超过端次档距的 ±1.5%，其余为次档距的 ±3%。

9 安全措施

9.1 主要执行的安全规程

DL 5009.2　电力建设安全工作规程　第 2 部分：电力线路

Q/GDW 10250　输变电工程建设安全文明施工规程

Q/GDW 11957.2　国家电网有限公司电力建设安全工作规程　第 2 部分：线路

9.2 安全控制措施

9.2.1　附件安装过程中的主要安全措施

（1）附件安装过程中特别是重要交叉跨越处要做好二道保护，防止导地线坠落。

（2）提线工器具应挂在横担的施工孔上提升导线；无施工孔时，承力点位置应符合作业指导书的规定，并应在绑扎处衬垫软物。

（3）相邻杆塔避免同时在同一相线吊装直线附件，作业点垂直下方不得有人。

（4）同塔避免同时在同一垂直面上进行双层或多层作业。

（5）附件安装时，安全绳或速差自控器应固定在横担主材上，严禁拴在绝缘子串上。

（6）采用人工走线安装间隔棒时，应采取可靠的安全措施，安全带（绳）不应拴在一根子导线上；安装工具和材料，均应用小绳拴在导线上，防止失手掉落。

9.2.2　防止电害的基本措施

（1）雷雨天停止附件安装作业。

（2）保留紧线过程设置的接地，即保留耐张绝缘子串的短接接地、被跨越电力线路两侧杆塔上的滑车接地、耐张段较长时在选定的中间直线塔上所作的接地。

（3）附件安装中的所有作业，均应在两端都设有临时接地的封闭区间内进行。

（4）每一个附件安装工作点，均应在正式作业开始前首先设置好保安接地。保安接地应使用截面积不小于 16mm² 的透明编织铜线作接地引线。工作完成后，应拆除保安接地。

（5）安装间隔棒量具不得有金属丝，防止与带电线路相碰发生事故。

（6）附件（包括跳线）全部安装完毕后，按工程技术文件的规定，保留部分临时接地作半永久性接地，拆除其余临时接地。半永久性接地应作好记录、定期检查，保留至竣工验收后、启动运行前拆除。

10　环 水 保 措 施

（1）严格按照建质〔2007〕233号《关于印发〈绿色施工导则〉的通知》要求，成立现场环保文明施工管理组织机构。

（2）在工程施工过程中严格遵守国家和地方政府下发的有关环境保护的法律、法规和规章。

（3）加强对施工燃油、工程材料、工器具、废水、生产生活垃圾、弃渣弃土弃石的控制和治理，遵守有关防火及废弃物处理的规定，随时接受相关单位的监督检查。

（4）划定最小施工区域，将施工场地和作业限制在工程建设允许的范围内，合理布置、规范围挡，做到标牌清楚、齐全，各种标识醒目。

（5）施工现场的组装场地均敷设彩条布。施工作业面的土方、设备等堆放合理整齐。物资标识清楚，摆放有序，符合安全防火标准。

（6）材料堆放应铺垫隔离；施工机具、材料应分类放置整齐，并做到标识规范、铺垫隔离、防止污染环境。

（7）在施工中，严禁到规定的砍伐区以外乱砍滥伐，在规定的范围内，尽量减少树木砍伐；对作物、植被要注意保护，避免一切无故破坏。

（8）要严格划定施工范围和人员、车辆行走路线，防止对施工范围之外区域的植被和地表覆盖层造成碾压和破坏。

11　效 益 分 析

本典型施工工法进一步优化了附件安装施工，提高了施工效率，保证了安装工艺和质量，具有一定推广应用价值。

12　应 用 实 例

12.1　白鹤滩—浙江±800kV特高压直流输电线路工程（鄂4标段）

建设地点：湖北省恩施州巴东县、宜昌市秭归县、兴山县。

建设时间：2021年10月～2022年9月。

建设规模：新建铁塔147基，其中直线塔77基、耐张塔70基，导线型号为JL1/G2A-1000/80、JL1/G2A-900/75、JLHA4/G2A-900/75。

应用效果：附件安装工艺良好，均满足验收规范要求。

12.2　南阳—荆门—长沙特高压交流工程线路工程施工项目部（5标）

标建设地点：湖北省潜江市。

建设时间：2021年6月～2022年10月。

建设规模：新建杆塔100基，其中耐张塔19基，全线同塔双回架设，线路全长2×50.575km，导线型号为JL1/G1A-630/45钢芯铝绞线。

应用效果：附件安装工艺良好，均满足验收规范要求。

直流工程附件安装成品图见图3-6-10，交流工程附件安装成品见图3-6-11。

(a)　　　　　　　　　　　　(b)

图 3 - 6 - 10　直流工程附件安装成品图

（a）直线塔；（b）耐张塔

(a)　　　　　　　　　　　　(b)

图 3 - 6 - 11　交流工程附件安装成品

（a）耐张塔；（b）直线塔

典型施工方法名称：大截面导线压接典型施工方法

典型施工方法编号：TGYGF001‑2022‑SD‑XL017

编　制　单　位：国网特高压公司

主　要　完　成　人：王俊峰　邹生强

目　次

1 前 言

大截面导线压接施工是架空送电线路施工中一项重要隐蔽工序，关系到输电线路的工程质量，关系到电网的长期安全运行。根据 Q/GDW 10571—2018《大截面导线压接工艺导则》定义，大截面导线压接是以超高压液压泵为动力的液压机，配套相应压接模具对导地线及压接管进行满足使用要求的连接。

该典型施工方法已在 ±800kV 白江线、±800kV 白浙线、±1100kV 吉泉线路等工程广泛应用，施工质量优良。

2 本典型施工方法特点

（1）施工工艺先进、操作简便。
（2）通过在施工前进行液压压接试验验证施工工艺后，在施工中通过测量压后对边距判定是否达到强度要求，具有压接质量易于控制、易于检测，压接质量稳定的特点。
（3）采用的液压设备为成熟的设备，压模有成系列的规格，可重复使用，施工成本较低。
（4）采用液压断线钳、剥线器等工具，可提高施工效率。
（5）具有施工安全、施工噪声较小、对外部环境影响小的特点。

3 适 用 范 围

本典型施工方法适用于 GB 1179《铝绞线及钢芯铝绞线》、YB/T 5004—2001《镀锌钢绞线》等标准规定的架空导线和地线，包括其他符合上述标准要求导地线的接续管、耐张线夹及补修管的液压连接。

4 工 艺 原 理

液压压接以高压油泵为动力，通过钢模对压接管、导地线施加径向压力，使压接管对导地线产生一定的握着力，从而保证连接强度。接续管及耐张线夹断面为圆形，压后呈六角形，压接前后导地线的有效截面保持基本相等。对于钢芯铝绞线（包括铝包钢绞线），通过钢管连接钢芯、铝管连接外层铝线，从而保证钢芯铝绞线的连接强度和导电性能。对于镀锌钢绞线通过钢管直接连接，保证钢绞线连接强度。

5 施工工艺流程及操作要点

5.1 施工工艺流程
液压施工流程图见图 3-7-1。
5.2 操作要点
5.2.1 施工准备
5.2.1.1 液压教育培训
在架线施工开工前，对压接操作人员进行技术交底，并作好交底记录。技术交底主要内容如下：
（1）设计图及说明和要求。
（2）编制依据中的有关章节。

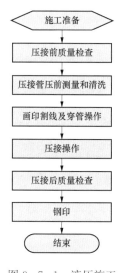

图 3-7-1 液压施工流程图

（3）项目部编制的压接施工方案。

（4）液压机的操作方法。

5.2.1.2 液压施工方法

由于导线截面大、铝钢比大、压接铝管直径大、长度大及压接后铝管伸长量大等诸多不利因素，导致大截面导线压接管在压接后会形成较为严重的松股现象，紧线后散股仍不能消除。在保证导线与金具配合握力的前提下，通过耐张线夹铝管"倒压"与直线接续管"顺压"的方式可减小在铝管管口处出现的"导线松股"程度，提高大截面导线液压接续施工质量。

耐张线夹"倒压"是相对于原液压规程耐张线夹铝管的压接方向而言，指耐张线夹铝管的压接顺序是从导线侧管口开始，逐模施压至同侧不压区标记点，隔过"不压区"后，再从钢锚侧不压区标记点顺序压接至钢锚侧管口。"倒压"工艺只针对耐张线夹的压接，不涉及接续管的压接。耐张线夹"倒压"示意图见图 3-7-2。

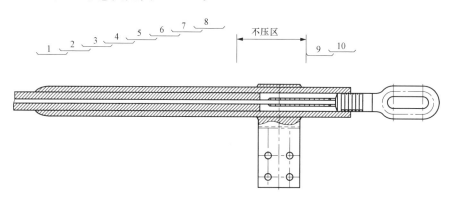

图 3-7-2 耐张线夹"倒压"示意图

直线接续管"顺压"是相对于原液压规程中接续管铝管的压接方向而言，指接续管铝管的压接顺序是从牵引场侧管口开始，逐模施压至同侧不压区标记点，跳过"不压区"后，再从另一侧不压区标记点顺序压接至张力场侧管口，见图 3-7-3。"顺压"工艺只针对接续管的压接，不涉及耐张线夹的压接。

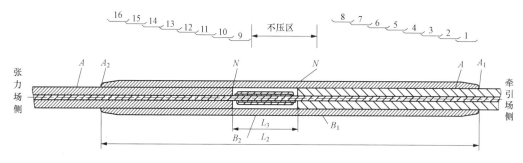

图 3-7-3 直线接续管顺压示意图

按照耐张线夹"倒压"及接续管"顺压"工艺对耐张线夹及接续管进行压接时，关键是根据耐张线夹及接续管的压接后铝管的伸长量在压接开始时对耐张线夹及接续管进行预偏（没有顺压和倒压就不存在预偏）。耐张线夹的预偏量应为压后整个铝管的伸长量，接续管的伸长量应为一侧压接区压接后的伸长量（压后整个铝管伸长量一半）。伸长量根多个因素有关，应先进行试验掌握伸长量后确定预偏量。

5.2.1.3 液压施工技术规定

液压操作人员必须经过技术培训并在技术交底后制作试件进行压接试验，经检验合格后，方可持证上岗。

液压作业时，必须有监理人员在场，对施工工艺、操作程序进行严格监督。

在一个档距内，除不允许有压接管的档距外，每根导、地线只允许有一个直线管，并且耐张管出口与直线管之间的距离不宜小于 15m，直线管与悬垂线夹中心之间的距离不小于 5m，直线管与间隔棒中心的距离不小于 0.5m。

液压操作人员在操作过程中必须注意安全。

检查液压设备的完好程度，油压表必须定期校核，做到准确可靠，以保证正常操作。

钢模不允许有裂纹、变形，其尺寸误差应在允许范围之内。

用精度不低于 0.02mm 的游标卡尺测量压接管的内外径、管长，应符合 GB/T 2314《电力金具通用技术条件》、DL/T 768《电力金具制造质量》的有关规定或设计要求。判定不合格者，严禁使用。

要连接的导、地线的端部，在割线前应先将线调直，并加以防止松散的绑线绑扎。

检查要连接的导、地线的受压部分是否平整完好，在与管口相距 15m 范围内是否有缺陷，如果存在问题要及时解决。

5.2.1.4 材料准备

（1）接续管、耐张管进场后，对压接管钢锚及铝管的压接管的外观、尺寸、公差等项目进行检查，接续管、耐张管质量必须达到国家有关标准、规范和设计要求，并有出厂质量证明文件。

（2）压接施工前，应认真核对使用的导、地线，以及各种接续管和耐张线夹，确保材料符合国家标准要求。

（3）导、地线接续管的清洗。

1）钢芯铝绞线的液压部分在穿管前，应以汽油清除其表面油垢，清除的长度对先套入铝管端应不短于铝管的套入部位，对另一端应不短于半铝管长的 1.2 倍。钢绞线的液压部分穿管前应以棉纱擦去泥土，如有油垢应用汽油或酒精清洗，清洗长度根据压接管长度确定。

2）对使用的各种规格的接续管及耐张线夹，应用汽油清洗管内壁的油垢，并清除影响穿管的锌疱与焊渣。短期不用时，清洗后应将管口临时封堵，并以包装物加以封装。

5.2.1.5 液压操作规定

（1）液压时所使用的钢模应与被压管相配套。凡是上模与下模有固定方向时，钢模上应有明显标记，不得错放。

（2）液压机的缸体应垂直地面，放置要平衡。

（3）压接管放入钢模时，位置要正确，注意检查定位印记是否处于指定位置，双手把住管、线后合上钢模，并使被压管呈水平状态，与液压机轴心相一致。

（4）压接前，要详细检查导线与管之间的位置、尺寸，压接耐张管时，要检查引流与钢锚 U 形的相对位置，不可弄错。

（5）压接时，必须使每模都达到规定的压力（80MPa），300t 轻型压接机压力必须达到 100MPa，而不以合模为压好的标准。

（6）施压时，钢管相邻两模间至少应重叠 5mm，铝管相邻两模间至少应重叠 15mm。

（7）各种液压管在第一模压好后，应检查压后对边尺寸，符合标准后再继续进行液压操作。

（8）钢模应定期进行检查，发现有变形现象应立即停止使用。

（9）当压完后管子有飞边时，应将飞边锉掉，铝管应锉成圆弧状，再用细砂纸将锉过处磨光。管子压完后，因飞边过大而使对边距尺寸超过规定值时，将飞边锉掉后重新施压。

（10）钢管压后，凡锌皮脱落者，不论其是否裸露于外，皆涂以富锌漆以防生锈。

（11）压接铝管时，应在铝管表面缠绕一层塑料保鲜膜，防止或减少飞边产生。

5.2.2 压接前质量检查

液压前，必须对各种液压管进行外观检查，不得有弯曲、裂痕、锈蚀等缺陷。应对液压管的内、外径及长度进行测量并作好记录。对于导（地）线耐张管，外径检测两个断面点，内径只检测管口一端的断面点，同样应求得平均数进行判断。检查导、地线的型号、规格及结构，应与设计图相符，且应符合国家标准要求。检查液压设备是否完好，应能保证正常操作。油压表必须定期校核，做到准确可靠。检查压接用的钢模，应与液压管相匹配。

5.2.3 压接管压前测量和清洗

压接前测量：导线的结构尺寸及性能参数应符合 GB/T 1179 的规定，各类压接管和线夹的性能参数应符合 GB/T 2314《电力金具通用技术条件》的规定。

压接管清洗：本操作对压接的质量有着直接的影响，因此在进行本操作时要细致、认真、不可疏忽大意。

5.2.4 画印割线及穿管操作

（1）导线接续管划印割线及穿管。

1）画印：确定导线铝股开断点 N 后，在导线留用侧离 N 点 10mm 处用细铝线绑扎。

2）剥铝股：用手锯在 N 点处切断外（中）层铝股，去掉外（中）层铝股并留足钢芯长度，将内层铝股切断。在切断内层铝股时，只割到每股直径的 0.5～0.75，再将铝股逐股掰断。对铝股锯断根部不平整处，用扁锉修平。

3）开断钢芯：从 N 点量取 $L+10$mm（L 为钢接续管实长）为钢芯开断点 O，划印后从 O 点将钢芯开断。

4）套铝管、穿钢管：铝管自钢芯铝绞线一端套入后，将钢芯散股调直，使其呈散股扁圆形，一端先穿入钢管，置于钢管内的一侧；另一端与已穿入的钢芯相对搭接穿入（不是插接），直至两端钢芯各露出管口 5mm 为止。

5）穿铝管：钢管压好后，量出压后中点 O_1，自 O_1 向两端铝线上各量铝管实长的一半即 $0.5L'$，在该处作印记 A。再以 AN 的长度，在铝管上作印记 N_1（起压印记）。将铝管顺导线绞制方向向另一侧旋转推入，直至两端管口与铝线上印记 A 重合为止。

（2）导线耐张管划印割线及穿管。

1）划印：确定导线铝股开断点 N 后，在导线留用侧偏离 N 点 10mm 处用细铝线绑扎。

2）剥铝股：用手锯在 N 点处切断外（中）层铝股，去掉外（中）层铝股并留足钢芯长度，将内层铝股切断。在切断内层铝股时，只割到每股直径的 0.5～0.75，再将铝股逐股掰断。对铝股锯断根部不平整处，用扁锉修平。

3）开断钢芯：量取钢锚孔深 L_3，从铝股开断点量取 $N_O=L_3+15$mm。钢芯绑扎后在 O 点开断钢芯。

4）套铝管、穿钢锚：将铝管从导线端部穿入。钢芯自钢锚口顺钢芯绞制方向穿入，旋转钢锚管直至钢芯头抵紧至钢锚孔最底端。

5）穿铝管：钢锚压好后，根据各部分尺寸自钢锚最后凹槽边向钢锚 U 形环端量 20mm 画一定

位印记 A。自 A 点向铝线侧量铝管实长 L 处画一印记 C；然后在铝管上自导线侧管口量取印记 C 与铝股开断点 N 之间的距离做起压印记 N_1；在铝管上自 A 点向导线侧量取 $L_1{}'$（A 点至凹槽内边距离）作为起压印记 N_2。再将铝管推向钢锚侧，直至铝管两端与 C、A 重合。

（3）电力脂涂抹。

1）涂导电脂及清除铝股氧化膜的操作程序如下：

a. 涂脂范围为铝股进入铝管部分。

b. 按要求将外层铝股用汽油清洗并干燥后，再将导电脂薄薄地均匀涂上一层，以将外层铝股覆盖住。

c. 用钢丝刷沿钢芯铝绞线轴线方向，对已涂导电脂的部分进行擦刷，将施压后能与铝管接触的铝股表面全部刷到。

2）导电脂必须具备下列性能：①中性；②流动温度不低于 150℃，有一定黏滞性；③导电性能好，详见表 3-7-1。

表 3-7-1　　　　　　　　　　　　导电脂性能参数

序号	测试项目	质量指标
1	外观	均匀油膏，无明显颗粒状杂质
2	摩擦系数	≥0.08
3	分油量（w/w%）	≤0.03
4	锥入度（25℃、150g，1/10mm）	200～315
5	滴点（℃）	≥200
6	pH 值	6～8
7	腐蚀（铜片、铝片、100℃，3h）	试品无斑点和明显不均匀颜色变化；复合脂无胶皮状及硬膜
8	蒸发损失（99℃、22h,%）	≤1.5
9	涂膏前后冷态接触电阻的变化 X	<0.9
10	接触电阻稳定系数 K	≤1.5
11	耐潮性能	K≤1.3
12	低温性能（－40℃、2h）	无龟裂
13	温度循环性能	－40～70℃，K≤1.5
14	体积电阻率（20℃、Ω·cm）	≥108
15	额定电流下的温升（空气中，K）	≤65
16	耐盐雾腐蚀的性能	金属导体接触面无腐蚀；K≤1.5
17	储存安定性（38±3℃，6 个月）锥入度变化，外观	<30，无油分析出
18	加速稳定性（20±5℃）	目测有无析出、分层、挂壁现象

5.2.5　压接操作

5.2.5.1　导线直线接续管压接

钢管的第一模压模中心压在钢管中心，然后分别向管口端部施压，一侧压至管口再压另一侧。如若凑整模数，允许第一模稍偏离钢管中心，对清除钢芯上防腐剂的钢管，压后应将管口及裸露于铝线外的钢芯，都涂以富锌漆，以防生锈。铝管的液压部位及顺序如下：

（1）检查铝管两端管口与定位切记 A_1 是否重合。

（2）铝管中间段即钢管所在位置为不压区，应从牵引场侧管口开始压第一模，逐模向张力场侧施压至同侧标记点 B_1；隔过不压区后，再从另一侧标记点 B_2 逐模施压至张力场侧管口。钢管的液压部位及顺序见图 3-7-4。

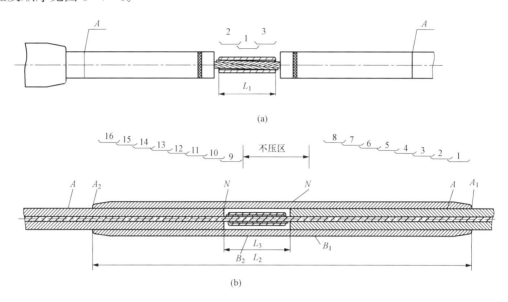

图 3-7-4　导线直线接续管压接顺序图

（a）钢管压接顺序示意图；（b）铝管压接顺序示意图

5.2.5.2　导线普通耐张管压接

（1）从凹槽前侧开始，向管口连续施压。

（2）铝管液压部位及操作顺序：自铝线端头处（A）向导线侧连续施压，而后在钢锚 L 区段压接。导线耐张管压接顺序图见图 3-7-5。

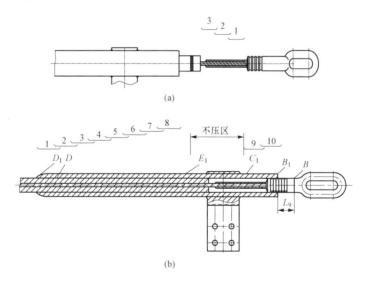

图 3-7-5　导线耐张管压接顺序图

（a）钢管压接顺序示意图；（b）铝管压接顺序示意图

5.2.5.3　注脂式耐张线夹压接

注脂式耐张线夹压接方法与普通耐张线夹压接方法基本相同，只是在穿铝管时需拧开注脂孔上的螺栓，移动铝管使注脂孔移至钢锚压接区上方，将注脂枪的管口与注脂孔相连接，松开注脂枪尾部的锁紧装置，使腔内产生压力。扳动注脂枪手柄开始注脂，至铝管管口溢出复合脂时止时，此时空腔内已充满电力脂。之后按照普通耐张线夹压接方法完成压接。具体形式见图3-7-6。

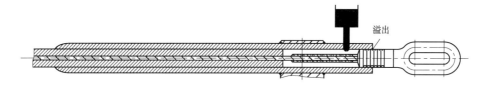

图3-7-6　注脂式耐张线夹注脂示意图

5.2.5.4　导线引流管压接

液压部位及操作顺序见图3-7-7，其压接方向自管底向管口连续施压。

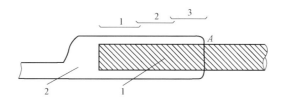

图3-7-7　导线侧引流管施压顺序图
1—钢芯铝绞线；2—引流管

6　人　员　组　织

本典型施工方法要求压接工应经过培训考试合格后方可上岗，一般人员组织按表3-7-2配置。

表3-7-2　　　　　　　　　大截面导线压接施工作业人员基本配置表

序号	工种	单位	数量	备注
1	压接工	个	1	
2	技工	个	2	
3	机械操作工	个	1	
4	安全监护人	个	1	高空压接时需要
	合计	个	5	

7　材　料　与　设　备

大截面导线压接施工主要设备与材料基本配置见表3-7-3。

表3-7-3　　　　　　　大截面导线压接施工主要设备与材料基本配置表

序号	材料/设备名称	规格	单位	数量	备注
1	液压机		台	1	
2	压模	钢管压模和铝管压模	套	若干	
3	游标卡尺		把	1	精度不低于0.02mm
4	断线钳	液压型	把	1	
5	钢锯		把	1	
6	剥线钳		把	1	
7	钢卷尺	5m	把	1	
8	导电脂		盒	若干	
9	防锈漆	0.5kg	桶	1	

213

序号	材料/设备名称	规格	单位	数量	备注
10	八角锤	4.5kg	把	1	
11	板锉		把	1	
12	砂纸	0 号	张	若干	
13	绑线		根	若干	
14	红漆		桶	若干	带小刷子
15	钢刷		把	若干	
16	记号笔		根	若干	

8 质 量 控 制

8.1 检验性试件规定

施工前，应对该工程实际使用的导、地线及相应的液压管、配套的钢模按本施工方案制订的操作工艺制作检验性试件。每种型式的试件不少于 3 根（允许接续管与耐张管做成一根试件）。试件的握着力均不应小于导线及地线保证设计计算拉断力的 95%。

8.2 压接尺寸检查

根据 Q/GDW 10571—2018《大截面导线压接工艺导则》的有关要求，压接管压接后应用精度不低于 0.02mm 的游标卡尺进行检验，导线液压管压后对边距尺寸 S 的最大允许值为：$S＝0.86D＋0.2mm$（D 为标称管外径），三个对边距中只允许有一个达到最大值，如果发现有一根试件压后尺寸未达到要求，应查明原因，改进后做加倍的试件再试，直至全部合格。

8.3 压接后质量检查

压接后管子不应有肉眼可看出的扭曲及弯曲现象，导线接续管弯曲程度不超过管长的 1%，地线接续管弯曲程度不超过管长的 1%。有明显弯曲时应校直，校直后严禁出现裂纹，如有裂纹应割断重接。

8.4 压接管钢印使用要求

液压操作人员自检合格后，在管的指定部位打上自己的钢印，钢印号为项目部发文且已向业主项目部报备的编号，钢印朝向尽量正面朝上。

（1）直线管：施工压接人员钢印打在压接管不压区的小号侧，距离管口位置约 30mm，监理人员钢印打在施工人员钢印的大号侧，两钢印距离 30mm 左右。

（2）耐张管：施工压接人员钢印打耐张管不压区的近塔侧，距离管口位置约 30mm，监理人员钢印打施工人员钢印的远塔侧，两钢印距离 30mm 左右。

8.5 其他

质检人员及监理人员检查合格后，在记录表上签名。

切割导线铝股时严禁伤及钢芯。导、地线连接部分不得有线股绞制不良、断股、缺股等缺陷，连接后管口附近不得有明显的松股现象。

9 安 全 措 施

（1）使用前应检查液压钳体与顶盖的接触口，液压钳体有裂纹严禁使用。

（2）液压机启动后先空载运行检查各部位运行情况，正常后方可使用；压接钳活塞起落时，人体不得位于压接钳上方。

（3）放入顶盖时，必须使顶盖与钳体完全吻合；严禁在未旋转到位的状态下压接。

（4）压接泵操作人员应与压接钳操作人员密切配合，并注意压力指示，不得过荷载。

（5）液压泵的安全溢流阀不得随意调整，并不得用溢流阀卸荷。

（6）当高空压接时，应注意以下事项：

1）填写《施工作业票》，作业前通知监理旁站。

2）采用高空压接操作平台进行压接施工。

3）压接机应有固定设施，操作时放置平稳，两侧扶线人员应对准位置，手指不得伸入压模内。

4）切割导线时线头应扎牢，并防止线头回弹伤人。

5）高空作业人员应做好高处施工安全措施。

6）液压泵操作人员与压钳操作人员密切配合，并注意压力指示，不得过载。

7）压力表应按期校验。

10　环水保措施

（1）在压接施工过程中严格遵守国家和地方政府下发的有关环境保护的法律、法规和规章制度。

（2）液压操作场地应采取与地面隔离措施，防止污染环境。

（3）清洗剂、液压油等废液按规程要求进行处置，防止污染地面及植被。

（4）切割掉的导线铝股应及时投入废物箱内。

（5）在施工现场应做到工完、料净、场地清。

11　效益分析

（1）与爆压连接相比较，避免了在工地保管、运输和操作过程中的安全隐患，更好地保证了工程安全。

（2）液压连接的握着力稳定，送电线路运行更为可靠，具有较好的经济和社会效益。

（3）液压连接设备资金投入不大，并可长期重复使用，减少工器具的投资，具有良好的经济效益。

（4）液压设备可进行高空压接，减少了对树木和植被的破坏，环保效益明显。

12　应用实例

已成功应用于以下典型工程：

（1）本典型施工方法已成功应用于白鹤滩—江苏±800kV 特高压直流输电工程和白鹤滩—浙江±800kV 特高压直流输电工程。导线：在 10mm 冰区的一般山地及 15mm 冰区导线采用 JL1/G2A‑1000/80 钢芯铝绞线；20mm 重冰区采用 6×JL1/G2A‑900/75 钢芯铝绞线；在 30mm 重冰区采用 6×JLHA4/G2A‑900/75 钢芯中强度铝合金绞线。地线：在 10、15、20mm 冰区地线采用 JLB20A‑150 铝包钢绞线；30mm 冰区地线采用 JLB20A‑240 铝包钢绞线。

（2）本典型施工方法已成功应用于昌吉—古泉±1100kV 特高压直流输电线路工程，导线采用 8×JL1/G3A‑1250/70 钢芯铝绞线；地线采用 JLB20A‑240 铝包钢绞线。

经过以上典型工程实践证明，本典型施工方法具有质量稳定、安全可靠、操作方便、经济适用等优点。

典型施工方法名称：无跨越架不停电跨越架线典型施工方法

典型施工方法编号：TGYGF001-2022-SD-XL018

编　制　单　位：国网特高压公司　吉林省送变电工程有限公司

主　要　完　成　人：何宣虎　侯建明　陈世利

216

目　次

1 前　　言

随着特高压电网的建设，跨越运行电力线路情况越来越多，而且被跨越电力线停电越来越困难，如何实现不停电跨越电力线进行架线是输电线路建设中遇到的一道难题。

为了实现不停电跨越架线，传统的方法是在被跨电力线的两侧搭设竹竿、木杆或金属结构的跨越架，在跨越架顶端之间铺设绝缘封顶网，以保护被跨越的电力线。在封顶网上方展放绝缘引绳，然后带张力牵引导引绳、牵引绳直至达到展放导、地线的目的。这种方法存在较多缺点：

一是对跨越架施工质量要求高，跨越架应满足导引绳、牵引绳或导、地线跑线时产生的冲击力，设计难度大，而且跨越架构件多成本高。

二是占地面积大，地方协调难度大，施工准备时间长，工效低，跨越架采购及运输成本高。

三是要配置大量起重工具安装跨越架，而且起吊困难，在恶劣地形条件下尤其如此。

四是选择跨越架位置易受地形条件限制，如果跨越架与带电被跨电力线之间的净空距离不满足安全要求，安全风险将大大增加，在某些特殊条件下（如被跨电力线距地面较高、被跨电力线两侧有水塘等障碍物等情况）搭设跨越架无法实现或者相当困难或者是投入极大。

为了减少不停电跨越架线的安全风险，解决在某些地理条件下无法搭设跨越架的难题，国家电网有限公司特高压建设分公司组织有关单位共同研制了无跨越架不停电跨越架线施工新工艺，开展了新工艺关键技术的试验研究，在多个工程上进行试点应用。

该典型施工方法在扎鲁特—山东青州±800kV特高压直流线路工程（冀2标段）、雅中—江西±800kV特高压直流输电线路工程（川3标段）、白鹤滩—江苏±800kV特高压直流输电线路工程（鄂4标段）等项目中普遍应用，效果良好。

2 本典型施工方法特点

（1）在跨越档两端铁塔上设置临时通长横梁（或临时分段式横梁及软索柔性支承装置）代替了跨越架，从而解决了在特殊地理条件下传统跨越方式无法实现不停电跨越架线的难题。

（2）与传统的跨越方式相比较，显著减少工器具和人工投入，提高了施工效率，降低了施工成本。

（3）本典型施工方法消除了跨越架安装对被跨越电力线带来的危险影响，也提高了跨越系统安装的安全性。

（4）由于取消了跨越架，大大减少了占地面积，有效减少了植被损坏和建场费用，同时适合各种地形。

3 适 用 范 围

本典型施工方法主要适用于新建架空输电线路跨越档内有一处或多处电力线而又无法停电的情况，对跨越档内有其他被跨越物，如铁路、高速公路、高架桥及河流等的跨越架线可供参考使用。

4 工 艺 原 理

通过在新建线路跨越档两端铁塔上安装临时通长横梁、临时分段式横梁或软索柔性支承装置作为承载索的定位装置，对应每相（极）导线在定位装置上安装2条承载索，在承载索间安装封网装置，形成对被跨电力线的防护体系，再开展跨越架线。在架线的正常状态下，各种线索均为带张力在跨越系统上方悬空通过，不会对被跨越电力线造成影响。

当导引绳、牵引绳或导地线在跨越放线区段内发生跑线（绳）、断线（绳）时，线（绳）会落在封网装置上，从而将其荷载传递到承载索上，使承载索承受较大的垂直荷载。承载索是本典型施工方法中的关键承力构件。当发生架线事故时，线（绳）落于封网装置上使其冲击动能衰减，再传至承载索后，其冲击动能第二次衰减，因此，我们可以近似地用静载试验研究承载索的承载性能。当发生事故时，承载索设计达到综合安全系数6的要求，可有效保护被跨电力线。

跨越系统布置示意图见图3-8-1。

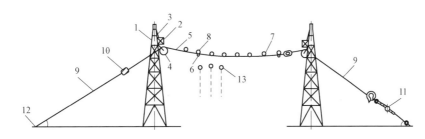

图3-8-1 跨越系统布置示意图

1—跨越塔；2—临时横梁；3—悬吊绳；4—承载索滑轮；5—迪尼玛绳；6—绝缘撑网杆；7—绝缘承网滑轮；
8—绝缘承杆滑轮；9—圆股钢丝绳；10—抗弯连接器；11—调节装置；12—锚固点；13—跨电力线

5 施工工艺流程及操作要点

5.1 施工工艺流程
无跨越架不停电跨越架线典型施工工艺流程见图3-8-2。

5.2 施工操作要点

5.2.1 施工准备
（1）施工前应编写无跨越架不停电跨越架线施工技术设计，跨越系统的承载索及临时横梁应经验算选择确定。

1）承载索张力计算。初选承载索规格。承载索有四种工作状态：空载、安全放线工况、静载事故状态、动载事故状态。当已知安全工况状态的张力求解事故状态张力时，可采用简化的导线状态方程，即简化的斜抛物线方程。

$$H_A - \frac{l^2 W_0^2 SE \cos^3\varphi}{24 H_A^2} = H_s - \frac{l^2 W_s^2 SE \cos^3\varphi}{24 H_s^2} \qquad (3-8-1)$$

式中 H_A——承载索的安装张力，N；

l——跨越档档距，m；

W_0——承载索单位长度质量，N/m；

E——承载索的弹性模量，N/mm²；

S——承载索的净截面面积，mm²；

H_s——事故状态下承载索的张力，N；

W_s——静载事故状态下承载索折算均布荷载［包括落网导线长度、承载索、绝缘网绳、牵网绳、承网（杆）滑轮、绝缘撑网杆、连接挂钩叠加的单位质量］，N/m；

φ——跨越档高差角，（°）。

图3-8-2 无跨越架不停电跨越
架线典型施工工艺流程图

219

$$l_c = \frac{3}{8}(l_G + l_{G+1}) + l_{wa} \tag{3-8-2}$$

式中 l_c——落网导线长度，m；

  l_G——G 塔与绝缘绳网网端形成的次挡距为，m，绝缘绳网的网端承载的集中荷载为 $3l_G/8$ 长度的导线质量；

  l_{G+1}——G＋1 塔与绝缘绳网网端形成的次挡距为，m，绝缘绳网的网端承载的集中荷载为 $3l_{G+1}/8$ 长度的导线质量；

  L_{wa}——绝缘绳网长度，m。

安全工况时承载索的安装张力

$$H_A = \frac{\omega_1 m(L-m)}{2f_{m1}\cos\varphi} \tag{3-8-3}$$

式中 ω_1——安全放线工况时承载索（迪尼玛绳段）折算均布荷载［包括承载索、绝缘网绳、牵网绳、承网（杆）滑轮、绝缘撑网杆、连接挂钩叠加的单位质量］，N/m；

  m——跨越档小号侧塔位中心桩至跨越点的水平距离，m；

  f_{m1}——安全放线工况下，跨越点处承载索弧垂，m［可先确定绝缘网与跨越物的安全距离裕度值 Δy，再确定 f_{m1}］。

建议 H_A 计算取值不小于 9000N。

H_S 的求解方法

令
$$a = H_A - \frac{l_2 W_0{}^2 ES\cos^3\varphi}{24H_A{}^2} \tag{3-8-4}$$

$$b = \frac{l^2 W_s{}^2 ES\cos^3\varphi}{24} \tag{3-8-5}$$

将式（3-8-4）、式（3-8-5）代入式（3-8-1），经整理得

$$H_S^2(H_S - a) = b \tag{3-8-6}$$

当已知 H_A、W_0、W_s、S 及 E 时，可由式（3-8-5）按渐次逼近法求解 H_S，H_S 应小于承载索的允许张力（即静载事故状态下综合安全系数不小于 6），验算初选承载索规格是否满足要求，否则重选。

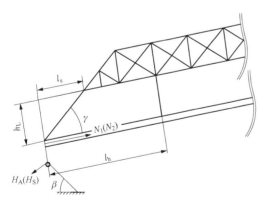

图 3-8-3 通长临时横梁受力分析示意图

2）临时横梁的强度验算。临时横梁有两种型式：一种是通长式横梁，可以悬吊对应三相导线的承载索及封网装置；另一种是分段式横梁，即一根横梁对应悬吊一相导线的承载索及封网装置。现以第一种型式分析横梁的受力情况，示意图见图 3-8-3。

一般情况下，通长临时横梁可作为一根承压杆件进行其稳定校验。正常情况下，通长临时横梁承担承载索安装张力及自重力的作用。当不考虑承载索滑车偏斜时，承载索安装张力对通长临时横梁产生的轴心压力为

$$N_1 = \frac{H_A\sin\beta}{\tan\gamma} \tag{3-8-7}$$

其中
$$\gamma = \tan^{-1}\frac{2h_L}{l_s} \tag{3-8-8}$$

式中　N_1——正常情况下，通长临时横梁的计算中心压力，N；

　　　β——承载索与地平面间夹角，(°)；

　　　γ——通长临时横梁端悬吊绳与横梁中心线间夹角，(°)；

　　　h_L——导线横担端部悬吊绳挂点至横梁上平面的垂直距离，m；

　　　l_S——通长临时横梁伸出塔身横担外侧的水平距离，m。

　　事故情况下，通长临时横梁承受承载索事故状态的张力及自重力的作用。承载索事故张力对通长临时横梁产生的轴心压力为

$$N_2 = \frac{H_s \sin\beta}{\tan\gamma} \qquad (3\text{-}8\text{-}9)$$

式中　N_2——事故情况下通长临时横梁的计算中心压力，N。

　　由于 $H_S \geqslant H_A$，故应以 N_2 验算通长临时横梁强度。

　　通长临时横梁自重为均布荷载，对通长临时横梁 A、B 点间产生的弯矩为

$$M_b = \frac{Q_h l_h^2}{8} \qquad (3\text{-}8\text{-}10)$$

式中　M_b——通长临时横梁自重产生的弯矩，N·cm；

　　　Q_h——通长临时横梁自重均布荷载，N/cm；

　　　l_h——通长临时横梁外伸段的长度，cm。

　　通长临时横梁在事故工况下的计算综合应力应满足

$$\sigma_h = \frac{N_2}{F_h} + \frac{M_b}{W_h} \leqslant [\sigma] \qquad (3\text{-}8\text{-}11)$$

式中　σ_h——通长临时横梁的计算综合应力，N/cm²；

　　　F_h——通长临时横梁主材的截面积，cm²；

　　　W_h——通长临时横梁危险断面系数，cm³；

　　　$[\sigma]$——允许应力，N/cm²。

　　（2）施工前应对跨越系统的封网尺寸进行计算，以确保封网装置能有效遮护被跨电力线。封网尺寸包括封网长度和封网宽度。

　　1）封网装置宽度的计算。绝缘绳网宽度 B_w 应满足

$$B_w \geqslant 2Z_x + b \qquad (3\text{-}8\text{-}12)$$

$$Z_x = w_{4(10)} \left[\frac{m(l-m)}{2H} + \frac{\lambda}{\omega} \right] \qquad (3\text{-}8\text{-}13)$$

$$w_{4(10)} = 0.0613 kd \qquad (3\text{-}8\text{-}14)$$

式中　Z_x——新建线路导线、地线在安装（架线，10m/s 风速）气象条件下，在跨越点处的风偏距离，m；

　　　b——绝缘网所遮护施工线路在跨越处的最外侧导（地）线间横线路方向的水平宽度，m；

　　$w_{4(10)}$——新建线路导线在安装（架线）气象条件下（风速为 10m/s）的单位长度风压，N/m；

　　　m——跨越物至新建线路邻近杆塔的水平距离，m；

　　　l——跨越挡挡距，m；

　　　H——新建线路导线水平张力，N；

　　　λ——新建线路跨越挡两端铁塔悬垂绝缘子金具串或滑轮挂具长度，m；

　　　ω——新建线路导线的单位长度质量，N/m；

　　　d——导线直径，mm；

k——风载体型系数，当 $d \leqslant 17mm$ 时，$k=1.2$；当 $d > 17mm$ 时，$k=1.1$。

2）封网长度的计算。新建线路的单相导线封网长度应满足

$$L_1 = \frac{B}{\sin\beta} + \frac{B_w}{\tan\beta} + 2L_B \qquad (3-8-15)$$

式中　L_1——新建线路单相导线的封网长度，m；

$\qquad B$——被跨电力线两边线间的水平距离，m；

$\qquad \beta$——新建线路与被跨电力线路交叉角，（°）；

$\qquad L_B$——封网装置伸出被跨电力线的保护长度，取值应不小于 10m。

（3）施工前，施工单位必须向运行单位书面申请被跨电力线"退出重合闸"，并办理工作票等相关手续。

（4）开挖锚固承载索和起吊临时横梁用的地锚坑。

（5）悬挂导、地线放线滑车，对所在放线区段的耐张塔采用专用防跳槽滑车，跨越塔使用导电导地线滑车。

（6）施工前对所有绝缘绳应检测其绝缘性能并进行外观检查。

（7）对于初次使用的迪尼玛承载索，需消除结构性伸长。可将承载索施加其破断力的 15%～20%进行预张拉，持续时间不小于 2h。

5.2.2　安装支承装置

（1）支承装置可采用临时通长横梁、临时分段式横梁及软索柔性支承三种形式，如图 3-8-4～图 3-8-9 所示。支承装置应安装在靠近导线放线滑车的下方，其距离依据现场条件经计算确定。

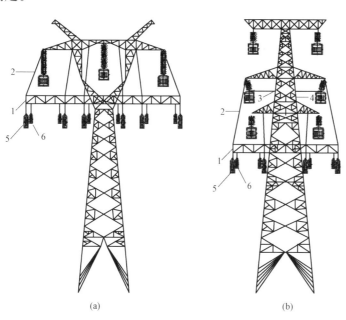

（a）　　　　　　　　　　　　（b）

图 3-8-4　交流线路临时通长横梁布置示意图

（a）单回路铁塔；（b）双回路铁塔

1—临时通长横梁；2—悬吊绳；3—转向滑轮；4—调节工具；

5—承载索滑轮；6—牵网绳滑轮

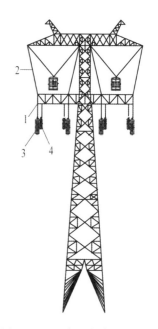

图 3-8-5　直流线路临时通长
横梁布置示意图

1—临时通长横梁；2—悬吊绳；

3—承载索滑轮；4—牵网绳滑轮

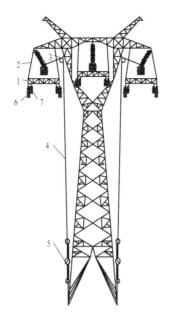

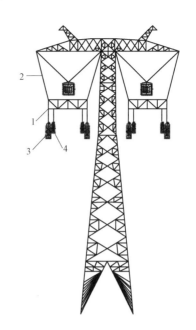

图 3-8-6　交流线路临时分段式
横梁布置示意图

1—临时分段式横梁；2—悬吊绳；3—转向滑轮；

4—拉线；5—调节工具；6—承载索滑轮；7—牵网绳滑轮

图 3-8-7　直流线路临时分段式横梁布置示意图

1—临时分段式横梁；2—悬吊绳；

3—承载索滑轮；4—牵网绳滑轮

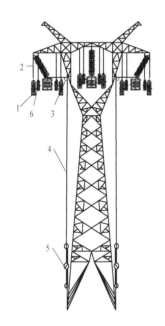

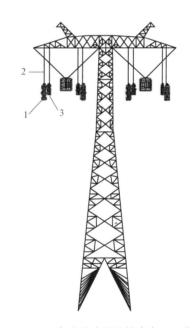

图 3-8-8　交流线路柔性软索布置示意图

1—承载索滑轮；2—悬吊绳；3—转向滑轮；

4—拉线；5—调节工具；6—牵网绳滑轮

图 3-8-9　直流线路柔性软索布置示意图

1—承载索滑轮；2—悬吊绳；3—牵网绳滑轮

（2）应根据跨越档两端铁塔塔型及封网宽度等，选择合适的横梁或软索规格并在地面进行组装。

（3）在临时横梁的每个悬吊点处对应安装一个专用托架。无专用托架时，应保证悬吊绳与承载索滑车悬挂绳相连，并在一个垂直面上，使临时横梁受力最小。

（4）在跨越塔导线横担下平面悬挂起吊临时横梁的滑车，通过牵引钢丝绳，由机动绞磨起吊临时横梁。当横梁起吊至铁塔上的规定位置时，通过专用托架及悬吊钢丝绳挂于导线横担下方，然后收紧横梁临时拉线使其位于横线路方向。临时横梁与铁塔的连接方式、滑轮及拉线的挂点应进行专门设计，不宜采用钢丝绳将临时横梁和与其直接接触的铁塔构件捆绑的连接方式。

（5）在支撑装置上安装承载索及牵网绳滑车。

5.2.3 展放循环绳

（1）选择合适的飞行器（如多旋翼飞行器、无人机等）在跨越档上空展放初级引绳（根据飞行器承载力选择引绳规格）。初级引绳应具有较好的绝缘性能，并且尽量避免引绳落在被跨越的电力线上）。

（2）循环绳穿入跨越档两端地线支架顶的悬垂防跳滑车，通过初级引绳用专用微型牵引机、张力机采用张力展放循环绳。

5.2.4 张力展放承载索及牵网绳

（1）利用循环绳以一牵1放线方式张力展放承载索（迪尼玛绳）。承载索前后端通过抗弯连接器与地面的钢丝绳连接。承载索一端直接挂于地锚上，另一端通过调节装置（手扳葫芦或链条葫芦）与地锚连接。

（2）每相导线布置2条承载索，边相导线与同侧地线共用2条承载索。

（3）承载索全部牵放完毕，根据需要收紧其另一端调节装置（手扳葫芦或链条葫芦），承载索弧垂符合施工设计要求。

5.2.5 安装封网装置

（1）根据被跨越电力线与跨越档内的具体位置，在每相导线的2条承载索之间安装封绳（网）装置。

（2）当使用绝缘绳式封网时，则封网绳、绝缘撑杆两端均分别使用承网、承杆滑轮，并挂于承载索上，封网绳之间及封网绳与绝缘撑杆之间的间距应为2m。当使用绝缘网式封网时，则根据设计封网长度确定配置承杆或承网滑轮的数量。

（3）在安装每条承载索的过程中同时牵引一条牵网绳，为牵拉封绳（网）装置做好准备。

（4）在跨越铁塔的地面上铺设塑料彩条布，在其上方将封绳（网）装置进行地面组装。绝缘绳式封网装置铺设示意图见图3-8-10，绝缘网式封网装置铺设示意图见图3-8-11。

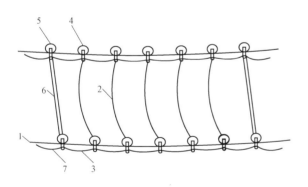

图 3-8-10 绝缘绳式封网装置铺设示意图
1—承载索；2—封网绳；3—网绳连接绳；4—承网滑轮；
5—承杆滑轮；6—绝缘撑杆；7—牵网绳

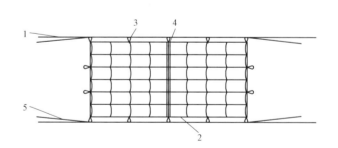

图 3-8-11 绝缘网式封网装置铺设示意图
1—承载索；2—绝缘网；3—连接挂环；
4—绝缘撑杆；5—牵网绳

（5）封绳（网）装置与临时横梁上的牵网绳相连接，然后收紧牵网绳将封绳（网）装置提升到承载索在横梁的悬挂点处，由高处作业人员配合将封绳（网）装置两侧的滑轮或挂环逐一挂在承载索上，并将封绳（网）装置牵拉至被跨电力线上方。

（6）当封绳（网）装置均匀遮护住被跨电力线路上方，而且前后端留有适当裕度后，将装置两侧牵网绳收紧固定于临时横梁上。

（7）再次调整承载索一端调节装置（手扳葫芦或链条葫芦），使承载索弧垂符合施工设计要求。

5.2.6　张力展放导引绳、牵引绳及导地线

（1）在铺设封网装置的同时，各牵引一条次级引绳。将每条次级引绳与预先挂在放线滑车内的引绳通过抗弯连接器相连接，再与导引绳（防扭钢丝绳）相连接。

（2）用小牵张机牵放次级引绳以一牵一方式实现张力展放导引绳，再用小牵引机牵引导引绳展放牵引绳（防扭钢丝绳），建立主牵张系统。

（3）用小牵张系统张力展放地线。

（4）用主牵张系统张力展放导线。

（5）张力展放牵引绳、导地线应执行现行张力架线施工工艺导则的有关规定。

5.2.7　挂线、紧线及附件安装

放线完成后，在跨越塔所在耐张段完成挂线、紧线及附件安装。

5.2.8　撤除跨越系统

跨越档所在耐张段导地线安装完成后，即可撤除无跨越架不停电跨越系统，撤除作业按安装的逆程序进行。在确保被跨电力线安全运行和新建线路导线质量的基础上，应有序进行跨越系统的撤除工作。撤除承载索应通过循环绳，撤除循环绳应利用已架设导线，避免绳索落于被跨电力线上。

6　人　员　组　织

该施工方法的劳动组织与新建线路电压等级、杆塔型式以及跨越电力线的数量等均有关系，一般情况下可按表3-8-1进行人员组织，也可根据实际情况作适当调整。

表3-8-1　　　　　　　　　　无跨越架不停电架线跨越人员组织

序号	岗位	人员（人）		工作内容及职责
		技工	普工	
1	工作负责人	1	—	（1）负责对施工现场的人员组织、分工，工器具调配、进度安排、现场指挥。 （2）组织班组人员开展风险复核，落实风险预控措施，负责分项工程开工前的安全文明施工条件检查确认。 （3）负责组织召开"每日站班会"，作业前进行施工任务分工及安全技术交底。 （4）掌握"三算四验五禁止"安全强制措施内容，对作业中涉及的"五禁止"内容负责
2	班组技术员	1	—	（1）掌握"三算四验五禁止"安全强制措施内容，对作业中涉及的"三算"内容负责。 （2）负责本班组技术和质量管理工作，组织本班组落实技术文件及施工方案要求。 （3）参与现场风险复测、单基策划及方案编制。 （4）组织落实本班组人员刚性执行施工方案、安全管控措施

序号	岗位	人员（人）		工作内容及职责
		技工	普工	
3	班组安全员	1	—	（1）负责全过程的安全监护，负责跨越系统安装、撤除过程中使用各种绳网及与被跨越物安全距离的监控。 （2）负责全过程对施工人员的监护。 （3）负责观察现场气候条件，如遇不良气象条件应报告施工负责人。 （4）掌握"三算四验五禁止"安全强制措施内容，对作业中涉及的"四验"内容负责。 （5）负责施工作业票班组级审核，监督经审批的作业票安全技术措施落实。 （6）负责施工机具、材料进场安全检查，负责日常安全检查，开展隐患排查和反违章活动，督促问题整改
4	测量操作人	1	1	（1）跨越参数的测量。 （2）负责地锚分坑。 （3）负责监控跨越系统安装过程中各种绳网与被跨越物的净空距离；监控放线过程中多级导引绳、牵引绳、导线与封网装置的净空距离
5	停送电联系人	1	—	负责与被跨电力线路运行单位联系并办理相关手续
6	外协人员	1	—	负责协调处理跨越现场的土地占用及费用赔偿
7	高空作业人员	8	—	（1）塔上支承装置的就位安装。 （2）承载索的塔上安装。 （3）封网装置安装。 （4）跨越系统的撤除
8	地面作业人员	—	12	（1）地锚挖设及回填。 （2）次级引绳地面人工牵引。 （3）引绳附加张力及牵引。 （4）封网装置的地面组装。 （5）规范整理现场
9	小型机械操作人员	2	4	绞磨操作、微型牵张机操作
10	司机	2		汽车运输工器具、接送人员上下班
	合计	18	17	

7 材料与设备

无跨越架不停电跨越系统主要由支撑装置、承载索、封网装置三部分组成。

（1）支承装置。通长式临时横梁采用正方形断面钢抱杆，分段式可采用正方形断面钢或铝镁合金抱杆。承载索及牵网绳滑轮选用大轮径尼龙滑轮。

专用托架是为确保临时横梁悬吊受力均衡的夹具，托架内侧衬垫胶皮，在专用托架指定位置设有承载索和牵网绳滑轮挂孔。

（2）承载索。承载索是本施工方法中的关键承力构件。承载索中间绝缘段采用迪尼玛绳，两端非绝缘段采用圆股钢丝绳。经试验验证，承载索静载安全系数取值为 6，能有效地保障事故状态下被跨电力线的安全。

迪尼玛承载索是在迪尼玛编织绳的基础上，经过浸聚氨酯、包涤纶护套处理而成，具有良好的绝缘性能。为提高其耐磨、防水、绝缘性能，可对迪尼玛承载索包聚氨酯护套处理。

（3）封网装置。封网装置可采用轮绳平面式或钩网平面式封网装置。

轮绳平面式封网装置由封网绳、网绳连接绳、牵网绳、绝缘撑网杆、绝缘滑轮五部分组成。封网绳采用包聚氨酯护套的高强锦纶绳，网绳连接绳采用包聚氨酯护套的迪尼玛绳，牵网绳采用包涤纶护套的迪尼玛绳。

钩网平面式封网装置由绝缘网、牵网绳、绝缘撑网杆、连接挂环四部分组成。绝缘网纵筋和横筋均为高强锦纶绳，高强锦纶绳的分布与其规格相对应。

（4）主要工器具。主无跨越架不停电跨越架线典型施工方法主要工器具详见表3-8-2。

表3-8-2 无跨越架不停电跨越架线典型施工方法主要工器具

序号	名称	规格	单位	数量	用途	备注
1	迪尼玛绳	$\phi16mm\times300m$	条	6	承载索中间段用	
2	封网装置	$8m\times50m$	张	3	保护被跨电力线	需根据设计及施工条件确定其长度
3	高强涤纶绳	$\phi16mm\times1000m$	条	3	牵引导引绳	
4	涤纶绳	$\phi16mm\times750m$	条	6	作为引绳用	
5	尼龙滑轮	50kN	只	12	承载索用	
6	尼龙滑轮	20kN	只	12	牵网绳用	
7	尼龙滑轮	30kN	只	6	起重用	
8	钢丝绳	$\phi15mm\times150m$	条	6	承载索两端段用	
9	手扳葫芦	60kN	台	6	调节承载索弧垂用	
10	卡线器	$\phi15mm$	套	6	钢丝绳用	
11	元宝螺丝	$\phi12mm$	只	39	锚钢丝绳用	
12	钢板地锚	50kN	套	12	锚承载索用	
13	抗弯连接器	50kN	只	12	钢丝绳与迪尼玛承载索连接用	
14	旋转连接器	SXL-80	只	6	牵引迪尼玛承载索接头部位用	
15	卸扣	50kN	只	48	连接用	
16	钢抱杆	□600mm×600mm×64m	条	2	作为临时横梁	根据线路1000kV电压等级选定
17	机动绞磨	30kN	台	2	起吊临时横梁用	
18	专用托架		套	12	临时横梁配合悬点部位用	
19	钢板地锚	30kN	套	8	绞磨及控制绳锚固用	
20	钢丝绳	$\phi15mm\times200m$	条	2	起吊临时横梁用	
21	迪尼玛绳	$\phi8mm\times200m$	条	4	起吊临时横梁用控制绳	浸聚氨酯处理
22	吊装带	30kN、8m	条	4	起吊临时横梁用	可选项
23	钢丝绳	$\phi15mm\times100m$	条	6	临时横梁拉线	

续表

序号	名　称	规格	单位	数量	用途	备注
24	钢丝绳	φ15mm×80m	条	6	临时横梁拉线	
25	钢丝绳	φ18mm×15m	条	16	软索或悬吊临时横梁	
26	双钩	30kN	把	16	调节悬吊绳	
27	卸扣	30kN	只	32	悬吊绳配用	
28	手扳葫芦	30kN	台	2	起吊临时横梁时调节用	
29	接地线		组	6	接地用	
30	弧垂观测仪		台	2	观测弧垂用	
31	微型牵张机	10kN	组	1	牵放次级引绳及循环绳用	

8 质 量 控 制

8.1 主要执行的质量规程

GB 50233　110～750kV 架空输电线路施工及验收规范

DL/T 5168　110～750kV 架空电力线路施工质量及评定规程

Q/GDW 1153　1000kV 架空送电线路施工及验收规范

Q/GDW 1226　±800kV 架空送电线路施工质量检验及评定规程

Q/GDW 10163　1000kV 架空输电线路工程施工质量检验及评定规程

Q/GDW 10225　±800kV 架空送电线路施工及验收规范

8.2 质量控制措施

施工过程中要严格执行控制程序，关键工序质量控制措施见表 3-8-3。

表 3-8-3　　　　无跨越架不停电跨越架线典型施工方法关键工序质量控制措施

名称		关键质量控制点	控制措施
施工准备	跨越档参数复核	施工基面高程及高差	（1）复测时选择有资质的测量人员。 （2）采用合格的 GPS、经纬仪进行复测。 （3）严格执行操作规程，加强监督检查
		被跨电力线对地净距	
	工器具采购及使用	产品质量	（1）规范跨越工器具的进货管理。 （2）严格按要求进行机具的储存、保管、发放等工作
		规范使用	（1）按工器具特性及使用要求正确使用。 （2）加强使用过程中的监控
临时横梁运输及安装	运输	抱杆运输	抱杆杆段在施工搬运、装卸时不应水平推拉，减少抱杆与地面、车厢板、杆段之间的相互摩擦
		抱杆二次倒运	利用"架子车"单件、多件运输
	安装	组装及吊装	（1）通长临时横梁地面组装时采用多点支撑，吊装时采用多点起吊，保证临时横梁安装质量。 （2）绑扎点应加强衬垫保护，起吊过程中应采取防倾覆措施。 （3）吊点绳夹角不得大于 90°

续表

名称		关键质量控制点	控制措施
临时横梁运输及安装	铁塔	预防铁塔的磨损	钢丝绳不得与塔材直接接触,塔脚与转向滑车钢丝绳连接处均需采取内衬外垫的措施
承载索及封网装置安装	承载索	对被跨越物距离	(1) 注意收紧时的弧垂控制,复核对被跨越物及特殊地形的净空距离。 (2) 根据实测弧垂,计算承载索张力
	封顶网	封顶网的保护	(1) 确保放线施工通信畅通,设置塔上监控人员。 (2) 控制好各级导引绳展放张力,保证不与封顶网绳发生硬性摩擦
放紧线及附件安装	放线	导线展放对导线的磨损	(1) 放线过程导引绳、牵引绳、导地线与封网装置的净空距离应满足规程要求。 (2) 放线滑车槽型符合要求,转动灵活。 (3) 预防导线跳槽、翻走板和交叉跨越处磨损。 (4) 加强导地线质量检查,沿线配置护线人员监视
	紧线	临锚操作对导线的磨损	(1) 过轮临锚锚绳与导线接触应衬垫胶管。 (2) 高空临锚导线与临锚绳应分离,临锚索具靠近导线时应套胶管
	附件安装	附件安装对导线的磨损	(1) 应及时进行附件安装,避免鞭击损伤导线。 (2) 防振锤安装距离要准确,确保一次成功。 (3) 紧线完毕用专用提线工具附件

9　安　全　措　施

9.1　主要执行的安全规程

DL 5009.2　电力建设安全工作规程　第 2 部分:架空电力线路

DL/T 5106　跨越电力线路架线施工规程

DL/T 5301　架空输电线路无跨越架不停电跨越架线施工工艺导则

DL/T 5343　110kV～750kV 架空输电线路张力架线施工工艺导则

Q/GDW 10154　架空输电线路张力架线施工工艺导则

输电线路工程无跨越架跨越架线技术

9.2　工器具试验及检查

按 DL 5009.2 的有关规定,在施工前进行工具试验及外观检查,合格后方准使用。

9.3　安装支撑装置

(1) 支撑装置需悬吊于铁塔横担下平面。通长式临时横梁应置于跨越档内侧,临时横梁与铁塔的直接接触部位不得采取刚性连接或钢丝绳缠绕捆绑。

(2) 临时横梁宜采用钢结构,悬吊用的钢丝绳安全系数不应小于 4。

(3) 临时横梁的断面宽度的选择应符合施工作业指导书的规定,常用断面尺寸为:新建线路为超高压、特高压时,临时横梁断面分别不宜小于 500mm×500mm、600mm×600mm;对于边相导线,临时横梁长度应满足封网宽度的需要。

(4) 临时横梁的横、顺线路方向宜布置前后侧拉线,拉线对地夹角不应大于 45°。

(5) 如距被跨电力线路较近时,跨越挡内侧的拉线宜采用绝缘高强度纤维绳。拉线布置如图 3-8-12所示。

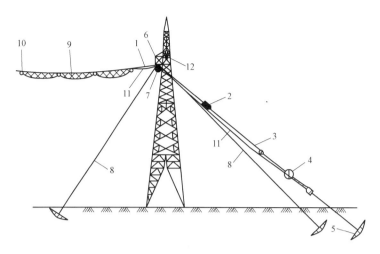

图 3-8-12　拉线布置示意图

1—承载索（绝缘段）；2—连接器；3—承载索（非绝缘段）；4—调节工具；5—地锚；6—临时横梁；
7—承载索滑轮；8—临时横梁拉线；9—绝缘网绳；10—绝缘撑杆；11—锚网绳；12—导线放线滑轮

9.4　安装承载索

（1）承载索滑车间距及承载索地锚间距宜适当大于封网装置宽度。

（2）承载索绝缘段采用迪尼玛绳，其具有强度高、伸缩能力好的特点。承载索非绝缘段采用圆股钢丝绳。承载索绝缘段不应直接锚固于地面，锚地端应为非绝缘段。迪尼玛绳与钢丝绳连接应采用抗弯连接器。抗弯连接器的旋转套加裹防水绝缘胶布后再与迪尼玛绳环套相连接。

（3）承载索锚地端对地夹角不得大于45°。

（4）承载索地锚回填土应高于地面300mm，堆积面积应大于2m²，注意防止地锚基面附近积水或有流水通道。

（5）应保持迪尼玛绳的表面洁净。迪尼玛绳端头通过承载索滑车开始进入跨越档时，临时横梁上的操作人员应使用棉纱擦净其表面污秽。

（6）低张力展放承载索时，循环绳不可一次带两根承载索通过跨越档。以人力给承载索施加张力时必须使用大轮径尼龙挂胶转向滑车。

9.5　封网装置的安全要求

（1）同档内的每相封网装置应对跨越多回电力线路或其他的跨越物进行分别遮护，尽可能减少通档设置，封网长度应符合施工作业指导书规定。

（2）封网装置中的撑网杆长度应大于封网宽度约50mm。

（3）施工前，应对绝缘绳网的绝缘性能进行测量，合格后方准使用。

（4）封网装置的近塔侧应采用经包胶处理的钢绞线作为加固绳。

（5）网绳挂钩的开口部位需缠绕防水胶布。

（6）不得在承网滑轮或挂钩上滴加黄油或其他润滑剂。

（7）应保证导线等效重心投影处于封网装置中心位置。

9.6　架线施工安全要求

（1）跨越挡两端铁塔上的放线滑轮均应采取接地保护措施。放线前所有接地装置应安装完毕并应可靠连接。

（2）如果跨越塔临塔是耐张塔，则应根据其转角度数、横担宽度选择耐张滑车挂具长度及悬挂位置，防止出现跨越档导线偏离封网装置的情况。

（3）为减少导线的风偏距离，应对导线滑车采取控制摆动措施。比如，在边相导线滑车挂环上增加与铁塔水平连接的可调绳套；对酒杯形塔中相导线滑车，则用水平可调绳套与两侧曲臂分别连接以控制滑车的摆动。

（4）放线前应对牵张系统工具进行全面检查。

（5）展放导线施工过程中，应通过调低出口张力尽可能减小导线与网绳的净空距离。

（6）跨越档所在放线区段耐张塔断线锚线应采取二道防护措施，以防止跑线事故。

（7）跨越档直线塔附件安装前，应增设一根与导线横担连接的 U 型包胶钢丝绳套，以防止导线坠落。

（8）跨越档所在放线区段的流程长度应尽量缩短。

（9）在雷雨、暴雨、浓雾、沙尘暴、六级及以上大风时，不得进行塔上施工及架线作业。

9.7　使用迪尼玛绳的安全要求

（1）施工人员应了解迪尼玛绳的特性、额定荷载、施工用途和使用维护要求，确保正确使用。使用前应取样进行拉力试验。

（2）绝缘绳、绝缘网应存放在干燥、通风的房间内，并应定期检查，防止出现受潮、受压、机械损伤和虫蛀等损坏。

（3）绝缘绳、绝缘网在使用前应进行外观检查，当有严重磨损、断股、污秽及受潮时不得使用，测定绝缘电阻不合格时应进行烘干处理。

（4）迪尼玛承载索与塔材等刚性或锐利物件相碰触部位，应衬垫保护。

9.8　封顶网与被跨越物、高速铁路的最小安全距离

封顶网与铁路、公路及通信线的最小安全距离应符合表 3-8-4 的规定。封顶网与高速铁路的最小安全距离应符合表 3-8-5 的规定。

表 3-8-4　　　　　　　　　　封顶网与被跨越物的最小安全距离

跨越架部位	跨越物名称			
	普通铁路	一般公路	高速公路	通信线
与封顶杆垂直距离（m）	至轨顶：6.5	至路面：5.5	至路面：8	1.0

表 3-8-5　　　　　　　　　　封顶网与高速铁路的最小安全距离

安全距离		高速铁路
垂直距离（m）	封顶网（杆）距铁路轨顶	不小于12m
	封顶网（杆）距铁路电杆顶或距导线	不小于4m

10　环水保措施

（1）严格按照建质〔2007〕233 号《关于印发〈绿色施工导则〉的通知》要求，成立现场环保文明施工管理组织机构。

（2）在工程施工过程中严格遵守国家和地方政府下发的有关环境保护的法律、法规和规章。

（3）加强对施工燃油、工程材料、工器具、废水、生产生活垃圾、弃渣弃土弃石的控制和治理，遵守有关防火及废弃物处理的规定，随时接受相关单位的监督检查。

（4）划定最小施工区域，将施工场地和作业限制在工程建设允许的范围内，合理布置、规范围挡，做到标牌清楚、齐全，各种标识醒目。

（5）施工现场的组装场地均敷设彩条布。施工作业面的土方、设备等堆放合理整齐。物资标识清楚，摆放有序，符合安全防火标准。

（6）材料堆放应铺垫隔离；施工机具、材料应分类放置整齐，并做到标识规范、铺垫隔离、防止污染环境。

（7）在施工中，严禁到规定的砍伐区以外乱砍滥伐，在规定的范围内，尽量减少树木砍伐；对作物、植被要注意保护，避免一切无故破坏。

（8）要严格划定施工范围和人员、车辆行走路线，防止对施工范围之外区域的植被和地表覆盖层造成碾压和破坏。

（9）土石方工程基坑基面挖方取土要有规划，不得随地取土及弃土，对于爆破产生的散落在农田中碎石应及时清理。基坑、临时拉线坑及地锚坑要按有关规定回填，避免水土流失。

（10）对于位于陡峭山崖，地质条件差地锚坑，不允许爆破施工，应采用人工开挖。确保施工中能尽量恢复原有的自然地形，减少工程施工的开方引起的水土流失。

11 效 益 分 析

（1）经济效益。适用于复杂跨越，比如：①工期较短或一档多跨或跨越交叉角度较小（不超过45°）；②地形条件恶劣，不适宜搭设跨越架或搭设跨越架难度极大或极不经济。

采用无跨越架架线施工与采用金属、木结构跨越架架线施工相比有如下优势：

1）临时横梁架体不受跨越物高度的影响，而铝镁合金架体和钢管架体则需要根据跨越物高度确定架体高度，投入也需相应调整。

2）金属、木结构跨越架体占地面积较大，远大于无跨越架跨越系统的建场费用支出，而且施工期间受外界干扰的可能性更大，使施工过程增加了更多的不可预见性。

3）节省安装成本。对于采用金属或木结构跨越架和无跨越架施工，两者在承载索及封网安装工作量相差不大，但组立跨越架比安装支承装置工作量增加很多，每次安装和拆除架体可减少大量劳动工日。

4）无跨越架不停电跨越系统综合应用成本不会超过其他跨越系统综合应用成本的50%。

总之，与有跨越架架线施工相比，本典型施工方法简便易行，有效地提高了施工效率，节省了工程成本，确保了施工安全，经济效益显著。

（2）社会效益。本典型施工方法无须搭设跨越架，能显著减少占地，有利于环保；带电跨越施工能避免带电线路停运，保障电力的连续供应；填补了国内带电跨越架架线技术的空白，为超、特高压输电线路的建设提供了技术保障。

12 应 用 实 例

内蒙古扎鲁特—山东青州±800kV特高压直流线路工程（冀2标段），在N2141～N2142档内跨越220kV承榆Ⅱ回电力线路。为提高施工效率，降低施工成本，在施工过程中应用了本典型施工方法。施工时间为2017年6～7月。

（1）设计条件说明。

1）本跨越属耐—直—直—耐设计型式。现场地貌为丘陵，地表植被为杂草、灌木、杂树。

2）被跨档N204～N205档距为336m。

3）新建线路与被跨越线路交叉角为49°。

4）N2141导线挂点高于N2142导线挂点16m。

（2）施工情况及结果。在跨越塔 N2141 大号侧、N2142 小号侧的导线横担下平面，分别悬吊通长临时横梁作为承载索及封网装置的承载设施，用小型载人直升机轻张力展放循环绳，循环绳张力展放承载索和牵网绳，然后在承载索上铺设封网装置对承榆Ⅱ回线进行遮护。

本典型施工方法全过程操作规范，工艺标准，加快了工程进度，安全、优质地完成了跨越任务。

典型施工方法名称：跨越架封网典型施工方法

典型施工方法编号：TGYGF001-2022-SD-XL019

编　制　单　位：国网特高压公司　吉林省送变电工程有限公司

主　要　完　成　人：何宣虎　侯建明　田喜武

目　　次

1 前　　言

随着我国经济的快速发展，我国的电力行业建设越来越快，范围越来越广。我国的输电线路建设大多采用的是架空线路的方式，对于长距离的输电线路，尤其是那些新建的输电线路来说，其线路架设常常跨越其他输电线路、（高速）公路、（高速）铁路、通信线等。为了降低安全风险、保证施工安全，并减少施工对电网经济性等方面的影响，采用搭设跨越架封网成为最常用的一种跨越方式。搭设跨越架封网跨越架线施工技术是应用最早，并经过逐步完善，成为现今最广泛应用的跨越施工方法之一。

有一些地区的跨越铁路、高速公路架线施工，产权单位可能要求采用木质跨越架或其他指定的跨越架型式进行跨越施工。

该施工方法在送电线路跨越施工中普遍应用，效果良好。

2 本典型施工方法特点

跨越架主要有木质跨越架、毛竹跨越架、钢管跨越架、金属格构式跨越架几种型式。

（1）搭设的跨越架整体稳定性好，技术成熟，对被跨越物保护严密，保证架线施工的安全性相对较高。

（2）该方法适用地形相对较好，尤其适用于大档距不适宜采用其他跨越方式施工。

（3）跨越架搭设距离跨越物较近，降低了跨越架跨度，缩短了封网长度、承载索长度，方便封网操作，对网、索的强度要求低。

（4）对于一些非重要跨越，如通信线、机耕道、乡间土路等，可搭设简易跨越架进行防护。

（5）适宜带电跨越施工。

（6）占地面积大，地方协调难度大，施工准备时间长，工效低，跨越架采购及运输成本高。

（7）选择跨越架位置易受地形条件限制，在某些特殊条件下（如被跨电力线距地面较高、被跨电力线两侧有水塘等障碍物等情况），搭设跨越架难度大或者是投入极大，甚至无法实现。

3 适 用 范 围

（1）主要适用于新建架空输电线路跨越档内有一处或多处跨越的情况，被跨越物包括电力线路、（高速）铁路、（高速）公路、高架桥、保护树木、通信线、乡间土路、机耕道等。

（2）适用于大档距内，地形相对较好，搭设高度一般不超过40m的跨越架。

（3）适用于可搭设简易跨越架的防护。

（4）被跨越物的产权单位的特殊要求。

4 工 艺 原 理

在被跨电力线的两侧搭设竹竿、木杆或金属结构的跨越架，在跨越架顶端之间铺设绝缘封顶网，以保护被跨越的电力线，在封网上方展放绝缘引绳，然后带张力牵引导引绳、牵引绳导线、地线。

当导引绳、牵引绳或导、地线在跨越放线区段内发生跑线（绳）、断线（绳）时，线（绳）会落在架体和封网装置上，从而将其荷载传递到架体、承载索、绝缘网上，使架体承受较大的垂直荷载和水平荷载，承载索、绝缘网承受一部分垂直荷载。跨越架体是本典型施工方法中的关键承力构件。当发生架线事故时，线（绳）落于架体上使其冲击动能。当发生事故时，跨越架体可满足事故状态下跑、断线（绳）冲击，有效保护被跨越物。

5　施工工艺流程及操作要点

5.1　施工工艺流程

跨越架封网典型施工工艺流程见图 3-9-1。

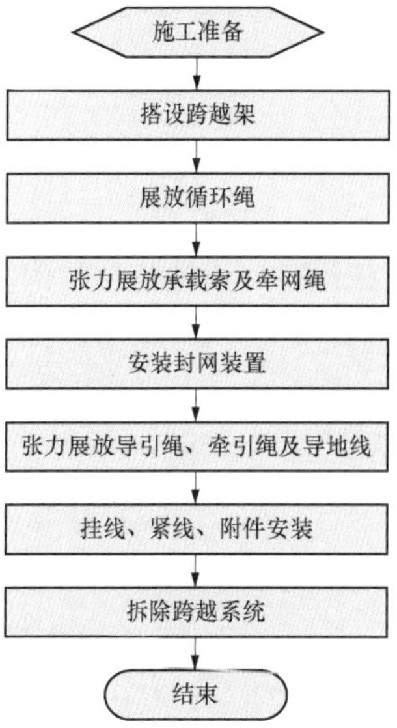

5.2　施工操作要点

5.2.1　施工准备

（1）在跨越施工前，应按线路设计中的交叉跨越点断面图对跨越点的交叉角度、被跨电力线路地线在交叉点的对地高度、下导线在交叉点的对地高度、导线边线间的水平距离、地形情况进行复测，根据复测结果，确定跨越架位置、宽度、跨度、高度等参数，选择跨越架型式并编写施工方案。

1）跨越架的架顶宽度（封网宽度）计算

$$B \geqslant 2(Z_x + L) + b \qquad (3-9-1)$$

$$B \geqslant \frac{1}{\sin\alpha} 2(Z_x + L) + b \qquad (3-9-2)$$

$$Z_x = w_{4(10)}\left[\frac{m(l-m)}{2H} + \frac{\lambda}{\omega}\right] \qquad (3-9-3)$$

$$w_{4(10)} = 0.0613kd \qquad (3-9-4)$$

式中　Z_x——新建线路导线、地线在安装（架线，10m/s 风速）气象条下，在跨越点处的风偏距离，m；

　　　L——安全距离，一般安全距离不小于 2m；

　　　b——绝缘网所遮护施工线路在跨越处的最外侧导（地）线间横线路方向的水平宽度，m；

　　　α——交叉跨越角，（°）；

　　$w_{4(10)}$——新建线路导线在安装（架线）气象条件下（风速为 10m/s）的单位长度风压，N/m；

　　　m——跨越物至新建线路邻近杆塔的水平距离，m；

　　　l——跨越档档距，m；

　　　H——新建线路导线水平张力，N；

　　　λ——新建线路跨越挡两端铁塔悬垂绝缘子金具串或滑轮挂具长度（V 串或耐张塔悬挂的滑车，可视为 $\lambda=0$），m；

　　　ω——新建线路导线的单位长度质量，N/m；

　　　d——导线直径，mm；

　　　k——风载体型系数，当 $d \leqslant$ 17mm 时 $k=1.2$，当 $d >$ 17mm 时 $k=1.1$；

　　　B——跨越架架顶宽度，m，当如图 3-9-2（a）架顶顺新建

图 3-9-1　跨越架封网典型施工工艺流程图

[流程图：施工准备 → 搭设跨越架 → 展放循环绳 → 张力展放承载索及牵网绳 → 安装封网装置 → 张力展放导引绳、牵引绳及导地线 → 挂线、紧线、附件安装 → 拆除跨越系统 → 结束]

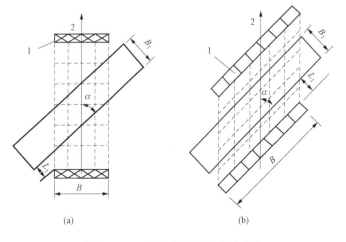

图 3-9-2　跨越架架顶尺寸示意图

（a）架顶顺新建线路方向（金属格构式跨越架）；

（b）架顶顺被跨越物方向（木质或钢管跨越架）

1—跨越架架顶；2—新建线路单相（极）导线中心线

线路方向时，架顶宽度按式（3-9-1）计算，当如图 3-9-2（b）的架顶顺被跨越物方向时，架顶宽度按式（3-9-2）计算。

2）跨越架顺线路方向跨度的计算

$$L_K = \frac{B_1 + 2L_1}{\sin\alpha} + B\tan\alpha \tag{3-9-5}$$

$$L_K = \frac{B_1 + 2L_1}{\sin\alpha} \tag{3-9-6}$$

式中 B_1——被跨越物的宽度，m；

L_1——跨越架内侧距离被跨越物的水平安全距离，可按照表 3-9-1、表 3-9-2 取值；

L_K——跨越架顺新建线路方向跨度，m；当如图 3-9-2（a）架顶顺新建线路方向时，跨度按式（3-9-1）计算，当如图 3-9-2（b）的架顶顺被跨越物方向时，跨度按式（3-9-2）计算。

表 3-9-1   跨越架与被跨越物的最小安全距离

跨越架部位	跨越物名称			
	普通铁路	一般公路	高速公路	通信线
与架面水平距离（m）	至铁路轨道：2.5	至路边：0.6	至路基（防护栏）：2.5	0.6
与封顶杆垂直距离（m）	至轨顶：6.5	至路面：5.5	至路面：8	1.0

表 3-9-2   跨越架与高速铁路的最小安全距离

安全距离		高速铁路
水平距离（m）	架面距铁路附加导线	不小于 7m 且位于防护栅栏外
垂直距离（m）	封顶网（杆）距铁路轨顶	不小于 12m
	封顶网（杆）距铁路电杆顶或距导线	不小于 4m

跨越电力线路时，最小水平安全距离还应考虑被跨越电力线路导线在跨越点处的风偏距离，可按式（3-9-7）计算

$$S \geqslant Z_{x1} + L_1 \tag{3-9-7}$$

式中 S——无风时跨越架架面与被跨越电力线路导线间的最小水平距离，m；

Z_{x1}——被跨越电力线路导线在跨越点处的风偏距离，m。

3）跨越架架体受力计算。跨越架按承受架面风载荷、架顶垂直载荷与顺施工线路方向水平载荷几方面计算，各载荷可按式（3-9-8）和式（3-9-9）计算

$$P_N \geqslant 9.81K \frac{\nu^2}{16} \sum F_c \tag{3-9-8}$$

$$W_J = ml_y\omega \tag{3-9-9}$$

$$F = \mu W_J \tag{3-9-10}$$

式中 P_N——跨越架全架面风压，风压作用在距离地面 2/3 架高处，N；

K——风载体型系数，跨越架使用圆形杆件，$K=0.7$，使用在架面上为平面的杆件，$K=1.3$；

υ——线路设计最大风速，m/s；

$\sum F_\mathrm{c}$——架面杆件总投影面积，一般可取架面轮廓面积的 $30\%\sim40\%$，m^2；

W_J——跨越架的垂直荷载，集中作用在架顶，作用点可沿架全宽移动（活荷载），N；

ω——新建线路导线的单位长度质量，N/m；

l_y——假设导线落在跨越架上，跨越架的垂直档距，一般情况下平地取 200m，山区取计算值但不小于 200m；

m——同时牵放子导线的根数；

F——跨越架顺施工线路方向的水平荷载，作用在垂直压力的作用点，N；

μ——导线对跨越架架顶的摩擦系数，架顶为滚动横梁时取值 $0.2\sim0.3$；架顶为非滚动横梁，横梁为非金属材料，可取 $0.7\sim1.0$；架顶为非滚动横梁，横梁为金属材料，可取 $0.4\sim0.5$。

（2）复测时应考虑环境温度变化（复测季节与施上季节的温差）对跨越施工的影响。

（3）跨越施工前应由方案编制人员向所有参加跨越施工人员进行技术和安全交底。

（4）跨越设备在运输过程中严禁野蛮装卸。

（5）跨越施工所使用的绝缘设备、器材在使用前，应进行绝缘性能检查，检查时用 5000V 的绝缘电阻表在电极间距 20mm 的条件下测试绝缘电阻，绝缘电阻不应小于 700MΩ。

（6）跨越施工所使用的绝缘绳、网在使用前应进行外观检查，严重磨损、断丝、断股、污秽及受潮的绝缘绳、网不得使用。

（7）悬挂导、地线放线滑车，跨越档两侧的放线滑车均应采取接地保护措施。跨越施工前所有接地装置应安装完毕并与铁塔可靠连接。

（8）开挖拉线地锚坑。

（9）搭设跨越架和架线施工前，施工单位必须向运行单位书面申请被跨电力线"停电"或"退出重合闸"，并办理工作票等相关手续。

5.2.2　搭设跨越架

（1）金属格构式跨越架搭设。

1）搭设前应编制跨越施工方案。方案应包括交叉跨越点线路断面图、金属格构跨越设备架体和拉线地锚设计分坑图、架体组装图、绝缘网封顶组装图、材料和工器具明细表和人员组织安排。

2）金属格构跨越设备架体组立前应对其组立位置进行复测。

3）金属格构跨越设备架体的拉线位置应根据现场地形条件和架体组立高度的长细比确定，拉线固定点之间的长细比不应大于 120。金属格构式跨越架跨越布置示意图见图 3-9-3。

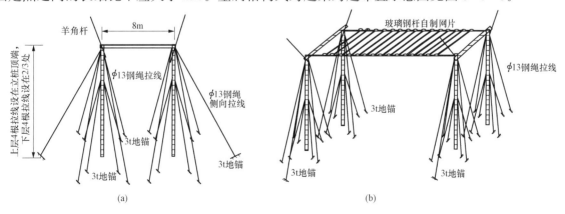

图 3-9-3　金属格构式跨越架跨越布置示意图

(a) 单侧布置图；(b) 整体布置图

4）金属格构跨越设备架体采用分段倒装组立时，应符合以下要求：

a. 安装提升架的地面应敷设道木。

b. 组立提升架时应用经纬仪进行横、顺电力线路方向双向观测调直。

c. 提升架应采用拉线固定。拉线与地面的夹角应控制在 30°～ 60°范围内。

d. 倒装组立架体过程中，当架体高度达到被跨电力线路导线的水平高度或超过 15m 时，应采用临时拉线控制，临时拉线应随时监视并随架体的升高随时调整。此时，架体的提升速度也应适当放慢。

e. 提升系统严禁超速、超负荷工作。

5）金属格构跨越设备架体采用起重机整体组立时，其要求如下：

a. 跨越施工现场应有满足起重机工作的必备条件。

b. 应根据架体的质量和组立高度选择相应的起重机并按起重机额定的工作负荷进行起吊作业，严禁超载。

c. 起吊作业时，起重机的吊臂应平行于被跨电力线路方向摆放。

d. 架体宜在乘直于被跨电力线路方向上组装。

e. 架体头部在被吊起距地面 0.8m 高度时，应停车检查各连接部位连接可靠后方可继续起吊。在架体头部与地面成 80°～ 85°夹角时，应停止起吊作业，检查架体拉线与地锚连接可靠后通过拉线调整架体与水平面垂直后方可摘掉吊钩。

6）架体的连接螺栓应连接牢固、可靠。

7）架体组立完成后，应将其各层拉线按设计要求锚固并调至设计预紧力。

8）各层拉线地锚埋深应按"拉线地锚设计分坑图"及架体设计要求进行并由安全人员全程监护。

9）跨越设备顶端应设置挂胶滚筒或挂胶横梁。

10）敷设封顶绝缘网时，应预先在地面上将网上所有挂钩整理好。

11）封顶绝缘网敷设、张紧完成后，应将剩余绝缘网在一侧横杆上绑牢、将余绳卷好放入高于地面 5m 的架体上。

（2）钢管、木质、毛竹跨越设备的搭设。钢管、木质、毛竹跨越架简示图见图 3 - 9 - 4。

1）应根据现场情况确定立杆坑位和拉线位置放样，立杆间距、排间距满足表 3 - 9 - 3、表 3 - 9 - 5 要求，跨越架排数满足表 3 - 9 - 4、表 3 - 9 - 6 要求，拉线地锚应满足表 3 - 9 - 4、表 3 - 9 - 6 对拉线层数和拉线间隔的要求。

a. 木质、毛竹跨越架架体的立杆、纵向水平杆及横向水平杆的间距和排间距不应大于表 3 - 9 - 3 的规定。

表 3 - 9 - 3　　木质、毛竹跨越架立杆、纵向水平杆及横向水平杆的间距和跨越架排间距（m）

跨越架类别	立杆（跨距）	纵向水平杆（步距）	横向水平杆	排间距
木质	1.5	1.2	1.5	2.5
毛竹	1.2		1.2	2

b. 木质、毛竹跨越架拉线的挂点或绑扎点应设在立杆与横杆的交、节点处，与地面的夹角不应大于 60°。不同高度跨越架的拉线间距及跨越架排数不应大于表 3 - 9 - 4 的规定。

c. 钢管跨越架的立杆、纵向水平杆及横向水平杆的间距和跨越架排间距应不大于表 3 - 9 - 5 的要求。

表 3-9-4　　　　　　　　　　　木质、毛竹跨越架的拉线间距及排数

毛竹（木）跨越架高度	纵向拉线间隔（m）	拉线层数	跨越架排数
$h \leqslant 10m$	6	1	2
$10m \leqslant h \leqslant 15m$	6	2	3
$15m \leqslant h \leqslant 20m$	6	2	4

表 3-9-5　　　　钢管跨越架立杆、纵向水平杆及横向水平杆的间距和跨越架排间距（m）

跨越架类别	立杆	纵向水平杆	横向水平杆	排间距
钢管	2	1.2	2	2.5～3.0

d. 钢管跨越架不同高度跨越架的拉线间距及跨越架排数应不大于表 3-9-6 的规定。

表 3-9-6　　　　　　　　　　　　钢管跨越架的拉线间距及排数

毛竹（木）跨越架高度	纵向拉线间隔（m）	拉线层数	跨越架排数
$h \leqslant 10m$	6	1	1
$10m \leqslant h \leqslant 20m$	6	2	3
$20m \leqslant h \leqslant 25m$	6	2	4

2）若立杆长度大于电力线路对地距离则应顺电力线路方向立杆。

3）杆上作业人员应从立杆外侧向上攀登且应站在立杆外侧作业。

4）搭设钢管、木质、毛竹跨越设备时，应绑扎牢固。

5）在被跨电力线路上方绑扎跨越设备时，宜用绝缘材料。

6）木质、毛竹跨越设备的立杆、大横杆应错开搭接，搭接长度应不小于 1.5m。绑扎时，小头应压在大头上，绑

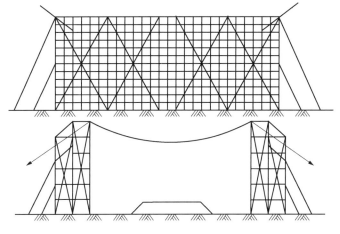

图 3-9-4　钢管、木质、毛竹跨越架简示图

扣应不少于 3 道。立杆、大横杆、小横杆相交时，应先绑 2 根，再绑第 3 根，不得一扣绑 3 根。

7）钢管跨越设备的立杆、大横杆应错开搭接，搭接长度应不小于 0.5m。

8）木质、毛竹跨越设备的立杆均应垂直埋入杆坑内且大头朝下，埋深不应小于 0.5m。杆坑底部应夯实，回填土后也应夯实。钢管立杆底部应设置金属底座或垫木，并设置扫地杆。

9）遇松土或地面无法挖杆坑时，立杆应绑扫地杆。

10）钢管、木质、毛竹跨越设备的横杆与立杆均应成直角搭设。

11）跨越架四周须设置剪刀撑，中间每隔 6～7 根立杆纵、横向应设置剪刀撑。

12）搭设钢管、木质、毛竹跨越设备时，材料的传递均应从立杆的外侧由下向上进行。

13）跨越设备应设置封顶杆或封顶网。

14）封顶杆的搭设可采用一头用绝缘绳拉杆，另一头松杆的方法进行。

15）跨越设备搭设完成后应在立杆适当位置打好拉线，拉线层数和间隔满足表 3-9-4、

表 3-9-6 要求。

5.2.3　展放循环绳

（1）选择合适的飞行器（如多旋翼飞行器、无人机等）在跨越档上空展放初级引绳 $\phi4mm$ 强力丝。初级引绳应具有较好的绝缘性能，并且尽量避免引绳落在被跨越的电力线上。

（2）通过专用微型牵引机、张力机，用 $\phi4mm$ 强力丝绳张力展放 $\phi12mm$ 强力丝循环引渡绳。

5.2.4　张力展放承载索及牵网绳

（1）封顶网（杆）组装完成后，搬运到跨越架处并理顺，所有牵网绳牵引至架顶并临时绑扎。

（2）用 $\phi12mm$ 引渡绳带张力一牵 1 方式循环牵引迪尼玛承力索和牵网绳至牵引侧的跨越架顶。封顶网绳索牵放顺序：飞行器放通一根 $\phi4mm$ 初级引绳→$\phi12mm$ 引渡绳→$\phi18mm$ 承力索、牵网绳。张力牵引各级引绳时，可采取封路、停电等辅助措施确保安全。

（3）承力索展放完毕后，两端分别通过悬挂在跨越架上的 50kN 单轮尼龙滑车引至地面与地锚连接，小号侧承力索使用 5t 链条葫芦收紧。

5.2.5　安装封网装置

（1）在跨越铁塔的地面上铺设塑料彩条布，在其上方将封顶网（杆）装置进行地面组装。当使用绝缘绳式封网时，则封网绳、绝缘撑杆两端均分别使用承网、承杆滑轮，并挂于承载索上，封网绳之间及封网绳与绝缘撑杆之间的间距应为 2m。当使用绝缘网式封网时，则根据设计封网长度确定配置承杆或承网滑轮（或挂钩）的数量。绝缘绳式封网装置铺设示意图见图 3-9-5。

（2）牵引侧的架顶高空人员同步张力牵引 2 根牵网绳，张力侧高空人员同步缓缓将封顶网（杆）送出，玻璃钢杆两侧分别使用扣环与承力索连接，中间承力索位于玻璃钢杆下方，直至将封顶网（杆）牵引至被跨越物的正上方。牵引过程中牵网绳应带张力，网片始终保持封顶网与带电电力线的地线垂直距离不小于安全距离。

（3）牵引、调整封顶网两侧遮护被跨越物距离均匀，将封顶网（杆）牵网绳的两侧端头依次在架顶收紧。调节弧垂，直至封顶网符合施工设计要求，将牵网绳绑牢。多余的尾绳盘好后捆扎在跨越架适当位置上，防止尾绳散开飘向被跨越物危及安全。绝缘网式封网装置铺设示意图见图 3-9-6。

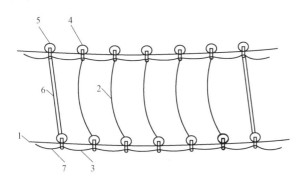

图 3-9-5　绝缘绳式封网装置铺设示意图

1—承载索；2—封网绳；3—网绳连接绳；4—承网滑轮；
5—承杆滑轮；6—绝缘撑杆；7—牵网绳

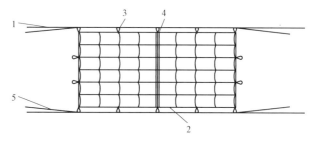

图 3-9-6　绝缘网式封网装置铺设示意图

1—承载索；2—绝缘网；3—连接挂环；4—绝缘撑杆；5—牵网绳

（4）施工过程中应时刻关注网（杆）与被跨越物的距离，并使用手扳葫芦调节承力索张力，确保网片满足施工设计要求。

5.2.6　张力展放导引绳、牵引绳及导地线

（1）在铺设封网装置的同时，各牵引一条次级引绳。将每条次级引绳与预先挂在放线滑车内

的引绳通过抗弯连接器相连接，再与导引绳（防扭钢丝绳）相连接。

（2）用小牵张机牵放次级引绳以一牵一方式实现张力展放导引绳，再用小牵引机牵引导引绳展放牵引绳（防扭钢丝绳），建立主牵张系统。

（3）用小牵张系统张力展放地线。

（4）用主牵张系统张力展放导线。

（5）张力展放牵引绳、导地线应执行现行张力架线施工工艺导则的有关规定。

5.2.7　挂线、紧线及附件安装

放线完成后，在跨越塔所在耐张段完成挂线、紧线及附件安装。

5.2.8　拆除跨越系统

跨越档所在耐张段导地线安装完成后，即可拆除跨越架，拆除作业按安装的逆程序进行。在确保被跨越物和人员安全的前提下，应有序进行跨越系统的拆除工作。拆除承载索、绝缘网应通过循环绳，拆除循环绳可采取临时封路、停电、利用已架设导线等措施，避免发生安全事故。

（1）金属格构跨越设备架体采用分段倒装拆除。

1）提升架的拉线打好后方可松开被拆架体的拉线。提升架应用经纬仪调直后方可开始架体的拆除作业。

2）被拆架体的上层拉线应设置浪风绳。

3）被拆架体浪风绳的调整应与拆除作业密切配合以保持架体的稳定。

（2）金属格构跨越设备架体采用起重机整体拆除。

1）严格按施工作业指导书的要求进行作业。

2）起重机的位置应能避免大幅度转臂、甩杆。

3）起重机的吊钩吊实被拆架体后方可拆除被拆架体的拉线。

4）被拆架体应设置浪风绳。

5）被拆架体落地时，应采取相应措施防止架体上的附件损伤。

（3）钢管、木质、毛竹跨越设备架拆除。拆除钢管、木质、毛竹跨越设备时，应按搭设的逆程序进行，严禁整体推倒。

6　人　员　组　织

该施工方法的劳动组织与新建线路电压等级、杆塔型式以及跨越电力线的数量等均有关系，一般情况下可按表 3-9-7 进行人员组织，也可根据实际情况作适当调整。

表 3-9-7　　　　　　　　　　　搭设跨越架封网施工人员组织

序号	岗位	人员（人）		工作内容及职责
		技工	普工	
1	工作负责人	1	—	（1）负责对施工现场的人员组织、分工，工器具调配、进度安排，现场指挥。 （2）组织班组人员开展风险复核，落实风险预控措施，负责分项工程开工前的安全文明施工条件检查确认。 （3）负责组织召开"每日站班会"，作业前进行施工任务分工及安全技术交底。 （4）掌握"三算四验五禁止"安全强制措施内容，对作业中涉及的"五禁止"内容负责

序号	岗位	人员（人）		工作内容及职责
		技工	普工	
2	班组技术员	1	—	（1）掌握"三算四验五禁止"安全强制措施内容，对作业中涉及的"三算"内容负责。 （2）负责本班组技术和质量管理工作，组织本班组落实技术文件及施工方案要求。 （3）参与现场风险复测、单基策划及方案编制。 （4）组织落实本班组人员刚性执行施工方案、安全管控措施
3	班组安全员	1	—	（1）负责全过程的安全监护，负责跨越系统安装、撤除过程中使用各种绳网及与被跨越物安全距离的监控。 （2）负责全过程对施工人员的监护。 （3）负责观察现场气候条件，如遇不良气象条件应报告施工负责人。 （4）掌握"三算四验五禁止"安全强制措施内容，对作业中涉及的"四验"内容负责。 （5）负责施工作业票班组级审核，监督经审批的作业票安全技术措施落实。 （6）负责施工机具、材料进场安全检查，负责日常安全检查，开展隐患排查和反违章活动，督促问题整改
4	测量操作人	1	—	（1）跨越参数的测量。 （2）负责地锚分坑。 （3）负责监控跨越系统安装过程中各种绳网与被跨越物的净空距离；监控放线过程中多级导引绳、牵引绳、导线与封网装置的净空距离
5	停送电联系人	1	—	负责与被跨电力线路运行单位联系并办理相关手续
6	外协人员	1	—	负责协调处理跨越现场的土地占用及费用赔偿
7	高空作业人员	8	—	（1）塔上支承装置的就位安装。 （2）承载索的塔上安装。 （3）封网装置安装。 （4）跨越系统的撤除
8	地面作业人员	—	8	（1）地锚挖设及回填。 （2）次级引绳地面人工牵引。 （3）引绳附加张力及牵引。 （4）封网装置的地面组装。 （5）规范整理现场
9	小型机械操作人员	0/2	—	绞磨操作、微型牵张机操作
10	司机	2	—	汽车运输工器具、接送人员上下班
	合 计	16/18	8	

注 "三算"是指拉线必须经过计算校核、地锚必须经过计算校核、临近带电体作业安全距离必须经过计算校核；"四验"是指拉线投入使用前必须通过验收、地锚投入使用前必须通过验收、索道投入使用前必须通过验收、组塔架线作业前地脚螺栓必须通过验收；"五禁止"是指：①有限空间作业，禁止不满足通风及安全防护要求开展作业；②组塔架线高空作业，禁止不使用攀登自锁器及速差自控器；③乘坐船舶或水上作业，禁止不穿戴救生装备；④紧断线平移导线挂线，禁止不交替平移子导线；⑤杆塔组立起立抱杆作业，禁止使用正装法。

7 材料与设备

7.1 一般规定

（1）木质跨越架所使用的立杆有效部分的小头直径不得小于70mm，60～70mm的可双杆合并或单杆加密使用。横杆有效部分的小头直径不得小于80mm。

（2）木质跨越架所使用的杉木杆，出现木质腐朽、损伤严重或弯曲过大等情况的不得使用。

（3）毛竹跨越架的立杆、大横杆、剪刀撑和支杆有效部分的小头直径不得小于75mm，50～75mm的可双杆合并或单杆加密使用。小横杆有效部分的小头直径不得小于50mm。

（4）毛竹跨越架所使用的毛竹，如有青嫩、枯黄、麻斑、虫蛀以及裂纹长度超过一节等情况的不得使用。

（5）钢管跨越设备宜选用外径为48～51mm的钢管。

7.2 绝缘工器具及材料的管理

（1）绝缘绳、网应存放在干燥、通风的房间内，并应经常检查，防止受潮、受污和机械损伤。还应有防虫蛀措施。

（2）绝缘绳、网受潮烘干时，不能用明火，且应分多次进行，每次时间不得过长，防止水分进入绝缘绳内部，干燥后方可入库。

（3）绝缘绳、网的报废条件应根据使用的具体情况，经常进行检查，不合格者即可报废。

7.3 设备及工器具管理

（1）跨越架架体部分及材料应置于通风条件好、较干燥的地方，并在其底部垫起0.2m。跨越用工器具部分应分类置于库房内存放。

（2）跨越架设备及工器具的管理，应由各使用单位根据设备的类型，制订具体的维修、维护管理方法和质量标准。

（3）木质跨越架所使用的杉木杆，如有木质腐朽、损伤严重或弯曲过大任一情况的，则严禁使用。

（4）毛竹跨越架所使用的毛竹，如有青嫩、枯黄、麻斑、虫蛀以及其裂纹长度通过一节以上任一情况的，则严禁使用。

（5）钢管跨越架所使用的钢管，如有弯曲严重，磕瘪变形，表面有严重腐蚀，裂纹或脱焊任一情况的，则严禁使用。

（6）钢丝绳应使用符合国家标准的正规产品，钢丝绳的动荷系数、不均衡系数、安全系数分别不得小于有关规定。

（7）钢丝绳（套）不符合相关要求的应报废或截除。

7.4 主要工器具

跨越架封网典型施工方法主要工器具表见表3-9-8。

表3-9-8　　　　　　　　　越架封网典型施工方法主要工器具表

序号	名 称	规 格	单位	数量	用途
金属格构式跨越架					
1	钢质跨越架	500mm×500mm	m	若干	
2	钢管	(48mm) ×6/4m	根	若干	
3	杉木杆或毛竹		根	若干	立杆、横杆、撑杆

续表

序号	名　称	规格	单位	数量	用途
4	羊角杆	6m长钢管或木杆	根	8	绑扎在跨越架两端
5	迪尼玛绳	ϕ18mm×150m	条	6	承力索
6	玻璃钢杆	8m	根	28	管内穿钢丝绳
7	绝缘网	30m×8m	张	3	
8	承载索	ϕ18mm×120m	条	9	
9	强力丝绳	ϕ12mm×120m	条	9	牵网绳
10	强力丝绳	ϕ12mm×200m	条	6	循环绳
11	地锚	30/50kN	个	32	
12	拉线	ϕ13mm×40m	根	64	
13	链条葫芦	30kN	条	64	
14	滑车	50kN	个	12	承载索
15	倒装架	配套跨越架	套	1	
16	吊车	16t	台	1	

8　质　量　控　制

8.1　主要执行的质量规程

Q/GDW 1153—2012　1000kV架空送电线路施工及验收规范

Q/GDW 1226—2014　±800kV架空送电线路施工质量检验及评定规程

Q/GDW 10163—2017　1000kV架空输电线路工程施工质量检验及评定规程

Q/GDW 10225—2018　±800kV架空送电线路施工及验收规范

8.2　质量控制措施

施工过程中要严格执行控制程序，关键工序质量控制措施见表3-9-9。

表3-9-9　　　　　　　　　越架封网典型施工方法关键工序质量控制措施

名称		关键质量控制点	控制措施
施工准备	跨越档参数复核	施工基面高程及高差	复测时选择有资质的测量人员； 采用合格的GPS、经纬仪进行复测； 严格执行操作规程，加强监督检查
		被跨电力线对地净距	
	工器具采购及使用	产品质量	规范跨越工器具的进货管理； 严格按要求进行机具的储存、保管、发放等工作
		规范使用	按工器具特性及使用要求正确使用； 加强使用过程中的监控
跨越架及材料运输及安装	运输	跨越架运输	跨越架杆段在施工搬运、装卸时不应水平推拉，减少架体与地面、车厢板、杆段之间的相互摩擦； 杆件装卸时严禁抛扔，铺垫应平整，以防变形
		二次倒运	利用"架子车"单件、多件运输
	安装	组装及吊装	跨越架地面组装时采用多点支撑，吊装时采用多点起吊，保证其安装质量； 绑扎点应加强衬垫保护，起吊过程中应采取防倾覆措施； 吊点绳夹角不得大于90°

名称		关键质量控制点	控制措施
承载索及封网装置安装	承载索	对被跨越物距离	注意收紧时的弧垂控制，复核对被跨越物及特殊地形的净空距离；根据实测弧垂，计算承载索张力
	封顶网	封顶网的保护	确保放线施工通信畅通，设置塔上监控人员；控制好各级导引绳展放张力，保证不与封顶网绳发生硬性摩擦
放紧线及附件安装	放线	导线展放对导线的磨损	放线过程导引绳、牵引绳、导地线与封网装置的净空距离应满足规程要求；放线滑车槽型符合要求，转动灵活；预防导线跳槽、翻走板和交叉跨越处磨损；加强导地线质量检查，沿线配置护线人员监视
	紧线	临锚操作对导线的磨损	过轮临锚锚绳与导线接触应衬垫胶管；高空临锚导线与临锚索应分离，临锚索具靠近导线时应套胶管
	附件安装	附件安装对导线的磨损	应及时进行附件安装，避免鞭击损伤导线；防振锤安装距离要准确，确保一次成功；紧线完毕用专用提线工具附件

9 安 全 措 施

9.1 主要执行的安全规程

DL 5009.2　电力建设安全工作规程　第 2 部分：架空电力线路

DL/T 5106　跨越电力线路架线施工规程

Q/GDW 10154.1　架空输电线路张力架线施工工艺导则　第 1 部分：放线

Q/GDW 11957.2　国家电网有限公司电力建设安全工作规程　第 2 部分：线路

9.2 跨越架搭设与拆除

9.2.1 一般规定

（1）跨越架的搭设应有搭设方案或施工作业指导书，并经审批后办理相关手续。跨越架搭设前应进行安全技术交底。

（2）搭设或拆除跨越架应设专责监护人。

（3）跨越架架体的强度，应能在发生断线或跑线时承受冲击荷载。

（4）跨越架应采取防倾覆措施。

（5）跨越架搭设及拆除，应事先与被跨越设施的产权单位取得联系，必要时应请其派员监督检查。

（6）跨越架的中心应在线路中心线上，宽度应考虑施工期间牵引绳或导地线风偏后超出新建线路两边线各 2.0m，且架顶两侧应设外伸羊角。

（7）跨越架与铁路、公路及通信线的最小安全距离应符合表 3-9-1 规定。跨越架与高速铁路的最小安全距离应符合表 3-9-2 规定。

（8）跨越架横担中心应设置在新架线路每相（极）导线的中心垂直投影上。

（9）各类型金属跨越架架顶应设置挂胶滚筒或挂胶滚动横梁。

（10）跨越架上应悬挂醒目的警告标志及夜间警示装置。

（11）跨越架应经现场监理及使用单位验收合格后方可使用。

（12）强风、暴雨过后应对跨越架进行检查，确认合格后方可使用。

（13）跨越公路的跨越架，应在公路来车方向距跨越架适当距离设置提示标志。

（14）在跨越架组立和敷设封顶杆时能进行停电作业，应遵守以下要求：

1）停电作业前，应向运行单位提出停电申请，并办理工作票。

2）停电、送电工作必须指定专人负责，严禁采用口头或约时停、送电的方式进行任何工作。

3）在未接到停电工作命令前，严禁任何人接近带电体。

4）接到停电工作命令后，必须先进行验电；验电必须使用相应电压等级的验电器。验电时必须戴绝缘手套并逐相进行。

5）验明线路确实无电压后，必须在作业范围两端挂接地线。挂接地线时，应先挂接地端，后挂导线端；拆除时与此相反。操作接地的人员应戴绝缘手套，穿绝缘鞋。同杆塔有多层电力线时，应先挂下层，再挂上层。如被跨线路的地线对地绝缘，应将作业范围两端的地线放电间隙短接。

6）工作间断或过夜时，所挂接地必须保留；恢复作业前，必须检查接地线是否完整可靠。

7）施工结束后，应尽快将带电线路上方的封顶网拆除，拆除过程中，任何绳索严禁触及带电体。现场负责人必须对现场进行全面检查，待全部作业人员和工具撤离后方可拆除停电线路的接地线；接地线一经拆除，该线路即视为带电，严禁任何人进入带电危险区。

（15）在不停电跨越的情况下，向运维单位申请退出"重合闸"保护手续，并填写"电力线路第二种工作票"，并请运行部门来人现场监护、指导，退出重合闸发令人发出命令后，作业人员方可进行相关施工作业。

（16）跨越架搭设及封网结束，必须由运维单位、使用单位和监理签证验收挂牌，悬挂"禁止攀登"和"线路有电"的警示标志，并设专人进行看护，防止意外的发生。

（17）导引绳或其他金属绳索通过跨越架时，应用绝缘绳做引渡，引渡过程中架上不得有人。

（18）施工作业时遇雷电、雨、雪、霜、雾，相对湿度大于85%或5级以上大风时，应停止工作。如施工中遇到上述情况，则应将已经展放好的网、绳加以安全保护，避免造成意外。

（19）承力索的地锚应为独立地锚，且锚固端应采取二道保险。各种绳索与地锚连接处和地面人员能够到高度范围内的绳索要有专人看守，防松动、防盗、防破坏。

（20）所有地锚应有防水措施。强风、暴雨过后应对地锚进行检查，发现问题及时处理。

9.2.2 金属格构式跨越架搭设

（1）新型金属格构式跨越架架体应经载荷试验，具有试验报告及产品合格证后方可使用。

（2）跨越架架体宜采用倒装分段组立或起重机整体组立。

（3）跨越架的拉线位置应根据现场地形情况和架体组立高度确定。跨越架的各个立柱应有独立的拉线系统，立柱的长细比一般不应大于120。

（4）采用提升架提升跨越架架体时，应控制拉线并用经纬仪监测调整垂直度。

（5）各类型金属跨越架架体应有良好接地装置，架体的接地线必须用多股软铜线，其截面不得小于25mm²，接地棒埋深不得小于0.6m，接地线与架体、接地棒连接牢固，不得缠绕。

（6）金属格构跨越架架体的临时拉线必须由有经验的技术工人看护。

（7）金属格构跨越架提升架的拉线，连接金具的安全系数不得小于3。

（8）在金属格构跨越架架体组立过程中，必须确保上层内侧拉线与不停电导线的安全距离，严禁大幅度晃动。

（9）在特殊情况下，金属格构跨越架的拉线与被跨越线路间的距离不能满足安全距离时，应采取特殊安全措施。

（10）封顶绝缘网与被跨架空地线的最小净间距应充分考虑绝缘网延伸、受潮后弛度的增加。

（11）在多雨季节和空气潮湿上况下，应在封网用承力索与架体横担连接处采取分流保护措施。

（12）封顶绝缘材料必须保证在雨、雪、风、霜等恶劣天气条件下，距被跨越电力线路架空地线的最小净间距应满足安全距离要求。

9.2.3　木质、毛竹、钢管跨越架搭设

（1）木、竹跨越架的立杆、大横杆应错开搭接，搭接长度不得小于 1.5m，绑扎时小头应压在大头上，绑扣不得少于 3 道。立杆、大横杆、小横杆相交时，应先绑 2 根，再绑第 3 根，不得一扣绑 3 根。

（2）木、竹跨越架立杆均应垂直埋入坑内，杆坑底部应夯实，埋深不得少于 0.5m，且大头朝下，回填土应夯实。遇松土或地面无法挖坑时应绑扫地杆。跨越架的横杆应与立杆成直角搭设。

（3）钢管跨越架宜用外径 48～51mm 的钢管，立杆和大横杆应错开搭接，搭接长度不得小于 0.5m。

（4）钢管跨越架所使用的钢管，如有弯曲严重、磕瘪变形、表面有严重腐蚀、裂纹或脱焊等情况的不得使用。

（5）钢管立杆底部应设置金属底座或垫木，并设置扫地杆。

（6）钢管跨越架横杆、立杆扣件距离端部不得小于 100mm。

（7）跨越架两端及每隔 6～7 根立杆应设置剪刀撑、支杆或拉线。拉线的挂点或支杆或剪刀撑的绑扎点应设在立杆与横杆的交接处，且与地面的夹角不得大于 60°。支杆埋入地下的深度不得小于 0.3m。

（8）各种材质跨越架的立杆、大横杆及小横杆的间距不得大于表表 3 - 9 - 10 的规定。

表 3 - 9 - 10　　　　　　　　　　　　立杆、大横杆及小横杆的间距

跨越架类别	立杆（m）	大横杆（m）	小横杆（m）	
			水平	垂直
钢管	2.0	1.2	4.0	2.4
木	1.5		3.0	2.4
竹	1.2		2.4	2.4

9.2.4　跨越架拆除

（1）附件安装完毕后，方可拆除跨越架。钢管、木质、毛竹跨越架应自上而下逐根拆除，并应有人传递，不得抛扔。不得上下同时拆架或将跨越架整体推倒。

（2）采用提升架拆除金属格构式跨越架架体时，应控制拉线并用经纬仪监测垂直度。

10　环水保措施

（1）严格按照建质〔2007〕233 号《关于印发〈绿色施工导则〉的通知》要求，成立现场环保文明施工管理组织机构，提前对施工占地进行策划、优化。

（2）在工程施工过程中严格遵守国家和地方政府下发的有关环境保护的法律、法规和规章。

（3）加强对施工燃油、工程材料、工器具、废水、生产生活垃圾、弃渣弃土弃石的控制和治理，遵守有关防火及废弃物处理的规定，随时接受相关单位的监督检查。

（4）划定最小施工区域，将施工场地和作业限制在工程建设允许的范围内，合理布置、规范围挡，做到标牌清楚、齐全，各种标识醒目。

（5）施工现场的组装场地均敷设彩条布。施工作业面的土方、设备等堆放合理整齐。物资标识清楚，摆放有序，符合安全防火标准。

（6）材料堆放应铺垫隔离；施工机具、材料应分类放置整齐，并做到标识规范、铺垫隔离、防止污染环境。

（7）在施工中，严禁到规定的砍伐区以外乱砍滥伐，在规定的范围内，尽量减少树木砍伐；对作物、植被要注意保护，避免一切无故破坏。

（8）要严格划定施工范围和人员、车辆行走路线，防止对施工范围之外区域的植被和地表覆盖层造成碾压和破坏。

（9）土石方工程基坑基面挖方取土要有规划，不得随地取土及弃土，对于爆破产生的散落在农田中碎石应及时清理。基坑、临时拉线坑及地锚坑要按有关规定回填，避免水土流失。

（10）对于位于陡峭山崖，地质条件差地锚坑，不允许爆破施工，应采用人工开挖。确保施工中能尽量恢复原有的自然地形，减少工程施工的开方引起的水土流失。

（11）施工现场应遵循"随做随清、谁做谁清、工完料净场地清"的原则。

11 效 益 分 析

（1）经济效益。搭设的跨越架整体稳定性好，技术成熟，对被跨越物保护严密，保证架线施工的安全性相对较高，可满足产权单位的特殊要求。适用于大档距内跨越封网的施工，相对安全经济。缩短了封网长度、承载索长度，方便封网操作，对网、索的强度要求低。对于一些非重要跨越，如通信线、机耕道、乡间土路等，可搭设简易跨越架进行防护，降低施工成本。适宜带电跨越施工。

总之，本典型施工方法简便易行，有效地保护了被跨越物的安全稳定运行，缩短电力线路停电封网时间，节省了工程成本，确保了施工安全，经济效益较好。

（2）社会效益。本典型施工方法在跨越架架体搭设的过程中，不会对被跨越设施的正常使用或运行产生影响，并且跨越架的架体距离跨越物较近，减少了跨越架的跨度，封网操作简单，可缩封网时间，大大降低了电力线路停电封网时间、公路的封路时间，把对人民日常生活的影响降到了最小。对不停电跨越封网，可减少封网时间，降低安全风险。

12 应 用 实 例

内蒙古锡盟—江苏泰州±800kV特高压直流线路工程（津2标段），在N3357～N3360放线段内的N3358～N3359档内跨越津保高速铁路。为提高施工效率，降低施工成本，在施工过程中应用了本典型施工方法。施工时间为2017年5月。

（1）设计条件说明。

1）本跨越属耐—直—直—耐设计型式。现场地形为平地。跨越现场见图3-9-7和图3-9-8。

2）N3357-N3358档距为575m。

3）新建线路与被跨越高速铁路交叉角为72°。

4）导线至接触网顶垂直距离（70℃）26m。

（2）跨越系统说明。根据津保高速铁路两侧实际勘察，采用"两侧钢管架跨越施工方案"。本跨越档跨越架采用钢管架搭设，为了保证施工安全及被跨越物的正常运行，在津保高速铁路接触网线外搭设跨越架。跨越架的中心应设置在新架线路中心垂直投影上，宽度应考虑施工期间牵引绳或导地线风偏后超出新建线路两边各 2.0m，且架顶两侧应设外伸羊角，跨越架宽度 36m、高度 30m，在铁路两侧分别搭设 7 排跨越架，前两排高 30m，三排、四排、五排、六排与七排分别高 27、24、21、16.5、12m。封顶网每极导线采用 2 根 ϕ18mm 迪尼玛绳作为封网承力索道，使用绝缘杆封顶形成封闭系统，跨度为 58m。

架体立杆均使用 Q345B 低合金高强度结构钢，比传统脚手架所用 Q235 碳素结构钢材质大幅提升。套筒连接加销钉固定方便可靠，0.5m 的盘扣间距使连接杆件标准化、系列化，组成的架体尺寸规范；架体连接杆件主要有水平杆、竖向斜杆、水平斜杆及可调支座；跨越架体双拉线布置并用拉线平衡所有指向铁路方向的水平作用力（正面风荷载及承力索荷载），架体受力更合理，结构安全可靠。

（3）施工情况及结果。

1）跨越架经验收合格，在铁路窗口期，用无人机带张力迅速展放循环绳，循环绳张力展放承载索和牵网绳，然后在承载索上铺设封网装置对电气化铁路进行保护，封网完毕后，封网距封顶网（杆）距电气化铁路电杆顶或距导线的垂直距离为 8m 控制（不小于 4m）。现场金属格构式跨越架见图 3-9-7，现场钢管跨越架见图 3-9-8。

2）本典型施工方法全过程操作规范，工艺标准，加快了工程进度，安全、优质地完成了跨越任务。

图 3-9-7　现场金属格构式跨越架

图 3-9-8　现场钢管跨越架